建筑电气专业系列教材

建筑电气照明

郭福雁　乔　蕾　主编

HEUP 哈尔滨工程大学出版社

内 容 简 介

随着电气技术的不断发展，相关建筑照明技术标准均已制定并修订，本教材主要以新的设计标准为依据，系统地介绍了照明设计的内容及设计方法，并对 LED 照明的基础知识与应用进行了介绍。本书共 7 章，主要内容为电气照明的基本知识、照度计算、室内照明设计、室外照明设计、照明电气设计和应急照明，并对课程设计指导与实例等内容做了简要介绍。

本书是建筑电气专业系列教材之一，主要供电气工程专业和建筑电气与智能化专业的本科学生使用，也可作为从事工业与民用建筑电气照明设计工作人员的工具书，还可作为照明施工、安装、运行维护等相关专业的培训教材或参考用书。

图书在版编目(CIP)数据

建筑电气照明 / 郭福雁，乔蕾主编. —哈尔滨：哈尔滨工程大学出版社，2018.8

ISBN 978-7-5661-2079-3

Ⅰ. ①建… Ⅱ. ①郭… ②乔… Ⅲ. ①房屋建筑设备-电气照明-教材 Ⅳ. ①TU113.85

中国版本图书馆 CIP 数据核字(2018)第 195426 号

选题策划 史大伟
责任编辑 张玮琪
封面设计 语墨弘源

出版发行 哈尔滨工程大学出版社
地　　址 哈尔滨市南岗区南通大街 145 号
邮政编码 150001
发行电话 0451-82519328
传　　真 0451-82519699
经　　销 新华书店
印　　刷 哈尔滨市石桥印务有限公司
开　　本 787mm×1 092mm　1/16
印　　张 17
字　　数 421 千字
版　　次 2018 年 8 月第 1 版
印　　次 2018 年 8 月第 1 次印刷
定　　价 45.00 元
http://www.hrbeupress.com
E-mail:heupress@hrbeu.edu.cn

前　　言

随着我国经济迅速发展，科学技术显著进步，照明技术得到了快速发展，照明设计也已成为建筑设计的重要组成部分。电气技术的不断发展，以及《建筑照明设计标准》(GB 50034—2013)、《城市道路照明设计标准》(CJJ 45—2015)和《民用建筑电气设计规范》(JGJ 16—2016)等相关标准的修订，使得新型光源、新型灯具等照明器材发展较快，尤其是作为白炽灯、荧光灯后的第三代照明技术——LED照明，因其具有节能、环保、安全可靠等特点，引发了照明领域的革命，成为未来照明技术发展的趋势。

本书在编写过程中，引入了新技术、新光源和新灯具等内容，并突出介绍了照明节能的有关标准、计算、措施和产品，力求内容全面，技术数据准确、完善，简单实用，同时结合课程设计的要求对照明系统设计进行了详细的介绍。

全书系统地介绍了室内、外照明设计的内容及设计方法，并结合实际工程案例进行分析。第1,4,7章及附录部分由天津城建大学乔蕾编写；第2,3,5,6章由天津城建大学郭福雁编写。全书由郭福雁统稿。

本书由天津市天友建筑设计股份有限公司高级工程师、电气副总工程师韩帅及天津保利房地产(集团)股份有限公司高级工程师王佃瑞对本书内容进行了审阅，并提出了许多宝贵意见。本书在编写过程中还得到了王宁、郭蕊、王心怡等同志的帮助。此外，还得到了许多单位的大力支持，在此一并表示衷心的感谢。

由于时间仓促，以及编者水平有限，书中错误和不当之处在所难免，敬请广大读者批评指正。

编　者
2018年8月

目　　录

第 1 章　电气照明的基本知识

1.1　照明系统的概念

照明在人们的日常生活和工作中扮演着重要角色,它对人的视觉、视觉心理都起到重要的作用。照明工程设计是建筑电气设计中不可缺少的重要组成部分,照明设计质量的好坏,对节约能源、保护环境,提高照明品质,有着十分重要的作用。随着我国建筑业、装饰业的蓬勃发展,人们对照明光源、照明设备技术的更新及照明环境的要求也随之提高。因此,我们必须熟悉和掌握照明系统的基本知识。

1.1.1　光的基本概念

光是具有刺激视觉器官特性的辐射。国际上一般规定可见光谱的波长范围在 380 nm ~ 780 nm 之间。我们遇到的光仅在很少情况下是近似单一波长的,在绝大多数情况下是属于可见光区域的各种波长合成的光,如图 1-1 所示。光辐射对视觉器官的刺激强度是由眼睛对各种波长的光的灵敏感觉程度决定的。若光的组成中包含红外线和紫外线,但没有可见光,即使它们有很大的能量,也完全不能引起视觉;相反,由对眼睛极为敏感的光波组成的光线,虽然能量很小,也能引起很强的视觉响应。

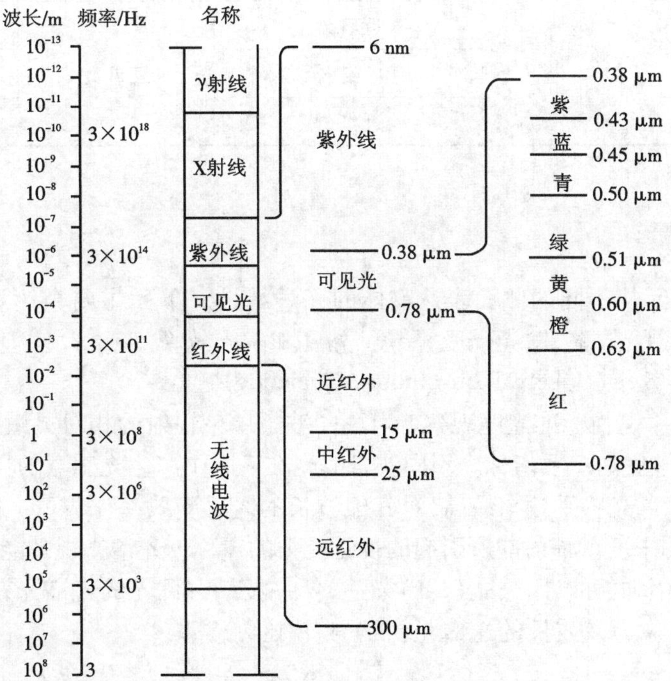

图 1-1　电磁波谱

表 1-1 表示光的颜色与相应的波段,波长从 380 nm ~ 780 nm 增加时,光的颜色从紫色开始,按蓝、青、绿、黄、橙、红的顺序逐渐变化。紫外线波谱的波长在 100 nm ~ 380 nm 之间,紫外线是人眼看不见的。太阳是近紫外线发射源。人造发射源可以产生整个紫外线波谱。红外线波谱的波长在 780 nm ~ 1 mm 之间,红外线也是人眼看不见的,太阳是天然的红外线发射源。白炽灯一般可以发射波长在 5 000 nm 以内的红外线。发射近红外线的特制灯可以用于理疗和工业设施。紫外线、红外线两个波段的辐射与可见光一样,可用平面镜、透镜或棱镜等光学元件进行发射、成像或色散,故通常把紫外线、可见光、红外线统称为光辐射。

表 1-1　光的颜色与相应的波长范围

波长区域/nm	性质	区域名称		中心波长/nm
1 ~ 200	光辐射	真空紫外线	紫外光	—
200 ~ 300		远紫外线		—
300 ~ 380		近紫外线		—
380 ~ 424		紫	可见光	402
424 ~ 455		蓝		440
455 ~ 492		青		474
492 ~ 565		绿		529
565 ~ 595		黄		580
595 ~ 640		橙		618
640 ~ 780		红		710
780 ~ 1 500		近红外	红外光	—
1 500 ~ 10 000		中红外		—
10 000 ~ 100 000		远红外		—

1.1.2 光的度量

不同的光度单元从不同的侧面表达物体的光学特性。下面主要介绍六个光的度量,分别是光通量、光谱光(视)效率、发光强度、照度、亮度和发光效率。

1. 光谱光(视)效率(Spectral Luminous Efficiency)

光谱光(视)效率是指标准光度观察者对不同波长单色辐射的相对灵敏度,是用来评价人眼对不同波长光的灵敏度的一项指标。不同波长的光在人眼中产生光感觉的灵敏度不同。人眼对波长 555 nm 的黄绿色光感受效率最高,对其他波长的光感受效率比较低。故称 555 nm 为峰值波长,以 λ_m 表示;用来度量辐射能所引起的视觉能力的量称为光谱光视效能,$K_m = 683$ lm/W。

光谱光(视)效率也可以用公式(1-1)描述,任一波长可见光的光谱光效能 $K(\lambda)$ 与最大光谱光效能 K_m 之比,称为该波长的光谱光(视)效率 $V(\lambda)$,即

$$V(\lambda) = \frac{K(\lambda)}{K_m} \tag{1-1}$$

式中　$K(\lambda)$——任一波长可见光所引起视觉能力的量称为光谱光效能，单位是流明每瓦特，符号为 lm/W；

K_m——最大光谱光效能，lm/W。

通常把这种对光的明暗、颜色的感受分为两种情况：一种是在明视觉条件下（白天或亮度为几个坎德拉每平方米以上的地方）；另一种是在暗视觉条件下（黄昏或亮度小于 10^{-3} cd/m^2 的地方）。国际照明委员会提出了 CIE 光度标准观察者光谱光（视）效率曲线，如图 1-2 所示。图中虚线为暗视觉曲线，实线为明视觉曲线。在明视觉条件下，人眼对波长 555 nm 的黄绿色光最敏感，其相对光谱光（视）效率为 1；波长偏离 555 nm 越远，人眼感光的灵敏度就越低，相对光谱光（视）效率也逐渐变小。在暗视觉条件下，人眼对波长为 510 nm 的绿色光最敏感。

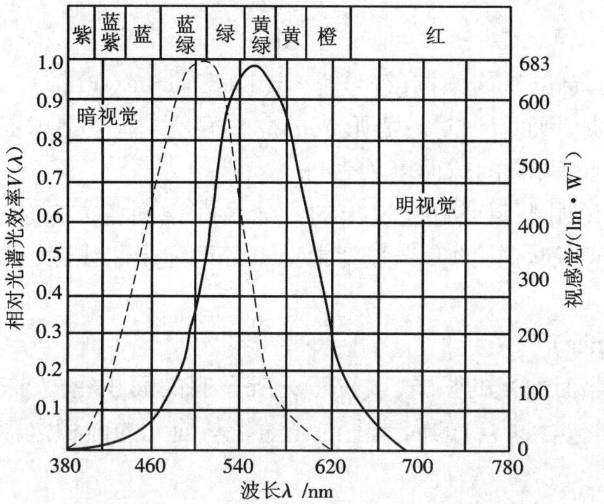

图 1-2　CIE 光度标准观察者光谱光（视）效率曲线图

2. 光通量（Luminous Flux）

光源以辐射形式发射、传播出去并能使标准光度观察者产生光感的能量称为光通量，即能使人的眼睛有光明感觉的光源辐射的部分能量与时间的比值。光通量用符号 Φ 表示，单位是流明，符号为 lm。流明是国际单位制单位，1 lm 等于一个具有均匀分布 1 cd（坎德拉）发光强度的点光源在一球面度（单位为 sr）立体角内发射的光通量，其公式为

$$\Phi = K_m \int_0^{\infty} \frac{d\Phi_e(\lambda)}{d\lambda} \times V(\lambda) \times d\lambda \tag{1-2}$$

式中　$\frac{d\Phi_e(\lambda)}{d\lambda}$——辐射通量的光谱分布；

λ——波长；

$V(\lambda)$——波长的光谱光（视）效率；

K_m——最大光谱光效能，单位为 lm/W。在单色辐射时，明视觉条件下的 K_m 值为 683 lm/W（λ = 555 nm 时），如图 1-2 所示。

在照明工程中，光通量是说明光源发光能力的基本量。例如 220 V/40 W 普通白炽灯的光通量为 350 lm，而 220 V/40 W 荧光灯的光通量大于 2 000 lm，是白炽灯的几倍，简单说光源光通量越大，人们就会感觉周围环境越亮。

光通量可以用来判断可见光谱范围内光谱功率所能引起的主观感觉的强弱。所有可见光外的光谱的 $V(\lambda)=0$,不会引起视觉,光通量为零。

总之,光通量是针对光源而言的,是表征发光体辐射光能的多少的量,不同的发光体具有不同的能量。

3. 发光强度(Luminous Intensity)

一个光源在给定方向上立体角元内发射的光通量 $\mathrm{d}\Phi$ 与该立体角元 $\mathrm{d}\Omega$ 之商,称为光源在这一方向上的发光强度,以 I 表示。坎德拉是国际单位制单位,它的定义是一光源在给定方向上的发光强度,该光源发出频率为 540×10^{12} Hz 的单色辐射,且在此方向上的辐射强度为 1/683 W 每球面度。发光强度的计算公式为

$$I=\frac{\mathrm{d}\Phi}{\mathrm{d}\Omega} \tag{1-3}$$

式中 I——发光强度,单位是坎德拉,符号为 cd(1 cd = 1 lm/sr);

$\mathrm{d}\Omega$——球面上某一面积元对球心形成的立体角元,单位是球面度,符号为 sr。对于整个球体而言,它的球面度 $\Omega=4\pi$。

发光强度常用于说明光源或灯具发出的光通量在空间各方向或在选定方向上的分布密度。工程上,光源或光源加灯具的发光强度常见于各种配光曲线图,表示了空间各个方向上光强的分布情况。

4. 照度(Illuminance)

照度用来表示被照面上光的强弱,以被照场所光通的面积密度来表示。表面上一点的照度等于入射到该表面(包含这点)的面元上的光通量与面元的面积之商。照度以 E 表示,计算公式为

$$E=\frac{\mathrm{d}\Phi}{\mathrm{d}A} \tag{1-4}$$

式中 E——照度,单位是勒克司,符号为 lx。勒克斯也是国际单位制单位,1 lm 光通量均匀分布在 1 m^2 面积上所产生的照度为 1 lx,即 1 lx = 1 lm/m^2。

Φ——光通量,单位是流明,符号为 lm。

A——面积,单位是平方米,符号为 m^2。

照度是工程设计中的常见量,说明了被照面或工作面上被照射的程度,即单位面积上的光通量的大小。对照度的感性认识可参见表 1-2 的照度对比。在照明工程的设计中,常常要根据技术参数中的光通量,以及国家标准给定的各种照度标准值进行各种灯具样式、位置、数量的选择。

表 1-2 照 度 对 比

各种情况照度对比	照度/lx
夏季阴天中午室外	8 000 ~ 20 000
晴天中午阳光下室外	80 000 ~ 120 000
40 W 白炽灯 1 m 处	30

照度并不是人眼直接感受到的光度量。除了与被照射表面上的照度有关外,表面的明亮程度还与其反射特性有关。根据光线照射表面的不同,照度可分为水平照度、垂直照度、柱面照度、半柱面照度等;根据照明系统维护需要可分为初始照度、维持照度、使用照度。在《建筑照明设计标准》(GB 50034—2013)中给出的室内照明场所,除体育建筑外大多给出的是平面维持照度。

(1)平均照度(Average Illuminance)

规定表面上各点的照度平均值。

(2)维持平均照度(Maintained Average Illuminance)

维持平均照度是指照明系统整个寿命周期内在规定表面上的平均照度的最低值,它是在必须换灯或清洗灯具和房间表面,或者同时进行上述维护工作时所得到的受照面的平均照度。任何照明装置在使用过程中由于光源的光通衰减和灯具及房间内表面上污染折减,导致规定表面上的照度值都将逐渐降低,也就是说,维持照度一定低于初始照度,两者相差的多少取决于照明维护制度和维护周期。国际上大多数国家的照明标准及《建筑照明设计标准》(GB 50034—2013)规定的都是平均照度的维持值,即维持平均照度。其目的是规定照明设施或装置(光源、灯具及附件等)在规矩要求时间内(进行维修前),表面上的平均照度不得低于标准规定的维持平均照度。

在照明设计计算时,照明计算出的照度就是维持平均照度。

5. 亮度

亮度是用来表示发光表面光特性的量值。发光表面可以由物体独立发光(炽热物体、气体放电、磷光体等),还可以由物体发射或散射其他光源发光。

(1)表面上一点在给定方向上的亮度,是包含这点的面元在该方向的发光强度 dI 与面元在垂直于给定方向上的正投影面积 dAcos θ 之商,亮度定义如图 1-3 所示。亮度以 L 表示,计算公式为

$$L = \frac{\mathrm{d}I}{\mathrm{d}A\cos\theta} \tag{1-5}$$

式中 L——亮度,单位是坎德拉每平方米,符号为 cd/m^2;

I——发光强度,单位是坎德拉,符号为 cd;

A——发光面积,单位是平方米,符号为 m^2;

θ——表面法线与给定方向之间的夹角,单位是度,符号为(°)。

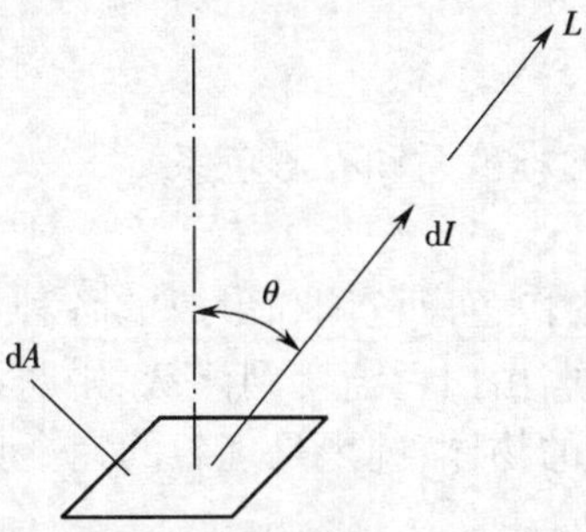

图 1-3 亮度定义图示

(2)对于均匀漫反射表面,其表面亮度 L 与表面照度 E 有以下关系:

$$L=\frac{\rho E}{\pi} \tag{1-6}$$

(3)对于均匀漫透射表面,其表面亮度与表面照度则有

$$L=\frac{\tau E}{\pi} \tag{1-7}$$

式中 L——表面亮度,单位为 cd/m^2;
ρ——表面反射比;
τ——表面透射比;
π——常数,$\pi=3.141\,6$;
E——表面照度,单位为 lx。

一个物体的明亮程度不能用照度来描述,因为被照物体表面的照度,不能直接表达人眼的视觉感觉。只有眼睛的视网膜上形成照度,才能使人感觉出物体的亮度。式(1-5)说明发光面积上直接射入人眼的光强部分才能反映物体的明亮程度,式(1-6)和式(1-7)则反映被照物体经过对光的折射、反射、透射等作用后,进入人眼部分的照度,令人感觉出物体的明亮程度。目前部分国家将亮度作为照明设计的内容之一。

6. 发光效率(Luminous Efficiency)

光源的发光效率通常简称为光效,或光谱光效能,是光源发出的光通量除以光源功率所得之商,单位为流明每瓦特(lm/W)。就光源而言,光效是一个经典指标,光源光效越高,说明单位功率发出的光能越多,在照明应用时越节约照明用电。在光源中尤其以气体放电光源光效为高。在照明工程中,首先应选用光效高的电光源。

1.1.3 光与颜色

颜色起源于光。波长不同的单色光会使人有不同的色觉,即具有不同的颜色。

1. 颜色的形成

(1)光源色。因发光体发出的光而引起人们色觉的颜色称为光源色。我们日常见到的光源都是由各种不同波长的单色光辐射混合而成的复合光,它们的表现颜色由复合光中各种波长的单色辐射功率分布(光谱能量分布)决定。

(2)物体色。材料对光源中各种波长的单色辐射有选择性地反射或者透射后呈现的视觉效果称为物体色。物体色既取决于物体表面的光谱反射比或材料的光谱透射比,也取决于光源的光谱能量分布。

2. 颜色的基本特性

颜色可以分成两个大类,即无彩色系和有彩色系。

(1)无彩色系

无彩色系是指白色、黑色和由白色黑色调和形成的各种深浅不同的灰色。无彩色按照一定的变化规律,可以排成一个系列,由白色渐变到浅灰、中灰、深灰到黑色,色度学上称此为黑白系列。纯白是理想的完全反射的物体,纯黑是理想的完全吸收的物体,在现实生活中并不存在纯白与纯黑的物体。

(2)有彩色系

彩色是指红、橙、黄、绿、青、蓝、紫等颜色。不同明度和纯度的红、橙、黄、绿、青、蓝、紫色调

都属于有彩色系。

颜色具有三个基本特性:色相、纯度(也称彩度、饱和度)、明度。在色彩学上也称为色彩的三大要素或色彩的三属性。

(1)色相(色调或色别)

可见光谱不同波长的光在视觉上的表现称为色相,又称色调。可见光谱不同波长的辐射,在视觉上表现为各种色调,如红、橙、黄、绿、青、蓝、紫等。各种单双色光在白色背景上呈现的颜色,就是光谱的色相。色相是有彩色的最大特征。

(2)纯度(彩度、饱和度)

色彩的纯度是指色彩的纯净程度,它表示颜色中所含有色成分的比例。含有色成分的比例越大,则色彩的纯度越高;含有色成分的比例越小,则色彩的纯度也越低。可见光谱的各种单色光是最纯的颜色,为极限纯度。当一种颜色掺入黑、白或其他色彩时,纯度就产生变化。掺入的色彩达到很大的比例时,在肉眼看来,原来的颜色将失去本来的光彩,而变成混合色。

(3)明度

明度是指色彩的明亮程度。由于各种有色物体反射光量的区别而产生颜色的明暗强弱。光源色的明度反映的是光的强弱,光线越强,则明度越高;光线越弱,则明度越低。物体颜色的明度则反映为光反射比的变化,反射比大的颜色明度高,反之明度低。有彩色的色相、纯度和明度三个特征是不可分割的,应用时必须同时考虑这三个因素。

各种颜色都可以用上述三个特性来表示,但只有彩色系列具有完整的三个特性,黑白系列只有明度,纯度为零,没有色相。

3. 光源色温

不同的光源,由于发光物质不同,其光谱能量分布也不相同。一定的光谱能量分布表现为一定的光色,对光源的光色变化,我们用色温来描述。

如果一个物体能够在任何温度下全部吸收任何波长的辐射,那么这个物体称为绝对黑体。绝对黑体吸收辐射的本领是一切物体中最大的,加热时它的辐射本领也最大。因此色温是以温度的数值来表示光源颜色的特征。色温用绝对温度“K”表示,绝对温度等于摄氏温度加273 ℃。例如温度为2 000 K的光源发出的光呈橙色,3 000 K左右呈橙白色,4 500~7 000 K近似呈白色。

在人工光源中,只有白炽灯灯丝通电加热与黑体加热的情况相似。对白炽灯以外的其他人工光源的光色,其色度不一定与黑体加热时的色度完全接近。所以只能用光源的色度与最接近的黑体的色度的色温来确定光源的色温,这样确定的色温叫作相对色温。

表1-3、表1-4列出了一些常见的光源色温,其中表1-3为天然光源色温,表1-4为常见人工光源色温。如表1-3中全阴天室外光色温为6 500 K,就是说黑体加热到6 500 K时发出的光的颜色与全阴天室外光的颜色相同。

表1-3　天然光源色温表

光　源	色温/K	光　源	色温/K
晴天室外光	13 000	全阴天室外光	6 500
白天直射日光	5 550	45°斜射日光	4 800

表 1-3(续)

光 源	色温/K	光 源	色温/K
昼光色	6 500	月光	4 100

表 1-4 常见人工光源色温表

光 源	色温/K	光 源	色温/K
蜡烛	1 900 ~ 1 950	高压钠灯	2 000
白炽灯(40 W)	2 700	荧光灯	3 000 ~ 7 500
碳弧灯	3 700 ~ 3 800	氙灯	5 600
碳精灯	5 500 ~ 6 500		

光源既有颜色,又会带给人们冷暖感觉,这种感觉可由光源的色温高低确定,通常色温小于3 300 K 时产生温暖感,大于5 300 K 时产生冷感,3 300 K 至5 300 K 时产生爽快感。所以在照明设计安装时,可根据不同的使用场合,采用具有不同色温的光源,使人们身在其中时获得最佳舒适感。

4. 光源的显色性

由照明光源确定被照物体颜色感觉来说明光源的颜色性质,称为光源的显色性。光源的显色性是照明光源的重要特性之一,它是从另一个方面来反映光源的颜色特性,与光源的色度、色温相结合,才能全面反映出光源的颜色特性。国际照明委员会(CIE)制定了一种评价光源显色性的方法,它是用"显色指数"表示光源的显色性。光源的显色性由光源的光谱能量分布决定,不同光源光谱能量分布如图 1-4 所示。

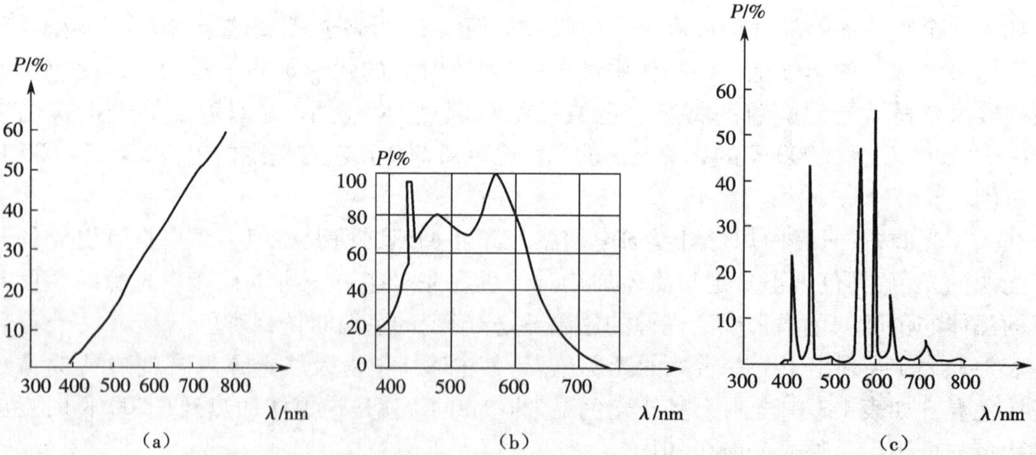

图 1-4 不同光源光谱能量分布图

(a)白炽灯;(b)荧光灯(白光色);(c)荧光高压汞灯

显色指数(Color Rendering Index)是指被在测光源和标准光源照明下,在适当考虑色温适应状态下,物体的心理物理色符合程度的数量。显色指数分为一般显色指数 R_a 和特殊显色指数 R_i 两种。一般人工照明光源用 R_a 作为评价显色性的指标。光源的显色指数越高,其显色性就越好。与参照光源完全相同的显色性，其显色指数为100。一般认为 R_a 值为100～80时，显色优良；79～50表示显色一般；50以下则说明显色性较差。

光源显色性和色温是光源的两个重要的颜色指标，色温是衡量光源色的指标，而显色性是衡量光源视觉质量的指标。

1.2　照明质量

优良的照明质量主要由五个要素构成：适当的照度水平；舒适的亮度分布；宜人的光色和良好的显色性；没有眩光干扰；正确的投光方向与完美的造型立体感。

1.2.1　照度水平

1. 照度

在为特定的用途选择照度水平时，要考虑视觉功效、视觉满意程度、经济水平和能源的有效利用。视觉功效是人借助视觉器官完成作业的效能，通常用工作的速度和精度来表示。增加作业面照度（或亮度），视觉功效随之提高，但达到一定的亮度以后，视觉功效的改善就不明显了。在非工作区，不能用视觉功效来确定照度水平，而采用视觉满意程度，创造愉悦和舒适的视觉环境。无论根据视觉功效还是视觉满意程度来选择照度，都要受经济条件和能源供应的制约，所以要综合考虑，选择适当的标准。

照度标准是为各类场所制定的人工照明的照度值，其数值一般均指水平照度，即工作面上的平均值；也有些场所为垂直照度、倾斜照度或球面照度、柱面照度等。

照度的正确选择与计算是电气照明设计的重要任务。因此在照明工程中，对照度设计计算应按照国家标准进行。目前我国的照明设计标准是《建筑照明设计标准》（GB 50034—2013），详细规定了我国居住建筑及各类公共建筑、工业建筑不同房间或场所的照度标准值，比以前的标准大幅度提高了照度水平，基本上与国际接轨，其中照明节能部分为强制性条文，必须严格执行。各类建筑照明标准详见附录1。

照度等级的级差大体分为1.5倍数，我国建筑照明照度标准值均按以下系列分级：0.5 lx、1 lx、2 lx、3 lx、5 lx、10 lx、15 lx、20 lx、30 lx、50 lx、75 lx、100 lx、150 lx、200 lx、300 lx、500 lx、750 lx、1 000 lx、1 500 lx、2 000 lx、3 000 lx和5 000 lx。

2. 照度均匀度

要选择适当的亮度分布，既不能使亮度分布不当损害视觉功效，又不能使亮度差别过大而产生不适眩光。照度均匀度应满足以下要求。

(1)室内照明并非越均匀越好，适当的照度变化能形成比较活跃的气氛，但是工作岗位密集的房间应保持一定的照度均匀度。

(2)室内照明的照度均匀度通常以一般照明系统在工作面上产生的最小照度与平均照度之比表示，不同的场所要求不同，一般作业不应小于0.6。

(3)工作房间中非工作区的平均照度不应低于工作区临近周围平均照度的1/3。

(4)直接连通的两个相邻的工作房间的平均照度差别也不应大于5∶1。

公共建筑和工业建筑常用房间或场所的一般照明照度均匀度不应低于《建筑照明设计标准》GB 50034—2013中的有关规定。因照明均匀度在某种程度上关系到照明的节能，在不影响视觉需求的前提下，强调工作区域和作业区域内的均匀度，而不要求整个房间的均匀度。

1.2.2 亮度分布

室内的亮度分布是由照度分布和表面反射比决定的。视野内的亮度分布不适当会损害视觉功效,过大的亮度差别会产生不舒适眩光。

(1)作业区的亮度比。与作业贴邻的环境亮度可以低于作业亮度,但不应小于作业亮度的2/3。此外,为作业区提供良好的颜色对比有助于改善视觉功效,但应避免作业区的反射眩光。

(2)统筹策划反射比和照度比。因为亮度与两者的乘积成正比,所以它们的数值可以调整互补。工作房间环境亮度的控制范围参见表1-5。

表1-5 工作房间的表面反射比与照度比

工作房间的表面	反射比	照度比①
顶棚	0.60~0.90	0.60~0.90
墙	0.30~0.80	0.40~0.80
地面	0.10~0.50	0.70~1.00
工作面	0.20~0.60	1.00

①给定表面照度与工作面照度之比。

非工作房间,特别是装修标准高的公共建筑厅堂的亮度分布,往往根据室内环境创意决定,其目的是突出空间或结构的形象特征,渲染环境气氛或是强调某种装饰效果。这类光环境亮度水平的选择和亮度图式的设计也要考虑视觉舒适感,但不受上述亮度比的约束。

1.2.3 灯光的颜色品质

灯光的颜色品质包含光源的表观颜色、光源的显色性能、灯光颜色一致性及稳定性等几个方面。

(1)光源的表观颜色。即色表,可以用色温或相关色温描述。光源色表的选择取决于光环境所要形成的氛围,例如,含红光成分多的"暖"色灯光(低色温)接近日暮黄昏的情调,能在室内形成亲切轻松的气氛,适用于休息和娱乐场所的照明。而需要紧张、精神振奋地进行工作的房间则采用较高色温的灯光为好。我国按照CIE的建议,就光源的光色给出了典型的应用场所,见表1-6。

表1-6 光源的色表类别

色表分组	色表特征	相关色温/K	适用场所举例
Ⅰ	暖	<3 300	客房、卧室、病房、酒吧
Ⅱ	中间	3 300~5 300	办公室、教室、阅览室、商场、诊室、检验室、实验室、控制室、机加工车间、仪表装配、车间

表 1-6(续)

色表分组	色表特征	相关色温/K	适用场所举例
Ⅲ	冷	>5 300	热加工车间、高照度场所

人对光色的爱好还与照度水平有相应的关系，表 1-7 给出了各种照度水平下不同色表的荧光灯照明所产生的一般印象。

表 1-7　各种照度下灯光色表给人的不同印象

照度/lx	灯光色表		
	暖	中间	冷
<500	舒适	中性	冷
500 ~ 1 000	↑	↑	↑
1 000 ~ 2 000	刺激	舒适	中性
2 000 ~ 3 000	↑	↑	↑
>3 000	不自然	刺激	舒适

(2)光源的显色性能。长期工作或停留的房间或场所，照明光源的显色指数(R_a)不应小于 80。在灯具安装高度大于 8 m 的工业建筑场所，R_a 可低于 80，但必须能够辨别安全色。常用房间或场所的显色指数最小允许值应符合《建筑照明设计标准》(GB 50034—2013)中的有关规定。常用各种光源的显色指数见表 1-8。

表 1-8　各种光源的显色指数(R_a)

光源种类	显色指数(R_a)	光源种类	显色指数(R_a)
普通照明用白炽灯	95 ~ 100	高压汞灯	35 ~ 40
普通荧光灯	60 ~ 70	金属卤化物灯	65 ~ 92
稀土三基色荧光灯	80 ~ 98	普通高压钠灯	23 ~ 25

可见，在经常有人的工作或停留房间、场所，不应采用卤粉制成的荧光灯，而应采用稀土三基色荧光灯才能满足《建筑照明设计标准》(GB 50034—2013)的规定，执行该标准有助于照明质量本质上的提高，同时大大提高了光效，有利节约能源，降低成本和维护费用。随着 LED 灯的普及应用，人们对 LED 灯的颜色品质也日益重视。因为当前普遍使用的白色 LED 灯大多是蓝光激发黄色荧光粉发出白光，其红色光谱成分薄弱，显色性不好，所以《建筑照明设计标准》(GB 50034—2013)规定室内工作场所应用 LED 灯的 R_a 不应小于 80，并且 R_a(特殊显色指数，饱和的红色)应大于零。从视觉舒适感和生物安全性考虑，LED 灯的色温也不宜高于 4 000 K。

(3)灯光颜色一致性及稳定性。LED 灯的颜色一致性和颜色漂移是应用 LED 灯照明需要特别注意的问题。《建筑照明设计标准》(GB 50034—2013)规定：选用同类光源的色容差不应大于 5 SDCM。在寿命期内，LED 灯的色品坐标与初始值的偏差在《均匀色空间和色差公式》

GB/T 7921—2008 规定的 CIE1976 均匀度标尺图中，不应超过 0.007。此外，LED 灯具在不同方向上的色品坐标与其加权平均值偏差在 CIE1976 均匀色标尺图中，不应超过 0.004。

1.2.4 眩光限制

眩光效应的严重程度取决于光源的亮度和大小、光源在视野内的位置、观察者的视线方向、照度水平和房间表面的反射比等诸多因素，其中光源的亮度是最主要的。眩光会产生不舒适感，严重的还会损害视觉功效，所以必须避免眩光干扰。

根据产生原因分类，眩光分成直接眩光（由高亮度光源直接引起的）、反射眩光（由高反射系数表面（如镜面）反射亮度引起）和光幕眩光（反射直接进入眼睛产生视觉困难）。

（1）眩光限制首先应从直接型灯具的折光角来加以限制。一般灯的平均亮度在 1 $kcdm^2$ ~ 20 $kcdm^2$ 范围，需要 10° 的遮光角；在 20 $kcdm^2$ ~ 50 $kcdm^2$ 范围，需要 15° 的遮光角；在 50 $kcdm^2$ ~ 500 $kcdm^2$ 范围，需要 20° 的遮光角；在大于等于 500 $kcdm^2$ 时，遮光角为 30°。表 1-9 是适用于长时间有人工作的房间或场所内各种灯的平均亮度值。

表 1-9 各种灯的平均亮度值

灯种类	亮度值/(cd/m^2)	灯种类	亮度值/(cd/m^2)
普通照明用白炽灯	$10^7 \sim 10^8$	紧凑型荧光灯	$(5 \sim 10) \times 10^4$
管形卤钨灯	$10^7 \sim 10^8$	荧光高压汞灯	$\approx 10^5$
低压卤钨灯	$10^7 \sim 10^8$	高压钠灯	$(6 \sim 8) \times 10^6$
直管形荧光灯	$\approx 10^4$	金属卤化物灯	$(5 \sim 7) \times 10^6$

（2）由特定表面产生的反射光，如从光泽的表面产生的反射光，会引起眩光，通常称为光幕反射或反射眩光。它将会改变作业面的可见度，使可见度降低，往往使人不易识别物体，甚至产生有害的后果。通常可以采取以下措施来减少光幕反射和反射眩光。

①避免将灯具安装在干扰区内，这主要从灯具和作业位置布置来考虑。如灯布置在工作位置的正前上方 40°角以外区域（见图 1-5），可避免光幕反射。又例如灯具布置在阅读者的两侧，或在单侧布灯，灯宜布置在左侧，从两侧或单侧（左侧）来光，可避免光幕反射（见图 1-6）。

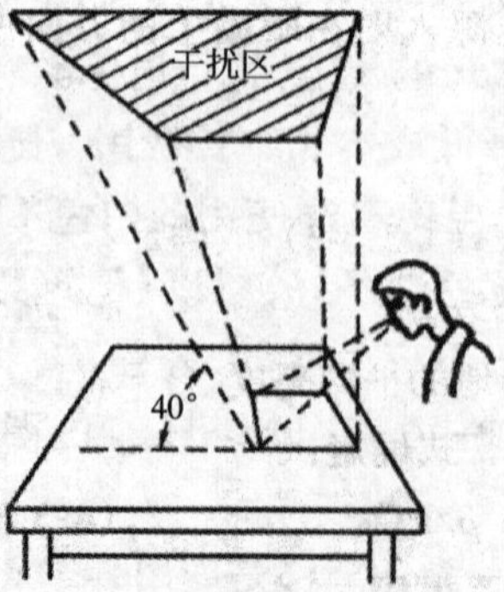

图 1-5 为避免光幕反射不应装灯的区域

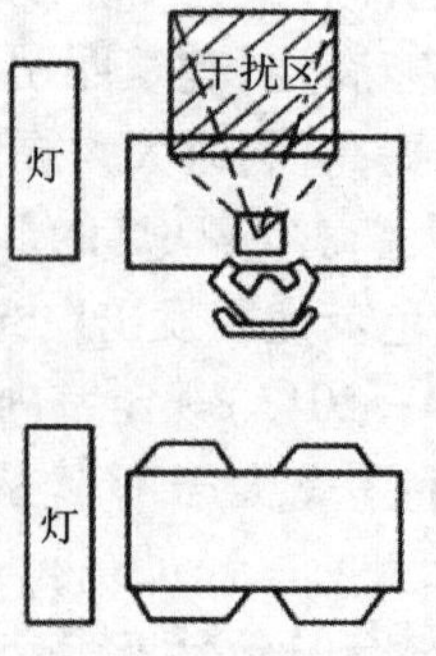

图 1-6 灯具避开干扰区布置在阅读者两侧

②从房间各表面采用的装饰材料方面考虑,应采用低光泽度的材料。如采用无光漆、无光泽涂料、麻面墙纸等漫反射材料。

③限制灯具本身的亮度。如采用格片、漫反射罩等,限制灯具表面亮度。

④照亮顶棚和墙表面,以降低亮度对比,减弱眩光,但注意不要在表面上出现光斑。

此外,为了使照明环境具有某种气氛,有时也利用一些眩光效果,以提高环境的魅力。

1.2.5　阴影和造型立体感

造型立体感是说明三维物体被照明表现的状态,它主要由光的主投射方向及直射光与漫射光的比例决定。选择合适的造型效果,既使人赏心悦目,又美化环境。

1.3　电光源的基本知识

有许多物理和化学过程都能产生电磁辐射。为了照明的目的,人们最感兴趣的是可见光范围内的辐射的获得,也就是说波长为 380 nm ~ 780 nm 范围内的辐射。但是,紫外线和红外线辐射也是重要的,因为它们也能有效地转换成可见光。

在照明工程中,使用各种各样的电光源,电光源按工作原理可以分为两大类。

(1)热辐射光源:利用电能使物体加热到白炽程度而发光的光源称为热辐射光源,如白炽灯、卤钨灯等。

(2)气体放电光源:利用气体放电或蒸气的放电而发光的光源,如荧光灯、荧光高压汞灯、高压钠灯、金属卤化物灯等。

本节主要介绍热辐射电光源、气体放电光源等电光源的工作原理、技术参数以及比较和应用。

1.3.1　电光源的分类

根据发光原理,电光源可分为热辐射发光光源、气体放电发光光源和固态光源。电光源分类如图 1-7 所示。

- 电光源
  - 热辐射发光光源
    - 白炽灯
      - 真空灯
      - 充气灯
    - 卤钨灯
  - 气体放电发光光源
    - 弧光放电灯
      - 低气压灯
        - 荧光灯
        - 低压钠灯
      - 高气压灯
        - 高压汞灯
        - 高压钠灯
        - 高压氙灯
        - 金属卤化物灯
    - 辉光放电灯
      - 霓虹灯
      - 氖灯
  - 固态光源
    - 场致发光灯
    - 发光二极管
      - 半导体发光二极管(LED)
      - 有机半导体发光二极管(OLED)

图 1-7　电光源分类

1. 热辐射发光光源

热辐射发光光源也可称为固体发光光源，是利用灯丝通过电流时被加热而发光的一种光源。白炽灯和卤钨灯都是以钨丝作为辐射体，钨丝被电流加热到白炽程度时产生热辐射。

2. 气体放电发光光源

在电场作用下，载流子在气体（或蒸气）中产生和运动，从而使电流通过气体（或蒸气）媒质所发生的物理过程，称为气体放电。利用气体放电发光的原理制成的灯便是气体放电灯。

气体放电光源又可按放电的形式分为弧光放电灯和辉光放电灯，常用的弧光放电灯有荧光灯、钠灯、氙灯、汞灯和金属卤化物灯，辉光放电灯有霓虹灯、氖灯。气体放电光源工作时需要很高的电压，其具有发光效率高、表面亮度低、亮度分布均匀、热辐射小、寿命长等诸多优点，目前已成为市场销售量最大的光源之一。

3. 固态光源

常见的有场致发光灯（屏）、半导体发光二极管（LED）和有机半导体发光二极管（OLED）。场致发光灯（屏）是利用场致发光现象制成的发光灯（屏），可用于指示照明、广告等。LED 发光二极管是一种能够将电能转化为可见光的半导体，不同于白炽灯钨丝发光与节能灯荧光粉发光原理的是，它采用电场发光，即足够多的带电子和价带空穴在电场作用下复合而产生光子。LED 的特点是寿命长、光效高、无辐射与低功耗。LED 的光谱几乎全部集中于可见光频段，其发光效率可达 80% ~90%，是国家倡导的绿色光源，具有广阔的发展前景，尤其当大功率的 LED 研制出来而成为照明光源时，它将大面积取代现有的白炽灯与节能灯而占领整个市场。

1.3.2 电光源的型号命名

（1）电光源型号命名

根据《电光源产品的分类和型号命名方法》QB/T 2274—2013 规定的电光源产品的分类和型号命名方法，电光源的型号命名由多部分组成：第一部分为一般字母，由表示电光源名称主要特征的 3 个以内词头的汉语拼音字母组成；第二部分和第三部分一般是电光源的关键参数，规定了这些参数的计量单位；其他部分应符合相关产品标准的规定。

表 1-10 列出了常用气体放电光源的命名，表 1-11 列出了固态光源的分类和型号命名。

表 1-10　常用气体放电光源型号命名表

光源名称		型号的组成						
		第一部分	第二部分	第三部分	第四部分		第五部分	
低气压荧光灯	直管形荧光灯	YZ	额定电压/V	—	RZ	中性白色	毫米数	管径
	快速启动荧光灯	YK			RB	白色		
	瞬时启动荧光灯	YS			RD	白炽灯色		
	U 形荧光灯	YU			RR	日光色		
	环形荧光灯管	YH			RN	暖白色		
					RL	冷白色		
					HO	红色		
					LV	绿色		
					LA	蓝色		
					HU	黄色		
低气压紫外灯	紫外杀菌	ZW	—	额定功率/W	—		—	
	紫外保健灯	ZWJ						
	黑光荧光灯	ZY					TZ	透紫玻璃
	直管形石英紫外灯	ZSZ						
	U 形石英紫外灯	ZSU						
高压汞灯	荧光高压汞灯	GGY	—	额定功率/W		—	—	
	自镇流荧光高压汞灯	GYZ	额定电压/V					
	专用高压汞灯	GGX	—					
钠灯	透明型高压钠灯	NG	额定功率/W	—	—	外触发	—	管形玻壳
	漫射型高压钠灯	NGM			N	内触发	R	反射形玻壳
	反射型高压钠灯	NGF			SD	双端引长	BT	BT 形玻壳
	中显色高压钠灯	NGZ			SX	双芯	ED	ED 形玻壳
	高显色高压钠灯	NGG			K	快速启动		
	低压钠灯	ND			LC ZL	漏磁变压器镇流器	—	
金属卤化物灯	照明金属卤化物灯	JLZ	额定功率/W	—	KN	钪钠灯	T	管形
					D	镝灯	P	梨形
					NTY	钠铊铟灯	D	球形
	双石英金属卤化物灯	JLS			—	—		
	高色温金属卤化物灯	JGS						

表 1-11 固态光源的分类和型号命名

<table>
<tr><th colspan="2" rowspan="2">电光源名称</th><th colspan="3">型号的组成</th><th rowspan="2">相关标准</th></tr>
<tr><th>第一部分</th><th>第二部分</th><th>第三部分</th></tr>
<tr><td colspan="2">1. 普通照明用模块 LED 灯</td><td>SSL</td><td>额定电压(额定电流)/频率/[V(mA/Hz)]</td><td>额定功率/W</td><td>GB/T 24823</td></tr>
<tr><td rowspan="2">2. 普通照明用自镇流 LED 灯</td><td>(1)普通照明用非定向自镇流 LED 灯</td><td rowspan="2">BPZ</td><td rowspan="2">光通量规格/lm</td><td>配光类型(O、Q、S)</td><td>GB/T 24908</td></tr>
<tr><td>(2)反射型自镇流 LED 灯</td><td>光束角规格</td><td>GB/T 29296</td></tr>
<tr><td colspan="2">3. 普通照明用单端 LED 灯</td><td>BD</td><td>光通量规格/lm</td><td>额定功率/W</td><td>—</td></tr>
<tr><td colspan="2">4. 装饰照明用 LED 灯</td><td>BZ</td><td>额定电压/V</td><td>额定功率/W</td><td>GB/T 24909</td></tr>
<tr><td colspan="2">5. 道路照明用 LED 灯</td><td>BDZ</td><td>额定电压/额定功率/V/W</td><td>色调</td><td>GB/T 24907</td></tr>
<tr><td colspan="2">6. 普通照明用双端 LED 灯</td><td>BS</td><td>光通量规格/lm</td><td>额定功率/W</td><td>—</td></tr>
<tr><td colspan="2">7. 普通照明用自镇流双端 LED 灯</td><td>BZS</td><td>光通量规格/lm</td><td>额定功率/W</td><td>—</td></tr>
<tr><td colspan="2">8. 普通照明用低压自镇流 LED 灯</td><td>BZA</td><td>—</td><td>—</td><td>—</td></tr>
<tr><td colspan="2">9. 普通照明用低压非自镇流 LED 灯</td><td>BA</td><td>—</td><td>—</td><td>—</td></tr>
<tr><td colspan="2">10. 普通照明用电压 50 V 以下 OLED 平板灯</td><td>BYA</td><td>—</td><td>—</td><td>—</td></tr>
</table>

(2)电光源型号命名示例

①通用型号为 XX36W/840,表示的是额定功率为 36 W、显色指数 R_a≥80、色温为 4 000 K 的光源。

②36 W 直管型荧光灯(冷白色、26 mm 管径)的型号表示为 YZ36(YZ36RL26)。

③2U 形冷白色 13 W 单端内启动荧光灯的型号表示为 YDN13 - 2U · RL。

④220 V、光通量规格为 500 lm、半配光型、显色指数为 80、色温为 4 000 K、E27 灯头的普通照明用非定向自镇流 LED 灯的型号表示为 BPZ500 - 840 - E27。

1.3.3 白炽灯

白炽灯泡是利用钨丝通过电流时被加热而发光的一种热辐射光源。它结构简单、成本低、显色性好、使用方便,有良好的调光性能,但发光效率很低,寿命短。一般情况下,室内外照明不应采用普通白炽灯,在特殊情况下需采用时,其额定功率不应超过 100 W。

白炽灯是由灯头、玻璃泡、支架、钨丝及惰性气体构成。常用灯丝结构有单螺旋和双螺旋两种,也有三螺旋形式。灯头可分为三大类:卡口灯头(B)、螺口灯头(E)和预聚焦灯头(P)。

1.3.4 卤钨灯

卤钨灯全称为卤钨循环类白炽灯,是在白炽灯的基础上改进而得。与普通白炽灯最明显的差别就是卤钨灯泡内所填充的气体含有部分卤族元素或卤化物,通常分为碘钨灯和溴钨灯。

当充入卤素物质的灯泡通电工作时，从灯丝蒸发出来的钨，在灯泡壁区域内与卤素化合，形成一种挥发性的卤钨化合物；卤钨化合物在灯泡中扩散运动，当扩散到较热的灯丝周围区域时，卤钨化合物分解成卤素和钨，释放出来的钨沉积在灯丝上；而卤素再继续扩散到其温度较低的灯泡壁区域与钨化合，形成卤钨循环。

卤钨灯与白炽灯相比具有体积小、寿命长、光效高、光色好和光输出稳定的特点。根据应用场合的不同，卤钨灯的设计使用电压为 6 ~ 250 V，功率为 12 ~ 10 000 W，分单端卤钨灯、双端管形卤钨灯以及带介质膜或金属反光碗的 MR 形卤钨灯和反射形 PAR 卤钨灯等。由于其显色性好，色温相宜，特别适用于电视转播照明，并用于绘画、摄影和贵重商品重点照明等。它的缺点是光效低、对电压波动比较敏感、耐振性较差。

《卤钨灯（非机动车辆用）性能要求》GB/T 14094—2016 给出了普通照明、特殊照明、舞台照明、投影、摄影、泛光照明等多种用途卤钨灯的主要性能要求。冷光束卤钨灯是由卤钨灯泡和介质膜冷光镜组合而成的，具有体积小、造型美观、工艺精致、显色性优良、光线柔和舒适等特点，广泛应用于商业橱窗、舞厅、展览厅、博物馆等室内照明区域。

1.3.5　荧光灯

荧光灯是应用最广泛、用量最大的气体放电光源。它具有结构简单、光效高、发光柔和、寿命长等优点。荧光灯的发光效率是白炽灯的 4 ~5 倍，寿命是白炽灯的 10 ~15 倍，是高效节能光源。

1. 荧光灯的工作原理及分类

（1）荧光灯的结构

荧光灯是低压汞蒸气放电灯，其大部分光是由放电产生的紫外线激活管壁上的荧光粉涂层而发射出来。荧光灯电路接线图如图 1-8 所示，其中 S 表示启辉器，L 表示镇流器。

①启辉器　图 1-9 为启辉器的外观结构图。启辉器的作用是使电路接通和自动断开。它是一个充有氖气的玻璃泡，里面装有一个固定的静触片和用双金属片制成 U 形的动触片。图 1-10 是启辉器的电路图。为避免启辉器两触片断开时产生火花将触片烧坏，在氖气管旁有一只纸质电容器与触片并联。启辉器的外壳是铝质圆筒，起保护作用。

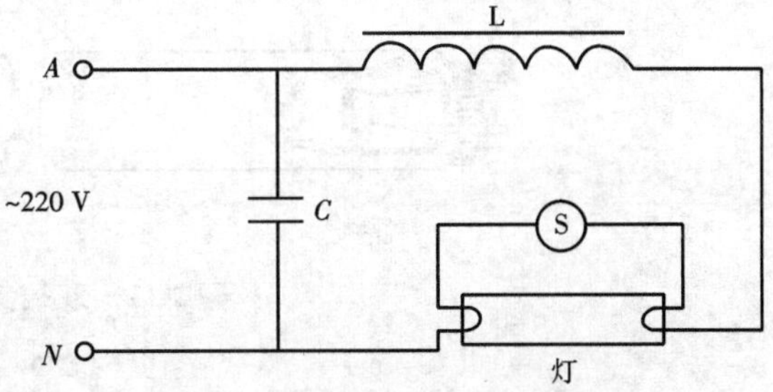

图 1-8　荧光灯电路接线图

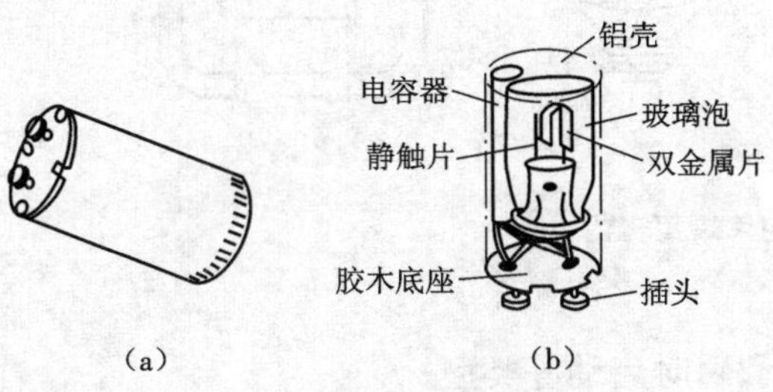

图 1-9　启辉器外观结构图

（a）外形；（b）构造

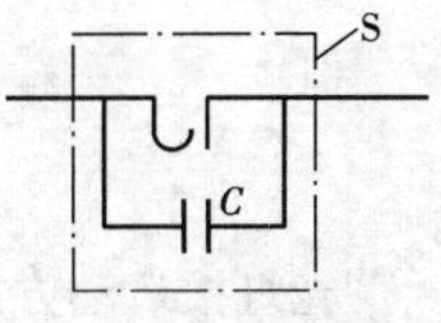

图 1-10　启辉器电路图

②镇流器　镇流器是一只绕在硅钢片铁芯上的电感线圈,它有两个作用:一是在启动时由于启辉器的配合产生瞬时高电压,促使灯管放电;另外在工作时起限制灯管电流的作用。

(2)荧光灯的工作原理

电路接通电源,灯管尚未放电时,启辉器的触片处在断开位置。此时电路中没有电流,电源电压全部加在启辉器的两个触片上,使氖管中产生辉光放电而发热。温度上升使启辉器动、静触片接触,将电路接通。

启辉器接通后,电流流过镇流器和灯管两端的灯丝,使灯丝加热并发射电子。这时启辉器内辉光放电已停止,双金属片冷却缩回,两触片分开,使流过镇流器和灯丝的电流中断。在此瞬间,镇流器产生了相当高的自感电动势,它和电源电压串联后加在灯管两端引起弧光放电,灯管点燃。

灯管在弧光放电点燃灯管后,汞蒸气辐射出紫外线。在紫外线的照射下,灯管内壁的荧光粉被激发而发出可见光。同时,管内汞蒸气游离并辐射紫外线照射到灯管内壁荧光粉而发射荧光。荧光粉的化学成分可决定其发光颜色,有日光色、暖白色、白色、蓝色、黄色、绿色、粉红色等。

灯管发光后进入正常工作状态,此时一半以上的电压降落在镇流器上,灯管两端的电压(即启辉器两触片之间的电压)较低,不足以引起启辉器氖管的辉光放电,因此它的两个触片仍保持断开状态。

(3)荧光灯的分类

荧光灯按其形状不同可分为直管形和紧凑形荧光灯;按电源加电端分为单端荧光灯和双端荧光灯。双端荧光灯绝大多数是直管形,两端各有一个灯头,如图 1-11 所示。单端荧光灯外形众多,如 H 形、U 形、双 U 形、环形、球形、螺旋形等,灯头均在一端,如图 1-12 所示。

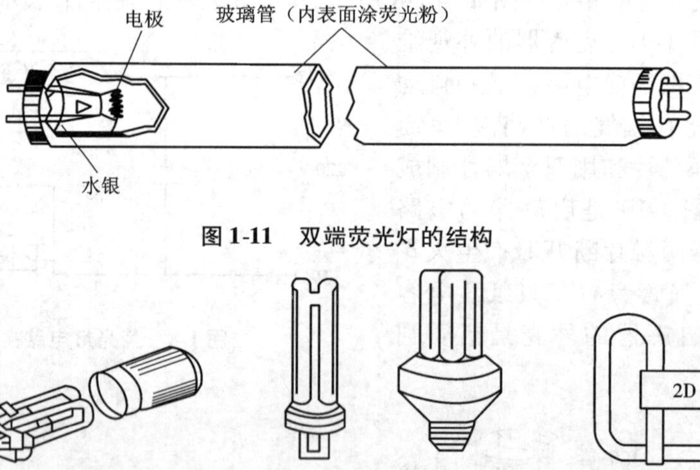

图 1-11　双端荧光灯的结构

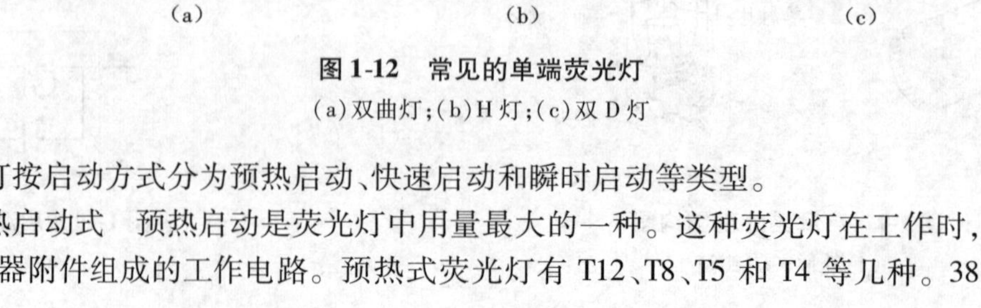

图 1-12　常见的单端荧光灯

(a)双曲灯;(b)H 灯;(c)双 D 灯

荧光灯按启动方式分为预热启动、快速启动和瞬时启动等类型。

①预热启动式　预热启动是荧光灯中用量最大的一种。这种荧光灯在工作时,需要有镇流器、启辉器附件组成的工作电路。预热式荧光灯有 T12、T8、T5 和 T4 等几种。38 mm 管径

的T12功率范围为20～125 W。有的25 mm管径的T8使用电感镇流器，功率范围为15～70 W；有的使用高频电子镇流器，功率范围为16～50 W。管径15 mm的T5灯使用电子镇流器，功率范围为8～35 W。管径13 mm的T4灯使用电子镇流器，功率范围为8～28 W。（每一个"T"数表示1/8英寸，即3.175 mm）

②快速启动式　快速启动式荧光灯是在灯管的内壁涂敷透明的导电薄膜，提高极间电场。在镇流器内附加灯丝预热回路，且设计的镇流器的工作电压比启动电压高，所以在电源电压施加后的1 s就可启动。

③瞬时启动荧光灯　这种荧光灯不需要预热，可以采用漏磁变压器产生的高压瞬时启动灯管。

为使荧光灯能正常工作，选用与灯管配套的镇流器是非常重要的。不同镇流器要消耗不同的功率：电感镇流器，其损耗≤9 W；节能电感式镇流器，其损耗≤5.5 W；电子式镇流器，其损耗≤4 W。

2. 荧光灯的主要技术参数

(1)双端荧光灯主要技术参数

部分直管形荧光灯技术参数如表1-12所示。

表1-12　部分直管形荧光灯技术参数

型号	额定电压/V	功率/W	工作电压/V	工作电流/A	光通量/lm	显色指数 R_a	色温/K	平均寿命/h	外形尺寸（直径×长度，mm×mm）	灯头型号
YZ6RR					160		6 750			
YZ6RL		6	50	0.14	175		4 200		ϕ16×226.7	
YZ6RN					180		3 100	1 500		
YZ8RR					250		6 750			
YZ8RL		8	60	0.15	280		4 200		ϕ16×302.4	G5
YZ8RN					285		3 100			
YZ15RR					450		6 750			
YZ15RL		15	51	0.33	490		4 200		ϕ38×451.6	
YZ15RN	220				510	70～80	3 100	3 000		
YZ20RR					775		6 750			
YZ20RL		20	57	0.37	835		4 200		ϕ38×604.0	
YZ20RN					880		3 100			
YZ30RR					1 295		6 750			
YZ30RL		30	81	0.405	1 415		4 200		ϕ38×908.8	G13
YZ30RN					1 465		3 100	5 000		
YZ40RR					2 000		6 750			
YZ40RL		40	103	0.43	2 200		4 200		ϕ38×1 213.6	
YZ40RN					2 285		3 100			

标准直管荧光灯管内使用特殊氪气,采用高效荧光粉,装有防止两端发黑的内保护环和特殊三螺旋灯丝,寿命达8 000小时以上。优点是节能,高效,长寿,光色好,显色性高,耗电量比普通荧光灯管节省10%,亮度比普通荧光灯管高出20%,寿命比普通荧光灯管长30%。该类荧光灯适合一般场合使用,应用范围广泛,如家居照明、高级写字楼、商业照明等,并可配合各类格栅、支架等荧光灯具使用。表1-13为飞利浦标准直管荧光灯参数。

表1-13　飞利浦标准直管荧光灯参数

产品型号	显色指数	功率/W	光通量/lm	色温/K	灯头型号	平均寿命/h	直径/mm	全长/mm
TLD 18W/29	51	18	1 150	2 900	G13	8 000	26	604
TLD 18W/33	63	18	1 150	4 100	G13	8 000	26	604
TLD 18W/54	72	18	1 050	6 200	G13	8 000	26	604
TLD 30W/29	51	30	2 350	2 900	G13	8 000	26	908.8
TLD 30W/33	63	30	2 300	4 100	G13	8 000	26	908.8
TLD 30W/54	72	30	2 000	6 200	G13	8 000	26	908.8
TLD 36W/29	51	36	2 850	2 900	G13	8 000	26	1 213.6
TLD 36W/33	63	36	2 850	4 100	G13	8 000	26	1 213.6
TLD 36W/54	72	36	2 500	6 200	G13	8 000	26	1 213.6

(2)单端荧光灯主要技术参数

单端荧光灯的特点是耗电量低。采用进口三色基稀土荧光粉及特殊配方,其显色指数可达80以上,170 V~250 V宽电压设计。优点是比普通白炽灯泡节电80%、寿命长、光衰慢、显色度特高,使被照物体表现更逼真,层次更分明。宽电压设计更适合中国电网的实际情况,更加安全可靠,有保障。与飞利浦整流器配合,可适用于宾馆、酒店、商场、居室及公共照明。表1-14为飞利浦节能灯参数。

表1-14　飞利浦紧凑型荧光灯参数

小功率型(2针)								
产品型号	显色指数	功率/W	光通/lm	色温/K	灯头型号	平均寿命/h	直径/mm	全长/mm
PL-S 7W/827	>80	7	400	2 700	G23	8 000	28	135
PL-S 7W/865	>80	7	400	6 500	G23	8 000	28	135
PL-S 9W/827	>80	9	600	2 700	G23	8 000	28	167
PL-S 9W/865	>80	9	600	6 500	G23	8 000	28	167
PL-S 11W/827	>80	11	900	2 700	G23	8 000	28	236
PL-S 11W/865	>80	11	900	6 500	G23	8 000	28	236

表 1-14(续)

产品型号	显色指数	功率/W	光通/lm	色温/K	灯头型号	平均寿命/h	直径/mm	全长/mm
大功率型(4 针)								
PL-L 18W/827	>80	18	1 200	2 700	2G11	8 000	40	227
PL-L 18W/830	>80	18	1 200	3 000	2G11	8 000	40	227
PL-L 18W/840	>80	18	1 200	4 000	2G11	8 000	40	227
PL-L 24W/827	>80	24	1 800	2 700	2G11	8 000	40	322
PL-L 24W/830	>80	24	1 800	3 000	2G11	8 000	40	322
PL-L 24W/840	>80	24	1 800	4 000	2G11	8 000	40	322
PL-L 36W/827	>80	36	2 900	2 700	2G11	8 000	40	417
PL-L 36W/830	>80	36	2 900	3 000	2G11	8 000	40	417
PL-L 36W/840	>80	36	2 900	4 000	2G11	8 000	40	417
四头型(2 针)								
产品型号	显色指数	功率/W	光通/lm	色温/K	灯头型号	平均寿命/h	直径/mm	全长/mm
PL-C 10W/827	>80	10	600	2 700	G24d-1	8 000	28	118
PL-C 10W/830	>80	10	600	3 000	G24d-1	8 000	28	118
PL-C 10W/840	>80	10	600	4 000	G24d-1	8 000	28	118
PL-C 13W/827	>80	13	900	2 700	G24d-1	8 000	28	140
PL-C 13W/830	>80	13	900	3 000	G24d-1	8 000	28	140
PL-C 13W/840	>80	13	900	4 000	G24d-1	8 000	28	140
PL-C 18W/827	>80	18	1 200	2 700	G24d-2	8 000	28	152
PL-C 18W/830	>80	18	1 200	3 000	G24d-2	8 000	28	152
PL-C 18W/840	>80	18	1 200	4000	G24d-2	8 000	28	152
PL-C 26W/827	>80	26	1 800	2 700	G24d-2	8000	28	173
PL-C 26W/830	>80	26	1 800	3 000	G24d-2	8 000	28	173
PL-C 26W/840	>80	26	1 800	4 000	G24d-2	8 000	28	173

上述技术参数表中既列有国内产品,也有国外产品。从表中可知,荧光灯的色温范围基本在2 700 K~6 500 K,因此色调范围较广,包括RR(日光色)、RZ(中性白色)、RL(冷白色)、RB(白色)、RN(暖白色)、RD(白炽灯色);从显色性来看,既有显色性一般的光源,如表1-13中光源的显色指数 $R_a=51\sim72$,次于白炽灯与卤钨灯,也有显色性较高的光源,如显色指数 $R_a>80$。

3. 荧光灯的特点及应用

荧光灯具有发光效率高、显色性较好、寿命长、眩光影响小、光谱接近日光等特点,广泛用于家庭、学校、研究所、工业、商业、办公室、控制室、设计室、医院、图书馆等处的照明。近年推出的直管T5型荧光灯,较T8、T12型荧光灯光效高、省材料,更具有环保、节能效果。环形荧光灯具有光源集中、照度均匀及造型美观等优点,可用于民用建筑家庭居室照明。紧凑型节能荧光灯是20世纪80年代起国际上流行的最新节能产品,该灯采用三基色荧光粉,集中了白炽灯和荧光灯的优点,具有光效高、耗能低、寿命长、显色性好、使用方便等特点,它与各种类型的灯具配套,可制成造型新颖别致的台灯、壁灯、吊灯、吸顶灯和装饰灯,适用于家庭、宾馆、办公室等照明之用。

荧光灯的缺点是功率因数低,发光效率与电源电压、频率及环境温度有关,有频闪效应,附件多,噪声大,不宜频繁开、关。

1.3.6 钠灯

钠灯是利用钠蒸气放电发光的光源,按钠蒸气工作压力的高低分为高压钠灯和低压钠灯两大类。低压钠灯发出的是单色黄光,各种有色物体进入低压钠灯照明的灯光下都会变色,照到人的脸上便会变成灰黄色。

1. 高压钠灯

高压钠灯是一种高压钠蒸气放电灯泡,其放电管采用抗钠腐蚀的半透明多晶氧化铝陶瓷管制成。

(1)工作原理

与荧光灯工作原理相类似,钠灯也必须有与之相应的专用镇流器、触发器,其接线原理如图1-13所示。

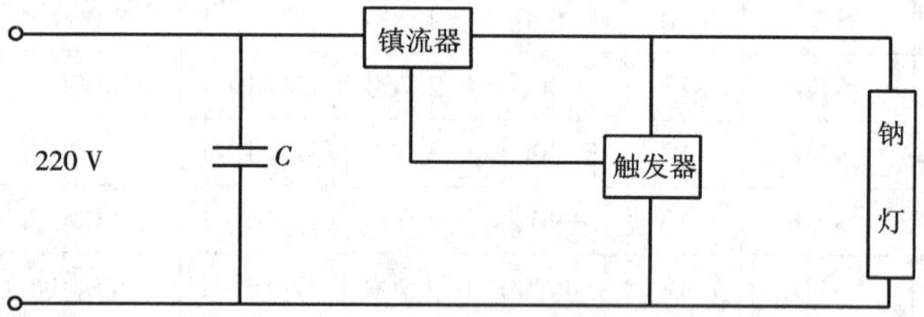

图1-13 高压钠灯接线原理图

(2)高压钠灯的结构

高压钠灯由放电管、玻璃外壳、灯头、电极、金属支架等构成,如图1-14所示。

放电管采用半透明多晶氧化铝制成。氧化铝能耐受高温,抗钠腐蚀。在氧化铝管内除充钠以外,还充入一定量的汞和氙气。

玻璃壳是选用高温的硬料玻璃制造。玻璃壳与灯芯的喇叭口经高温火焰熔融封口,然后抽真空或充入惰性气体后装上灯头,这样整个灯泡就基本成形了。

(3)高压钠灯主要技术参数

高压钠灯启动后的初始阶段是汞蒸气和氙气的低气压放电。这时候,灯泡工作电压很低,电流很大。随着放电过程的继续进行,电弧温度渐渐上升。汞、钠蒸气压由放电管最冷端温度所决定,当放电管冷端温度达到稳定,放电便趋向稳定,灯泡的光通量、工作电压、工作电流和功率也处于正常工作状态。

高压钠灯的主要技术参数如表1-15所示。

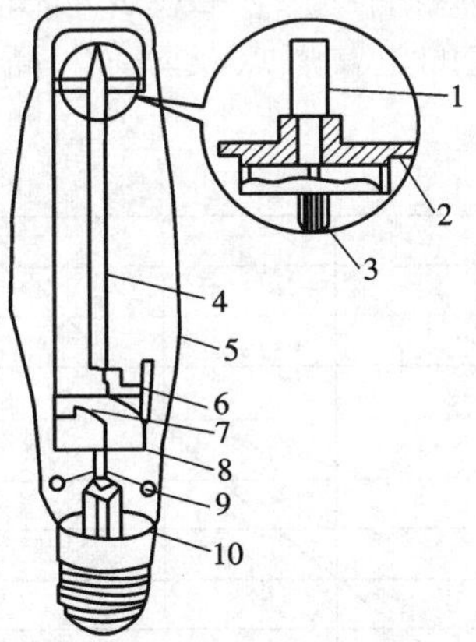

图 1-14　高压钠灯结构

1—金属排气管;2—银帽;3—电极;
4—放电管;5—玻璃外壳;6—脚;
7—双金属片;8—金属支架;9—钡消气剂;10—焊锡

表 1-15　普通高压钠灯技术参数

型　号	额定电压/V	功率/W	工作电压/V	工作电流/A	启动电压/V	光通量/lm	启动时间/min	显色指数 R_a	色温/K	平均寿命/h	外形尺寸(直径×长度,mm×mm)	灯头型号
NG70T		70	90	0.98		6 000		35	1 900	16 000	ϕ39×155	E27
NG100T1		100	95	1.20		8 500		35	1 900	18 000	ϕ39×180	E27
NG100T2		100	95	1.20		8 500		35	1 900	18 000	ϕ49×210	E40
NG110T		110	105	1.30		10 000		25	2 000	16 000	ϕ39×180	E27
NG150T1		150	100	1.80		16 000		25	2 000	18 000	ϕ49×210	E40
NG150T2	220	150	100	1.80	≤198	16 000	≤5	25	2 000	18 000	ϕ39×180	E27
NG215T		215	115	2.25		23 000		25	2 000	16 000	ϕ49×259	E40
NG250T		250	100	3.00		28 000		25	2 000	18 000	ϕ49×259	E40
NG360T		360	125	3.40		40 000		25	2 000	16 000	ϕ49×287	E40
NG400T		400	100	4.60		48 000		25	2 000	18 000	ϕ49×287	E40
NG1000T		1 000	100	10.30		130 000		25	2 000	18 000	ϕ67×385	E40

注:表中数据为上海亚明灯泡厂产品数据。

从技术参数表中可知,高压钠灯的光效高,光通量大,为 6 000 ~ 130 000 lm,平均寿命远大于荧光灯,但是色温较低,且显色性较差。

(4)高压钠灯的主要特点及应用

高压钠灯在工作时发出金白色光,具有发光效率高、寿命长、透雾性能好等优点,被广泛用于道路、机场、码头、车站、广场、体育场及工矿企业等场所的照明。

高压钠灯的缺点是受电源电压影响较大。电压波动在 -8% ~6% 范围内可正常工作,电源电压过高或过低,将会影响灯泡的正常燃点及寿命。高压钠灯各参数与电压的关系如图 1-15 所示。

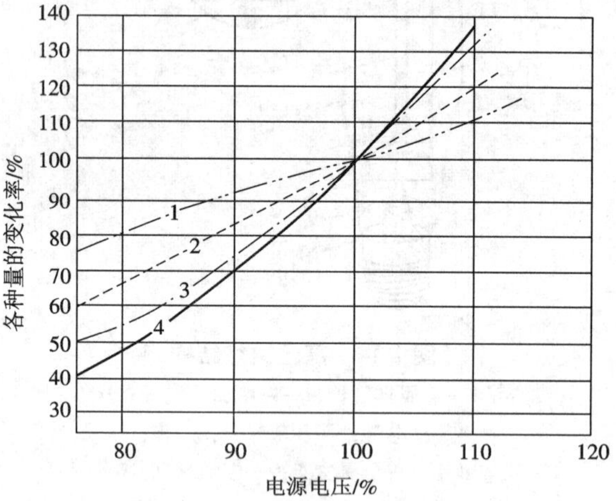

图 1-15 高压钠灯各参数与电压的关系

1—灯管电流;2—灯管电压;3—功率;4—总光通量

2. 低压钠灯

(1)低压钠灯的工作原理

低压钠灯是一种钠蒸气放电管,钠原子在低压蒸气放电中被激发而发光,辐射出波长为 589 nm 和 589. 6 nm 的接近于黄色的单色光,与人眼视觉最灵敏的辐射波长非常接近。放电时大部分辐射能量都集中在共振线上,所以光效极高,可达 450 lm/W。低压钠灯一般采用高阻抗的漏磁变压器提供触发所需的电压,触发电压在 400 V 以上。漏磁变压器的体积大,其自身功耗也大,使全电路的效率降低。低压钠灯从启动到稳定需要 8 ~10 min 才能达到全部光输出。

(2)低压钠灯的结构

低压钠灯由玻璃壳、放电管、电极和灯头构成,如图 1-16 所示。

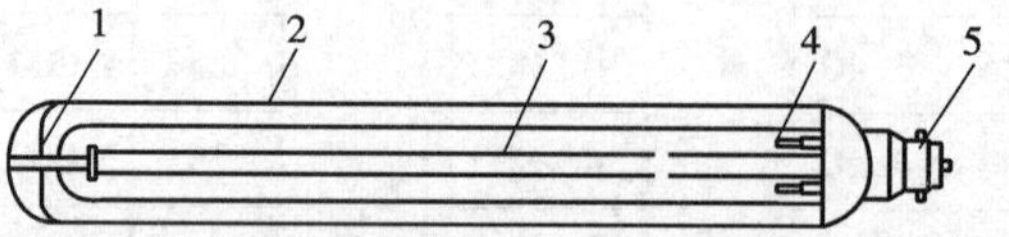

图 1-16 低压钠灯的结构

1—固定弹簧;2—外玻璃壳;3—放电管;4—电极;5—灯头

为了缩小灯泡尺寸,并且减少放电管的散热,将放电管弯曲成 U 形。U 形放电管两端各封接一只三螺旋钨丝氧化物电极,U 形管的弯曲处接排气管用以抽真空与充入钠和惰性气体。低压钠灯充入的气体为氖气和氩气,选用氖气是因为放电时氖气的体积损耗正好达到钠蒸气所需要的管壁温度。在纯氖气中加入 1% 氩气,两种气体混合可以降低灯泡启动电压。

(3)低压钠灯的主要技术参数

低压钠灯的主要技术数据如表 1-16 所示。

表1-16　常用低压钠灯典型数据

功率/W	启动电压/V	灯电压/V	灯电流/A	光通量/lm	外形尺寸(最大直径×最大全长,mm×mm)	灯头型号
35	390	70	0.6	4 800	54×311	BY 22d
55	410	109	0.59	8 000	54×425	
90	420	112	0.94	12 500	68×528	
135	540	164	0.95	21 500	68×775	
180	575	240	0.91	31 500	68×1 120	

注:额定电压为220 V。启动电压较高,多采用漏磁变压器或电子镇流器。

(4)低压钠灯的特点及应用

低压钠灯是气体放电灯中光效较高的品种,光效可达140～200 lm/W,具有光色柔和、眩光小、视觉敏感度高、寿命长、耗电少、穿透云雾能力强等优点,常用于海岸、码头、公路、隧道以及广场、景观等场所的照明,也可作为特技摄影和科学仪器光源。低压钠灯的缺点是显色性差,几乎不能分辨颜色,不宜用于繁华的市区街道和室内照明。应水平方向安装,如果灯泡垂直或倾斜太大,会使光色变红,光效下降。

1.3.7　金属卤化物灯

20世纪60年代后期开发成功的金属卤化物灯逐步替代了高压汞灯,扩大了高强度气体放电灯的使用范围。光谱学原理证明,不同金属蒸气放电时产生波长不同的特征光谱谱线。因此人们在高压汞灯放电管中加入某些金属元素,利用它们的蒸气放电时产生的谱线填补汞谱线的空白区域,使显色指数大大提高,从而改善高压汞灯的光色。与高压汞灯类似,金属卤化物灯的放电管中除充有汞和氩气以外还充有金属卤化物,如碘化钠、碘化铊、碘化铟、碘化钪和碘化镝等。

1.金属卤化物灯结构

金属卤化物灯外形结构同高压汞灯,主要由石英放电管、电极、外玻璃壳和灯头组成,如图1-17所示。

(1)石英放电管

金属卤化物灯的放电管用熔融石英管制成,与相同功率的高压汞灯放电管相似,但几何尺寸略小。放电管内充入氩、汞和金属卤化物(一般为金属碘化物)。为了减少放电管端头部位的热损失,维持端部温度,将两端涂覆白色保温涂层。

(2)电极

与高压汞灯一样放电管两端封接工作电极和启动电极。金属卤化物灯的电极处在化学性质活泼的金属和碘蒸气之中,常采用钍-钨或氧化钍-钨阴极。

(3)外玻璃壳

金属卤化物灯外玻璃壳由硼硅硬质玻璃吹制而成。为进一步改善灯泡的显色性可以在外玻璃壳内壁涂覆适当荧光粉。

(4)灯头

照明用金属卤化物灯配用标准螺口灯头。因为金属卤化物灯工作温度高,寿命长,灯头与

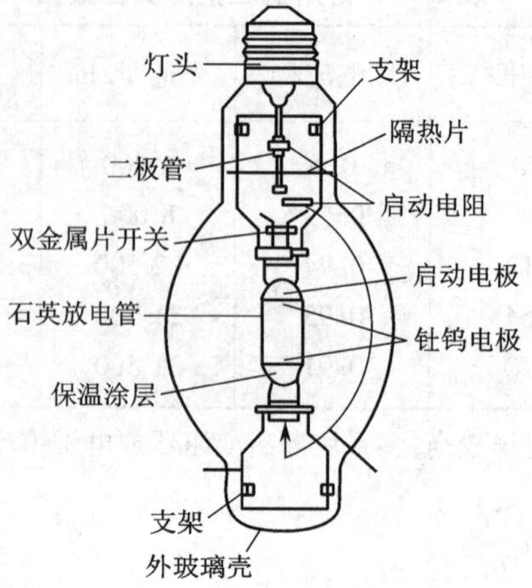

图 1-17 金属卤化物灯结构图

外玻璃壳连接不能采用胶黏剂而使用机械紧固式灯头。

2. 金属卤化物灯主要技术参数

金属卤化物灯主要技术数据如表 1-17 所示。

表 1-17 金属卤化物灯主要技术数据

型号	额定功率 /W	管径 /mm	管长 /mm	电源电压 /V	工作电压 /V	工作电流 /A	色温 /K	光通量 /lm	寿命 /h	灯头型号
ZJD150	150	80	90	220	115	1.50	4 300	11 500	10 000	E27
ZJD175	175	90	222		130	1.50	4 300	14 000	10 000	E40
ZJD250	250	90	222		135	2.15	4 300	20 500	10 000	E40
ZJD400	400	120	290		135	3.25	4 000	30 000	10 000	E40
ZJD1000	1 000	180	296		265	4.10	3 900	110 000	10 000	E40
ZJD1500	1 500	180	296		270	6.20	3 600	155 000	3 000	E40

3. 金属卤化物灯的特点及应用

(1)金属卤化物灯尺寸小、功率大、发光效率高、显色性好(R_a 为 65 ~ 95)、性能稳定等特点。这种灯的发光效率约为 65 ~ 140 lm/W。

(2)金属卤化物灯是弧光灯,需要镇流器才能稳定工作,它的启动电压比较高,启动电流较低,启动时间长。

(3)环境温度降低,使金属卤化物灯的启动电压升高,灯泡启动困难。

(4)灯泡工作时外壳温度不应超过 400 ℃,灯头温度不应超过 210 ℃。无玻璃外壳的金属卤化物灯,由于紫外线辐射较强,灯具应加玻璃罩。无玻璃罩时,悬挂高度不宜低于 14 m。

(5)金属卤化物灯的寿命较长(5 000 ~ 20 000 h),其寿命长短与启动频繁程度关系密切,频繁启动将显著缩短灯泡寿命。

金属卤化物灯是一种比较理想的光源,常用于体育馆、高大厂房、繁华街道及车站、码头、立交桥的高杆照明。要求高照度、显色性好的室内照明,如美术馆、展览馆、饭店等也常采用金属卤化物灯。该灯还可以满足拍摄彩色电视的要求。

在使用金属卤化物灯时应注意将电源电压波动限制在±5%;在安装或设计造型时应注意该灯有向上、向下和水平安装方式,要参考使用说明书的要求;应注意这类灯的安装高度一般都比较高,如NTY型灯的安装高度最低要求为10 m,最高要求为25 m。

1.3.8 LED灯

半导体发光二极管简称为LED,利用固体半导体芯片作为发光材料,当两端加上正向电压时,半导体中的载流子发生复合放出过剩的能量,从而引起光子发射产生光。

发光二级光发明于20世纪60年代,开始只有红光,随后出现绿光、黄光,其基本用途是作为指示灯。直到20世纪90年代,研制出蓝色LED,很快就合成出白光LED,从而进入照明领域,称为一种新型光源。

当前,白光LED灯大多是用蓝光LED激发黄色荧光粉发出白光。近二十年来LED灯技术发展很快,光效不断提高,质量不断改进,价格不断下降,目前已广泛应用。

1. LED的发光原理

LED是由Ⅲ-Ⅴ族化合物,如砷化镓(GaAs)、磷化镓(GaP)、磷砷化镓(GaAsP)等半导体制成的,其核心是P-N结,因此它具有一般P-N结的单向导电性,并具有击穿特性。此外,在一定条件下,它还具有发光特性。当加上正向电压后,从P区注入N区的空穴和由N区注入P区的电子,在PN结附近数微米内分别与N区的电子和P区的空穴复合,产生自发辐射的荧光,如图1-18所示。

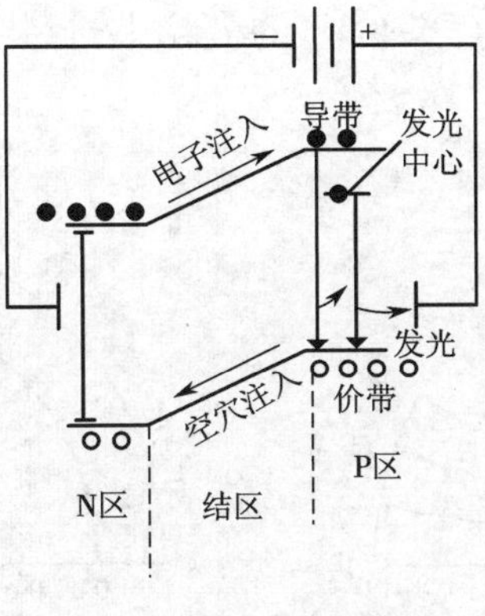

图1-18 LED发光原理

2. LED的结构

LED结构如图1-19所示。主要由电极、P-N结芯片和封装树脂组成,P-N结芯片安装在管座上,P型、N型材料分别由引线接至正负电极,然后封装在环氧树脂帽中。环氧树脂可以是白色、红色、绿色、黄色等彩色树脂,主要取决于发光二极管的光色。环氧树脂帽的几何形状可以控制光线,类似于灯具的反射器和透镜。此外封装环氧树脂可以保护芯片,延长其使用寿命。大功率LED是指功率在1 W以上的LED,常用的大功率LED一般为1 W,3 W,5 W。

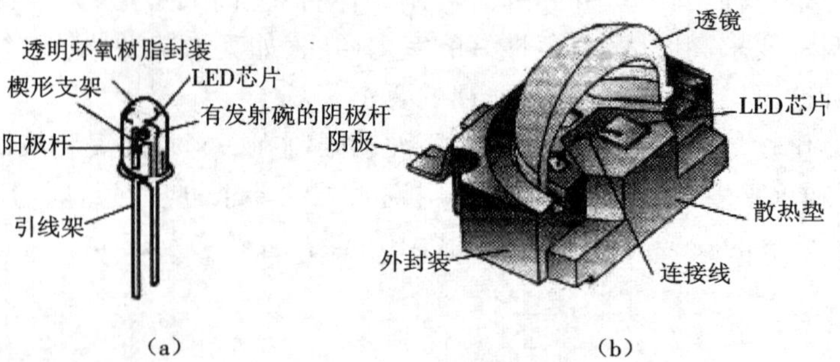

图 1-19　发光二极管的结构

(a)5 mm LED 结构图;(b)大功率 LED 结构图

3. LED 的主要参数与光学特性

(1)LED 光学特性

发光二极管有红外(非可见)与可见光两个系列,前者可用辐射度,后者可用光度学来度量其光学特性。

①发光强度及其角分布 I_θ

发光强度(法向光强)是表征发光器件发光强弱的重要性能。LED 大量应用要求是圆柱、圆球封装,由于凸透镜的作用,故具有很强的指向性:位于法向方向光强最大,其与水平面交角为 90°,光强也随之变化。

发光强度的角分布 I_θ 是描述 LED 发光在空间各个方向上的光强分布。它主要取决于封装的工艺(包括支架、模粒头、环氧树脂中是否添加散射剂)。

高指向性的角分布如图 1-20 所示。为获得高指向性的角分布,应实施以下措施:LED 管芯位置离模粒头远些;使用圆锥状(子弹头)的模粒头;封装的环氧树脂中勿加散射剂。采取这些措施可大大提高指向性。

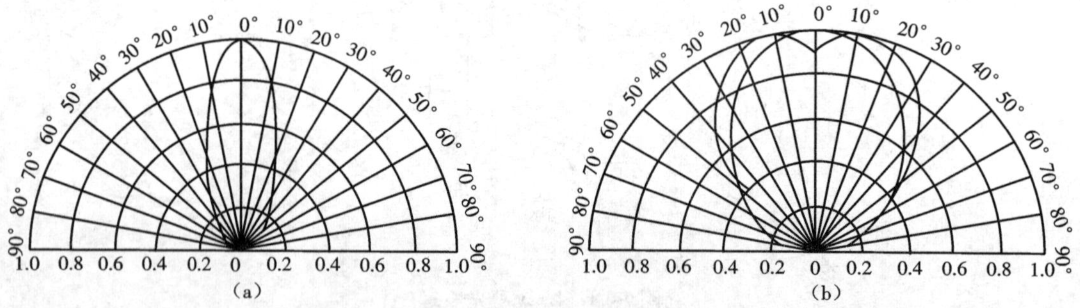

图 1-20　高指向性的角分布

(a)指向性强($2\theta_{1/2}$小);(b)指向性强($2\theta_{1/2}$大)

注:$2\theta_{1/2}$为 LED 封装的散射角

②发光峰值波长及其光谱分布

LED 的光谱分布与制备所用化合物半导体种类、性质及 PN 结的结构(外延层厚度、掺杂杂质)等有关,而与器件的几何形状、封装形式无关。

图 1-21 绘出了几种由不同化合物半导体及掺杂制得的 LED 光谱响应曲线。

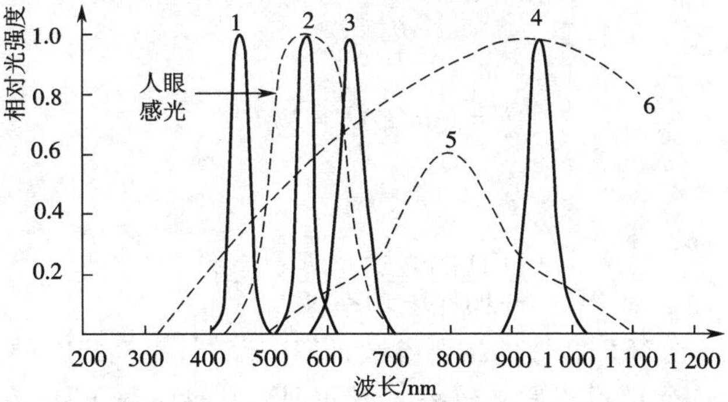

图 1-21　LED 光谱响应曲线

图 1-21 中各曲线含义如下：

1——蓝色 InGaN/GaN 发光二极管的光谱响应曲线，发光谱峰 $\lambda_P = 460 \sim 465$ nm；

2——绿色 GaP:N 的 LED 光谱响应曲线，发光谱峰 $\lambda_P = 550$ nm；

3——红色 GaP:Zn-O 的 LED 光谱响应曲线，发光谱峰 $\lambda_P = 680 \sim 700$ nm；

4——红外 LED 使用 GaAs 材料的光谱响应曲线，发光谱峰 $\lambda_P = 910$ nm；

5——Si 光电二极管的光谱响应曲线，通常作光电接收用；

6——标准钨丝灯。

由图 1-21 可见，无论什么材料制成的 LED，都有一个相对光强度最强处（光输出最大），与之相对应有一个波长，此波长叫峰值波长，用 λ_P 表示。只有单色光才有 λ_P 波长。

③光通量

光通量 Φ 为 LED 向各个方向发光的能量之和，它与工作电流直接有关。随着电流增加，LED 光通量随之增大。LED 向外辐射的功率主要与光通量、芯片材料、封装工艺水平及外加恒流源大小有关。目前单色 LED 的光通量最大约 1 lm，白光 LED 的光通量为 1.5 ~ 1.8 lm（小芯片），而 1 mm × 1 mm 纯功率级芯片制成白光 LED 的光通量为 18 lm。

④发光效率和视觉灵敏度

a. LED 效率有内部效率（PN 结附近由电能转换成光能的效率）与外部效率（辐射到外部的效率）。前者只是用来分析和评价芯片优劣的特性，LED 最重要的特性是用辐射出光能量（发光量）与输入电能之比衡量的，即发光效率。

b. 人的视觉灵敏度在 $\lambda = 555$ nm 处有一个最大值，即 680 lm/W。若视觉灵敏度记为 K_λ，辐射功率记为 P_λ，则发光能量 P 与可见光通量 Φ 之间的关系为

$$\frac{P}{\Phi} = \frac{\int P_\lambda \mathrm{d}\lambda}{\int K_\lambda P_\lambda \mathrm{d}\lambda} \tag{1-8}$$

c. 发光效率（量子效率）

$$\eta = \text{发射的光子数/PN 结载流子数} = \frac{e}{hcI}\int \lambda P_\lambda \mathrm{d}\lambda \tag{1-9}$$

设 I 为电子束流，U 为阳极电压，若输入能量为 $W = U \times I$，则发光能量效率

$$\eta_P = P/W \tag{1-10}$$

若光子能量 $hc = ev$，则

$$\eta \approx \eta_P \tag{1-11}$$

总光通

$$F = (\Phi/P)P = K\eta PW \tag{1-12}$$

式中，$K = \Phi/P$。

d. 流明效率

$$\frac{\text{LED 的光通量 } F}{\text{外加耗电功率 } W} = K\eta P \tag{1-13}$$

它是评价具有外封装 LED 特性的主要参数，LED 流明效率高指在同样外加电流下辐射可见光的能量较大，故也叫作可见光发光效率。下面列出几种常见 LED 流明效率（可见光发光效率），如表 1-12 所示。

表 1-12　常见 LED 流明效率（可见光发光效率）

LED 发光颜色	λ_P/nm	材料	可见光发光效率 /(lm/W)	外量子效率	
				最高值	平均值
红光	700 660 650	GaP: Zn-O GaAlAs GaAsP	2.4 0.27 0.38	12 0.5 0.5	1~3 0.3 0.2
黄光	590	GaP: N-N	0.45	0.1	—
绿光	555	GaP: N	4.2	0.7	0.015~0.15
蓝光	465	GaN	—	10	—
白光	谱带	GaN + YAG	小芯片 1.6，大芯片 18	—	—

⑤发光亮度

发光亮度是评价 LED 性能的又一重要参数，具有很强的方向性。其正法线方向的亮度 $L_0 = I_0A$，指定某方向上发光体表面亮度等于发光体表面上单位投射面积在单位立体角内所辐射的光通量，单位为 cd/m²，如图 1-22 所示。若光源表面是理想漫反射面，亮度 L_0 与方向无关，为常数。晴朗的蓝天和荧光灯的表面亮度约为 7 000 cd/m²，从地面看太阳表面亮度约为 1.4×10^9 cd/m²。

LED 亮度与外加电流密度有关，一般的 LED，电流密度增加，L_0 也近似增大。另外，亮度还与环境温度有关，环境温度升高，复合效率 η_c 下降，L_0 减小。当环境温度不变，电流增大足以引起 PN 结结温升高，升温后，亮度呈饱和状态。

⑥寿命

LED 发光亮度随着工作时间加长会出现光强或光亮度衰减的现象。器件老化程度与外加恒流源的大小有关，可描述为

$$L_t = L_0 e^{-t/\tau} \tag{1-14}$$

式中，L_t 为 t 时间后的亮度；L_0 为初始亮度。

通常把亮度降到 $L_t = \frac{1}{2}L_0$ 所经历的时间 t 称为二极管的寿命。测定 t 要花很长的时间，

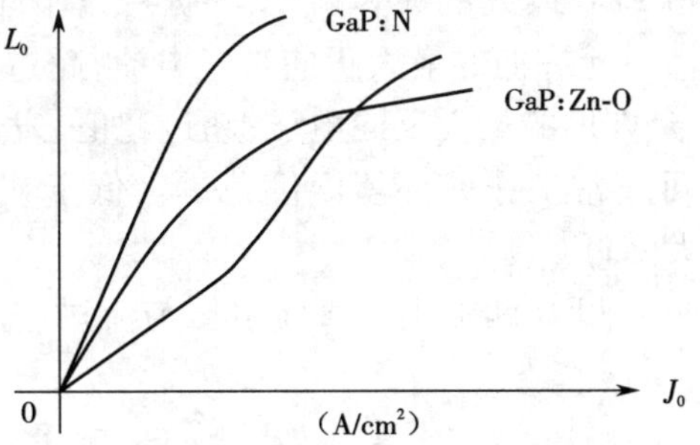

图1-22　LED的发光性能曲线

通常以推算法求得寿命,如图1-23所示。

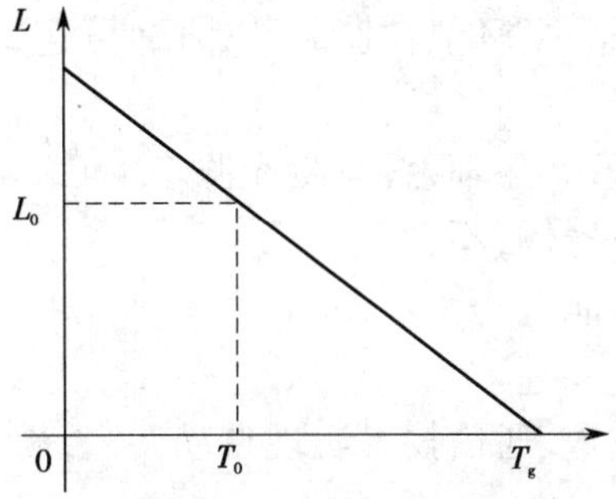

图1-23　光亮度衰减曲线

测量方法:给LED通以一定恒流源,点燃$10^3 \sim 10^4$ h,先后测得L_0,$L_t = 1\ 000 \sim 10\ 000$,代入式(1-14)求出$\tau$;再把$L_t = \frac{1}{2}L_0$代入,可求出寿命$t$。

长期以来业界总认为LED寿命为10^6 h,这是指单个LED在$I_F = 20$ mA下的寿命。伴随着功率型LED的开发应用,国外学者以LED的光衰百分比数值作为寿命的依据,如LED的光衰减为原来35%,寿命>6 000 h。

(2)LED的重要参数

①正向工作电流I_F　它是指发光二极管正常发光时的正向电流值。在实际使用中应使I_F在$0.6I_{FM}$以下。

②正向工作电压U_F　工作电压是在给定的正向电流下得到的。一般是在$I_F = 20$ mA时测得的。发光二极管正向工作电压U_F在1.4~3 V。在外界温度升高时,U_F将下降。

③$U-I$特性　LED的电压与电流的关系。正向电压小于某一数值(阈值)时,电流极小,不发光。当电压超过某一值后,正向电流随电压迅速增加,发光。

④发光强度I_V　LED的发光强度通常是指法线(对圆柱形发光管是指其轴线)方向上的发光强度。若在该方向上辐射强度为(1/683)W/sr,则发光1 cd。

⑤LED的发光角度　$-90° \sim 90°$。

⑥光谱半宽度$\Delta\lambda$　它表示发光管的光谱纯度。

⑦半值角$\theta_{1/2}$　是指发光强度值为轴向强度值一半的方向与发光轴向(法向)的夹角。

⑧全形　根据LED发光立体角换算出的角度,也叫平面角。

⑨视角　也叫光强角，指 LED 发光的最大角度，根据视角不同，应用也不同。

⑩最大正向直流电流 I_{FM}　允许加的最大正向直流电流，超过此值会损坏二极管。

⑪最大反向电压 U_{RM}　允许加的最大反向电压，超过此值，发光二极管可能被击穿损坏。

⑫工作环境 t_{opm}　LED 可正常工作的环境温度范围。低于或高于此温度范围，发光二极管将不能正常工作，效率大大降低。

⑬允许耗散 P_M　允许加于 LED 两端正向直流电压与流过它的电流之积的最大值。超过此值，LED 发热、损坏。

4. LED 光源的特点

(1) LED 光源的优点

①发光效率高。整灯光效目前达到 60 ~ 120 lm/W。在同样照度水平的情况下，理论上不到白炽灯 10% 的能耗，LED 灯与荧光灯相比也可以达到 30% ~ 50% 的节能效果。

②使用寿命长，体积小，质量小，环氧树脂封装，寿命可达 25 000 ~ 50 000 h，可以大大降低灯具的维护费用。

③安全可靠性高，发热量低，无热辐射，属冷光源。

④有利于环保，为全固体发光体，不含汞。

⑤响应时间短，起点快捷可靠。

⑥防潮、耐低温、抗震动。

⑦调光方便，可结合控制技术、通信技术实现自动调光，满足节能和调节照(亮)度功能的需要。

⑧LED 光源尺寸小，为定向发光，便于灯具配套和提高灯具效率。

(2) LED 光源的缺点和不足

①色温偏高。

②显示指数(R_a)偏低。

③蓝光成分偏多，红光成分偏少。

④色容差和色偏差较大。

⑤表面亮度高，容易导致眩光。

⑥光通维持率偏低。

⑦有的驱动电源电路简单，谐波较大，功率因数低。

⑧优质产品成本较高。

以上问题，一部分是在 LED 发展过程中存在的，而现在市场上的一些优质产品已经解决了这部分问题。但由于市场无序竞争导致低价销售，致使部分产品质量下降，在应用中必须予以重视。

5. LED 应用场所

LED 光源主要应用于博物馆、美术馆、宾馆、庭院照明，电子显示屏，交通信号灯，疏散标志灯，建筑物夜景照明，装饰性照明，需要调光场所的照明及不易检修和更换灯具的场所等。

1.3.9　其他照明光源

1. 场致发光灯(屏)

场致发光灯(屏)是利用场致发光(又称电致发光)现象制成的发光灯(屏)。场致发光屏在电场的作用下,自由电子被加速到具有很高的能量,从而激发发光层,使之发光。场致发光屏的厚度仅几十微米,发光效率为 15 lm/W,寿命长,耗电少。场致发光屏可以通过分割做成各种图案与文字,可用在指示照明、广告、电脑显示屏等照度要求不高的场所。

2. 光纤照明

光纤照明是近年新发展起来的一门新照明技术。它是采用光导纤维(简称光纤,又称光波导),利用全反射原理,通过光导纤维把光传送到需要的部位进行照明的一种新的照明方式。

光纤照明具有其他方式不可替代的优势:一是装饰性强,通过光纤输出的光,不仅明暗可调,而且颜色可变,是动态夜景照明理想的方法;二是安全,光纤本身只导光不导电,不怕水、不易破损,而且体积小、柔软可弯曲,是一种十分安全的变色发光塑料条,可以安全地用在高温、低温、高湿度、水下、露天等场所。在博物馆照明中,可以免除光线中的红外线和紫外线对展品的损伤;在具有火险、爆炸性气体和蒸气的场所,它也是一个安全的照明方式。

3. 医疗用光源

(1)无影灯管适用于医院各类手术室,其技术参数如表 1-19 所示。

表 1-19　无影灯管技术参数

型　号	额定电压 /V	功率 /W	光通量 /lm	平均寿命 /h	外形尺寸(直径 × 长度,mm × mm)	灯头型号
WY6 - 15	6	15	185	60	34 × 56	E12/22 × 15
WY24 - 25	24	25	300	300	41 × 60	BA15d/19
WY110 - 100		100	1 420	1 000	66 × 118	E27/27
WY110 - 150	110	150	2 240			
WY220 - 100	220	100	1 250			
WY220 - 150		150	1 990			
WY220 - 100		100	1 250	800	81 × 113	E27/35 × 30
WY220 - 150		150	2 090		81 × 125	

(2)紫外线杀菌灯是一种强紫外线光源，对核酸蛋白质作用极强，能使细菌发生变异或死亡，被广泛应用于医疗卫生（手术室灭菌、病房灭菌、伤口愈合等）、制药工业和食品制造工业以及水净化、空调送风管及消毒柜灭菌等场所。表 1-20 至表 1-21 为各种紫外线灯技术数据。

表 1-20 双端直管形紫外线杀菌灯主要参数

型　号	管径/mm	灯长/mm	功率/W	灯电流/mA	1 m 处紫外线辐射照度/($\mu W/cm^2$)	寿命/h	灯头型号
ZW－4	15	150	4	170	—	8 000	G5
ZW－6	15	212	6	160	15	8 000	G5
ZW－8	15	288	8	190	22	8 000	G5
ZW－10	15	331	10	220	28	8 000	G13
ZW－15	15	437	15	300	40	8 000	G13
ZW－18	16	—	18	370	—	8 000	G13
ZW－20	16	589	20	320	70	8 000	G13
ZW－30	16	894	30	300	100	8 000	G13
ZW－40	16	1 199	40	330	120	8 000	G13

注:额定电压为 220 V。

表 1-21 紫外线灯管技术数据

<table>
<tr><th>参数
型号</th><th>额定电压/V</th><th>功率/W</th><th>灯电流/A</th><th>UV 输出功率/W</th><th>外形尺寸
(直径×长度,mm×mm)</th><th>灯头型号</th></tr>
<tr><td>HNS7WOFR</td><td rowspan="6">220</td><td>7</td><td rowspan="2">0. 17</td><td>1. 9</td><td>13×137</td><td rowspan="3">G23</td></tr>
<tr><td>HNS9WOFR</td><td>9</td><td>2. 5</td><td>13×167</td></tr>
<tr><td>HNS11WOFR</td><td>11</td><td>0. 15</td><td>3. 6</td><td>13×237</td></tr>
<tr><td>HNS15WOFR</td><td>15</td><td>0. 34</td><td>4. 6</td><td>26×438</td><td rowspan="3">G13</td></tr>
<tr><td>HNS30WOFR</td><td>30</td><td>0. 37</td><td>11. 2</td><td rowspan="2">26×895</td></tr>
<tr><td>HNS55WOFR</td><td>55</td><td>0. 77</td><td>16. 5</td></tr>
</table>

* 与电子镇流器配套使用

注:以上数据为欧司朗公司提供。

4. 农业用光源

(1)诱虫黑光灯。利用昆虫的趋光性,将昆虫吸引至小范围内,利用电网或水盒对其进行诱杀。许多昆虫对光的灵敏度在 350～390 nm 及 450～480 nm 两个峰值范围内。黑光灯发射的波长为 300～500 nm,主要参数见表 1-22 所示。

表 1-22 诱虫黑光灯主要参数

型号	额定功率/W	工作电压/V			工作电流/A	预热电流/A	平均寿命/h	外形尺寸(直径×长度,mm×mm)	灯头型号
		额定值	最大值	最小值					
YHG8	8	60	66	54	0. 15	0. 2	1 500	16×285. 1	G5
YHG15	15	51	58	44	0. 33	0. 5	3 000	40. 5×434. 4	G13
YHG20	20	57	64	50	0. 37	0. 55	—	40. 5×568. 8	—
YHG30	30	81	91	71	0. 405	0. 62	5 000	40. 5×891. 6	—
YHG40	40	103	113	93	0. 43	0. 65	—	40. 5×1 196. 4	—
YHG100	100	92	103	81	1. 5	1. 8	3 000	40. 5×1 197. 0	—

注:摘自《电光源实用手册》,中国物资出版社,2005 年。

(2)人工温室用灯。能全年提供理想的植物生长的光照条件,有利于人工温室内植物的生长。SDN – T Argo 农用钠灯技术数据见表1-23所示。

表1-23　SDN – T Argo 农用钠灯技术数据

型号	额定电压 /V	功率 /W	灯电流 /A	光通量 /lm	显色指数 R_a	色温 /K	外形尺寸(直径×长度,mm×mm)	寿命 /h	灯头型号
400 W	110	400	4.13	55 000	25	2 100	47×283	24 000	E40

注:数据由飞利浦公司提供。

1.3.10　照明光源的选择

1. 依据实施绿色照明工程为基点选择光源

20世纪90年代初,国际上提出了推行旨在节约电能、保护环境的"绿色照明"(Green Lights)工程。美国、日本等主要发达国家和部分发展中国家先后制订了"绿色照明工程计划",取得了明显的效果。照明的质量和水平已成为衡量社会现代化程度的一个重要标志,受到联合国等国际组织机构的关注。

绿色照明是指通过科学的照明设计,采用高效率、长寿命、安全和性能稳定的照明电器产品,最终建成环保、高效、舒适、安全、经济和提高人们的工作、学习和生活质量的照明系统。实施绿色照明工程就是通过采用合理的照明设计来提高能源有效利用率,达到节约能源,减少照明费用,减少火电工程建设,减少有害物质的排放和逸出,达到保护人类生存环境的目的。

推进绿色照明工程实施过程中,电光源的选择应遵循以下原则。

(1)限制白炽灯的应用

白炽灯属于第一代光源,光效低,寿命一般只有1 000小时,应予限制。但是也不能完全取消,因为白炽灯没有电磁干扰,便于调节,适合需要频繁开、关的场合。对于局部照明、应急照明、投光照明、信号指示以及水电丰富的山区和边远农村是不可缺少的光源。

(2)使用卤钨灯取代普通白炽灯

卤钨灯是普通白炽灯的升级换代产品,在许多照明场所,如商业橱窗、展览展示厅以及摄影照明等要求高显色性、高档冷光或聚光的场合,可以使用各种结构形式不同的卤钨灯取代普通白炽灯,来达到节约能源、提高照明质量的目的。

在卤钨灯类产品中,带反射器的组合式紧凑型卤钨灯是应用最广、发展最快的灯种之一。目前,这种敞开式结构的卤钨灯已广泛应用于商场、展览展示中心以及会议室等场所,并作为取代普通白炽灯的新一代光源。

(3)推荐采用紧凑型荧光灯取代白炽灯

与白炽灯相比,紧凑型荧光灯每瓦产生的光通量是普通照明白炽灯的3~4倍以上,其额定寿命是白炽灯的10倍。由于荧光粉质量的不断提高和改进,紧凑型荧光灯的显色指数可以达到80左右,完全能满足一般照明的要求。紧凑型荧光灯可以和镇流器(电感式或电子式)连接在一起,组合成一体化的整体型灯,采用E27灯头,与普通白炽灯直接替换,十分方便。同时也可做成分离的组合式灯,灯管更换三次或四次而不必更换镇流器。

虽然紧凑型荧光灯的发展很快,推广应用也比较成功,但也存在一些实际问题,使其应用受到一定的局限。

①采用高显色性的荧光粉虽然可以使紧凑型荧光灯的显色指数达到80以上,但目前技术仍不能使其达到与白炽灯完全相同的显色指数。

②带螺口灯头的一体化紧凑型荧光灯不能像白炽灯一样进行明暗度的连续调光,现在虽然有了可调光的紧凑型荧光灯系统,但需要通过采用包括可调光的镇流器、四插头紧凑型荧光灯和专用的调光控制器在内的新型照明装置来实现,过程复杂,且成本较高。

③由于紧凑型灯仍属线型光源,如单U、单π发光体仍相对较大,因此一般不能与白炽灯或高强度气体放电灯所使用的光学控制器(通常为反射器)通用。经过改型设计的与紧凑型荧光灯配套的反射式灯具一般都达不到与大多数白炽灯相同照度的投射距离,因此在要求光束具有较大投射距离的应用场所,仍然只能采用反射卤钨灯或短弧高强度气体放电灯。

④灯座向上或水平装置,环境温度在25 ℃时,紧凑型荧光灯工作时的光效最高。密封在室内灯具中的紧凑型荧光灯,往往会由于灯具内的环境温度较高而降低光效;紧凑型荧光灯在室外较低的环境温度下工作,光效较低,并且还可能出现不能启动的现象。

⑤一体化的紧凑型荧光灯多配用电子镇流器。当紧凑型荧光灯只占有小部分电力负荷时,不会对电网质量构成影响,一旦占有很大比例的电力负荷,电子镇流器的谐波将产生失真,需要加以限制,以免影响电网的正常供电。

虽然不是任何场合的白炽灯都能用紧凑型荧光灯代替,但紧凑型荧光灯光效高、颜色好、寿命长、安装方便,是取代普通白炽灯的最佳光源之一。

(4)推荐采用ϕ26 mm,ϕ16 mm的细管荧光灯

直管型荧光灯的光效和寿命均为普通白炽灯的5倍以上,是取代普通白炽灯的最佳灯种之一。随着科学技术的发展,荧光灯的光效不断得到提高,管径不断缩小,这对节约照明用电以及节约能源和资源都具有十分重要的意义。

(5)推荐采用钠灯和金属卤化物灯

高压钠灯和金属卤化物灯同属高强度气体放电灯。由于我国不断从国外引进先进的设备和技术,使这两类灯的技术性能指标几乎达到国外同类产品的水平。由于各种规格的高压钠灯和金属卤化物灯具备高光效和长寿命的特点,因此,广泛应用于各种环境条件的照明,如机场、港口、码头、道路、城市街道、体育场馆、大型工业车间、庭院、展览展示大厅、地铁等场所。

高压钠灯和金属卤化物灯是取代荧光高压汞灯的最佳选择。

低压钠灯的光效属各灯种之首,但其显色性极差,可以应用于隧道及对显色指数要求不高的照明场所。

2. 依据光源的光色特性选择光源

实施绿色照明工程的同时,往往还要根据地区的气候、室内环境氛围要求来选择光源。这时,首先要考虑合适的光源色温,再按照光源色温选择相应的光源,以便创造出舒适和谐的室内环境。光源色温分类及适用场合如表1-24所示。

表1-24 光源色温分类及适用场合

光源类别	冷暖类别	色温/K	适用场合
白炽灯、卤钨灯、暖白色荧光灯、高压钠灯、低压钠灯	暖色	<3 300	客房、卧室等
冷白色荧光灯、金属卤化物灯	中间色	3 300 ~ 5 300	办公室、图书馆等
日光色荧光灯、荧光高压汞灯、氙灯、金属卤化物灯	冷色	>5 300	高照度水平或白天需补充自然光的房间

3. 依据光源的显色指数选择光源

光源的显色指数反映了同一物体在不同光源下,呈现出的颜色不一致的程度。因此,在不同的场合下,可以根据要求选择不同显色指数的光源,既可达到规定的辨色要求,又可达到舒适的要求。光源的显色指数及其适用场合见表1-25。

由表1-25可知钠灯、汞灯显色指数较低,显色性较差,常常用于要求辨色不高的场合,如道路照明、库房照明等;而暖白色、日光色荧光灯显色指数一般,显色性一般,常用于辨色要求较高的场合,如办公室、休息室、教室等学习场合通常也选择日光色荧光灯和冷白色荧光灯($R_a=91$);在辨色要求很高的场合,如非常重视显色性的美术馆、博物馆陈列室应当选择光色和显色性接近于日光的电光源,如显色性很好的白炽灯,卤钨灯等。实际照明大多采用色温低而又有温度感的光色,即大多采用普通荧光灯的照明,而 $R_a>80$ 的电光源常常用于局部照明。

表1-25 光源的显色指数及其适用场合

光源类别	显色指数	适用场合
白炽灯、卤钨灯、冷白色荧光灯、氙灯、金属卤化物灯	$R_a>80$	客房、绘图室等辨色要求很高的场合
暖白色荧光灯、日光色荧光灯	$60<R_a<80$	配电室、普通电梯前厅等辨色要求较高的场合
低压钠灯	$40<R_a<60$	锅炉房等辨色要求一般的场所
高压钠灯、荧光高压汞灯	$R_a<40$	变压器室等辨色要求不高的场所

4. 依据光源的光效以及总光通量选择光源

各种光源的光效与它的输出光通的关系如图1-24所示。

图1-24中曲线上数字的单位为瓦特(W)。从图可知,提高同一光源的光效则必须提高它的输出光通(提高功率);图中虚线框内是在小空间适用的光通范围(400 ~ 2 200 lm),而在这个范围只有白炽灯和荧光灯,即家居民用范围广泛采用白炽灯和荧光灯。

随着光源、微电子器件技术和生产工艺的不断提高和飞速发展,采用高效新光源(细管径荧光灯、紧凑型荧光灯、高强度气体放电灯等)和节能电器产品、高性能电子镇流器等将产生巨大的社会、经济效益。据专家测算,1只11 W电子紧凑型荧光灯较同样照度的60 W白炽灯节电约48 W,按每天平均使用4 h计算,年节电约71 kW·h。若全国替换2亿只,则年节电可达 1.42×10^{11} kW·h,因此使用紧凑型荧光灯、细管径荧光灯代替白炽灯可以极大地节省

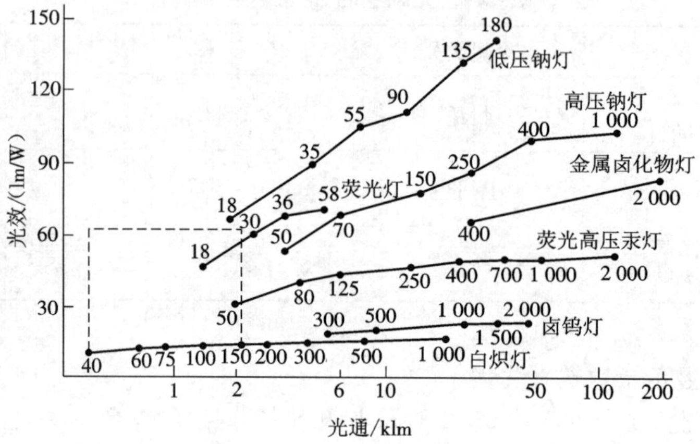

图 1-24　各种光源的光效与它的输出光通的关系

电能。

5. 依据光源的各种参数以及使用条件综合地选择光源

不同光源在光谱特性、发光效率、色温、显色指数、使用条件和造价等方面都有自己的特点，我们应根据不同场所的具体情况，综合各方面的因素来确定光源的类型。为了便于比较，下面将各种光源的适用场所归纳于表 1-26 中。

表 1-26　各种光源的适用场所

使用场合	要求光源特性		钨丝白炽灯	卤钨白炽灯	荧光灯				荧光高压汞灯		金属卤化物灯		高压汞灯			低压钠灯
	光输出/klm	显色性 R_a			标准型	高显色	三基色	紧凑型	透明型	一般型	标准型	高显色	标准型	改进型	高显色	
家用照明	<3	80~98	好	—	√	—	好	好	—	—	—	—	—	—	—	—
办公、学术照明	3~10	80~90	—	—	—	—	好	√	—	—	√	√	√	√	—	—
商店照明(普通)	>3	80~90	√	√	—	好	好	√	—	—	—	好	—	—	好	—
商店照明(橱窗)	<3	80~98	好	好	—	√	好	—	—	—	—	√	—	—	好	—
餐厅和旅馆	<10	80~98	好	好	—	√	√	—	—	—	—	√	—	—	好	—
音乐厅	<10	80~98	√	好	√	√	好	好	—	—	—	—	—	—	—	—
医院照明(普通)	<10	60~90	√	√	√	—	好	—	—	—	—	—	—	—	—	—
医院照明(检验)	<10	80~98	好	√	—	好	—	—	—	—	—	—	—	—	—	—
工业照明(高天花板)	>10	<60	—	—	√	—	—	—	—	√	√	—	√	√	—	—
工业照明(低天花板)	3~10	40~80	—	—	好	—	—	—	—	√	√	—	√	好	—	—
体育场照明(室外)	>3	<60	—	—	—	—	—	—	—	√	好	好	好	—	—	—
体育场照明(室内)	3~10	65~80	—	√	√	—	—	—	—	—	好	好	√	好	—	—

表1-26(续)

使用场合	要求光源特性		钨丝白炽灯	卤钨白炽灯	荧光灯				荧光高压汞灯		金属卤化物灯		高压汞灯			低压钠灯
	光输出/klm	显色性R_a			标准型	高显色	三基色	紧凑型	透明型	一般型	标准型	高显色	标准型	改进型	高显色	
剧场和电视照明	<10	80~90	好	√	—	—	好	√	—	—	—	—	—	—	—	—
电影照明	>3	80~98	—	好	—	—	—	—	—	—	√	√	—	—	—	—
公园和广场住宅区	>3	<80	—	—	—	—	—	—	—	√	好	—	好	√	—	—
住宅区和休息区	<3	<80	√	—	√	—	—	√	—	√	—	—	好	—	—	√
港口船坞码头	>3	—	—	√	—	—	—	—	√	—	√	—	好	—	—	—
汽车道路照明	>3	—	—	—	—	—	—	—	—	—	—	—	好	—	—	好
普通道路照明	<6	—	—	—	—	—	—	—	—	√	√	—	好	—	—	好
街道照明	<6	—	—	—	√	—	—	—	—	√	√	—	好	—	—	√

注:表中的“好”表示选用该光源比较理想;表中的“√”表示可以选用该光源;表中的“—”表示一般不选用该光源。

总之,选择光源时,应在满足显色性、启动时间等条件下,根据光源、灯具及镇流器等的效率、寿命和价格在进行综合技术经济分析比较后确定。

6. 照明设计时光源的选择

(1)灯具安装高度较低的房间宜采用细管径直管形荧光灯。

(2)商店营业厅的一般照明宜采用细管径直管型三基色荧光灯、小功率陶瓷金属卤化物灯;重点照明宜采用小功率陶瓷金属卤化物灯、发光二极管灯。

(3)灯具安装高度较高的场所,应按照使用要求,采用金属卤化物灯、高压钠灯或高频大功率细管径荧光灯。

(4)宾馆建筑的客房宜采用发光二极管灯或紧凑型荧光灯。

(5)在家庭和类似场合设计时不应采用普通照明白炽灯,对电磁干扰有严格要求,且其他光源无法满足的特殊场所除外,如专门用于科研医疗、火车船舶航空器、机动车辆、家用电器等的白炽灯。

(6)应急照明应选用能快速点燃的光源。

(7)应根据识别颜色要求和场所特点,选用相应显色指数的光源。

1.4　照明灯具

灯具是透光、分配和改变光源光分布的器具,包括除光源外所有用于固定和保护光源的零部件、部件以及与电源连接所必需的线路附件。照明灯具对节约能源、保护环境和提高照明质量具有重要的作用。

1.4.1 灯具的作用

(1)固定光源,使电流安全地流过光源;对于气体放电灯,灯具通常提供安装镇流器、功率因数补偿电容和电子触发器的位置;对于 LED 灯,通常还包括驱动电源装置。

(2)为光源和光源的控制装置提供机械保护,支撑全部装配件,并与建筑结构件连接起来。

(3)控制光源发出光线的扩散程度,实现需要的配光。

(4)限制直接眩光,防止反射眩光。

(5)电击防护,保证用电安全。

(6)保证特殊场所的照明安全,如防爆、防水、防尘等。

(7)装饰和美化室内外环境,特别是在民用建筑中,可以起到装饰的效果。

1.4.2 灯具的光学特性

1. 发光强度的空间分布

灯具可以使电光源的光强在空间各个方向上重新分配,不同灯具的光强分布也不同。通常将空间各方向上光强的分配称为配光,用来表示这种配光的曲线称为灯具配光曲线。由于各种灯具的空间光强分布不同,所以其配光曲线也是不同的。利用灯具的配光曲线可以进行照度、亮度、利用系数、眩光等照明计算;配光曲线常用极坐标法、直角坐标法和等光强曲线图三种方法表示。

(1)极坐标配光曲线

以光源中心(灯具中心)为极坐标原点,测出灯具在位于测光平面上不同角度的光强值;从某一给定方向起,把灯具在各个方向的发光强度用矢量表示,连接矢量顶端得到的曲线,即为灯具配光的极坐标曲线。若灯具相对光轴旋转对称,并在与光轴垂直的测光平面上各方向的光强值相等,这时只要取与光轴平行(纵向)面的光强分布,就可得到该灯具的配光曲线。图 1-25 为旋转轴对称灯具的配光曲线,将画有光强分布的测光平面绕光轴旋转一周,就可以得到该灯具的空间光强分布。大多数灯具都是轴对称的旋转体(点光源),光强分布为轴对称。

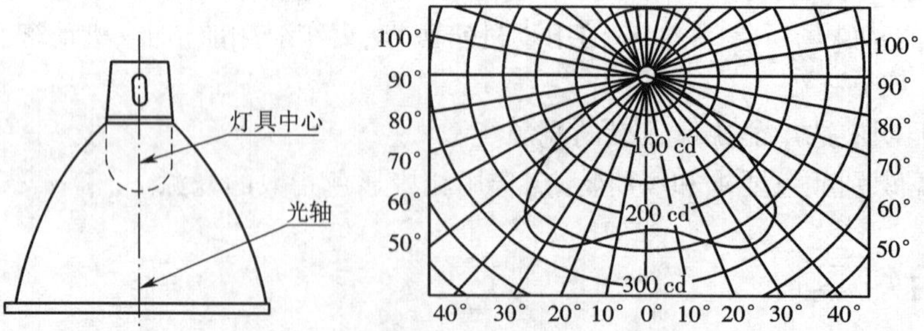

图 1-25 旋转轴对称灯具的配光曲线

为了便于对各种照明灯具的光分布特性进行比较,统一规定以光通量为 1 000 lm 的假想光源来提供光强分布数据,因此实际发光强度应当是该灯具测光参数提供的光强值乘以光源实际光通量与 1 000 之比。计算方法为

$$I=\frac{\Phi\times I_{\Phi}}{1\ 000} \tag{1-15}$$

式中　I_{Φ}——光源光通量为 1 000 时 θ 方向的光强，cd；

I——灯具在 θ 方向上的实际光强，cd；

Φ——光源的实际光通量，lm。

室内照明灯具一般采用极坐标配光曲线来表示其光强的空间分布。

(2)直角坐标配光曲线

投光型的灯具所发出的光束集中在狭小的立体角内，用极坐标难以表示清楚时，常用直角坐标来表示配光曲线，直角坐标的纵轴表示光强大小，横轴表示投光角的大小。用这种方法绘制的曲线称为直角坐标配光曲线，如图 1-26 所示。

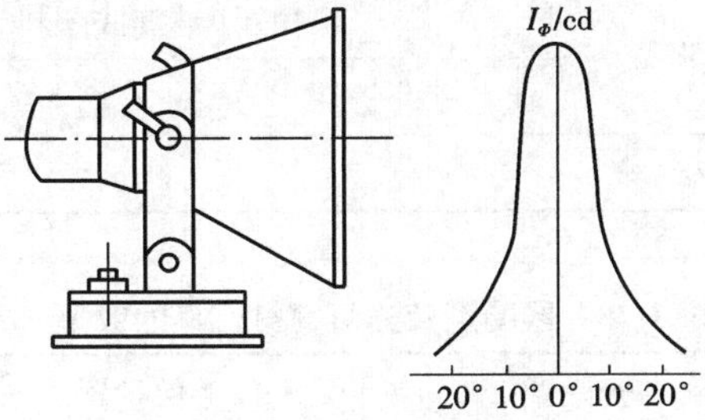

图 1-26　直角坐标配光曲线

(3)等光强曲线图

对于光强分布不对称的灯具，常采用等光强配光曲线表示光强分布。为了正确表示发光体空间的光分布，假想发光体放在一球体内并发光射向球体表面，将球体表面上光强相同的各点连接起来形成封闭的等光强曲线图。它可以表示该发光体光强在空间各方向的分布情况，如图 1-27 所示。

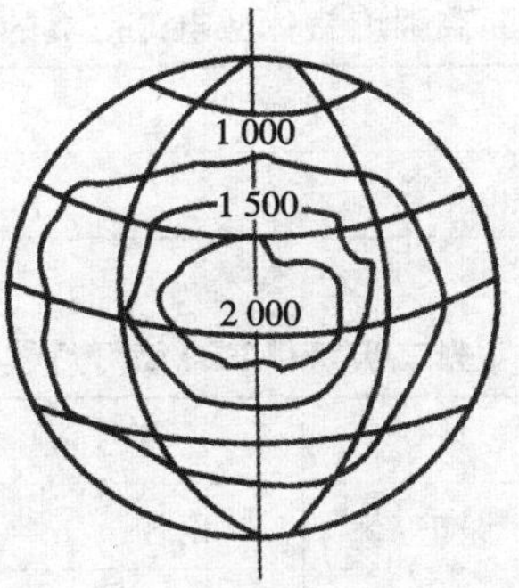

图 1-27　等光强曲线图(cd)

2. 灯具的效率或灯具效能

照明灯具效率定义为在规定条件下，测得的灯具发出的光通量占灯具内所有光源发出的总光通量的百分比，称为灯具效率，其定义式为

$$\eta=\frac{\Phi_2}{\Phi_1}\times 100\% \tag{1-16}$$

式中　η——照明灯具的效率；

Φ_2——灯具发出的光通量,lm;

Φ_1——光源发出的总光通量,lm。

由于灯具的形状不同,所使用的材料不同,光源的光通量在出射时,将受到灯具(如灯罩)的折射与反射,使得实际光通量下降,因此效率与选用灯具材料的反射率或透射率以及灯具的形状有关。灯具效率永远是小于1的数值,灯具的效率在满足使用要求的前提下,越高越好,如果灯具的效率小于50%,说明光源发出的光通量有一半被灯具吸收,效率就偏低。

为了既满足功率要求,又节约资源,GB 50034—2013《建筑照明设计标准》规定,照明灯具的灯具效率或灯具效能需满足表1-27至表1-32的规定。

表1-27 直管型荧光灯灯具的效率/%

灯具出光口形式	开敞式	保护罩(玻璃或塑料)		格栅
		透明	棱镜	
灯具效率	75	70	55	65

表1-28 紧凑型荧光灯筒灯灯具的效率/%

灯具出光口形式	开敞式	保护罩	格栅
灯具效率	55	50	45

表1-29 小功率金属卤化物灯筒灯灯具的效率/%

灯具出光口形式	开敞式	保护罩	格栅
灯具效率	60	55	50

表1-30 高强度气体放电灯灯具的效率/%

灯具出光口形式	开敞式	格栅或透光罩
灯具效率	75	60

表1-31 发光二极管(LED)筒灯灯具的效率/%

色温	2 700 K		3 000 K		4 000 K	
灯具出光口形式	格栅	保护罩	格栅	保护罩	格栅	保护罩
灯具效率	55	60	60	65	65	70

表1-32 发光二极管(LED)平面灯灯具的效率($R_a \geqslant 80$)/(lm/W)

色温	2 700 K		3 000 K		4 000 K	
灯盘出光口形式	反射式	直射式	反射式	直射式	反射式	直射式
灯盘效能	60	65	65	70	70	75

3. 灯具的保护角

在视野内由于亮度的分布或范围不适宜,或在空间上存在着极端的亮度对比,以致引起视觉不舒适和降低目标可见度的视觉状况称为眩光。

眩光对视力有很大的危害,严重的可使人晕眩。长时间的轻微眩光,也会使视力降低。当被视物体与背景亮度对比超过 1∶100 时,就容易引起眩光。眩光可由光源的高亮度直接照射到眼睛而造成,也可由镜面的强烈反射造成,因此限制眩光的方法一般是使灯具有一定的保护角(又叫遮光角),或改变安装位置和悬挂高度,或限制灯具的表面亮度。

保护角是指投光边界线与灯罩开口平面的夹角,用符号 γ 表示。它是评价照明质量和视觉舒适感的一个重要参数。几种灯具的保护角如图 1-28 所示。

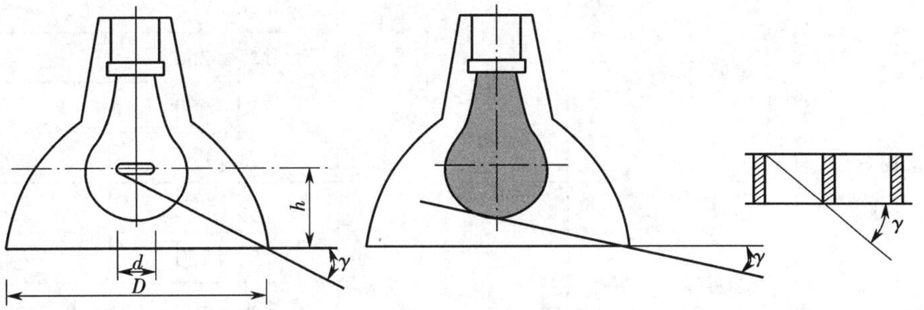

图 1-28　几种灯具的保护角示意图

一般灯具的保护角越大,则配光曲线越狭小,效率也越低;保护角越小,配光曲线越宽,效率越高,但防止眩光的作用也随之减弱。在要求配光分布宽广,且又要避免直接眩光时,应该在灯具开口处用能够透射光线的玻璃灯罩包合光源,也可以用各种形状的栅格罩住光源。照明灯具的保护角的大小是根据眩光作用的强弱来确定的,一般说来,灯具的保护角范围应在 10°~30°范围内。在规定灯具的最低悬挂高度下,保护角把光源在强眩光视线角度区内隐藏起来,从而避免了直接眩光。室内一般照明灯具的遮光角和最低悬挂高度如表 1-33 所示。

表 1-33　室内一般照明灯具的最低悬挂高度

光源种类	灯具形式	灯具遮光角	光源功率/W	最低悬挂高度/m
白炽灯	有反射罩	10°~30°	≤100	2.5
			150~200	3.0
			300~500	3.5
	乳白玻璃漫射罩	—	≤100	2.0
			150~200	2.5
			300~500	3.0
荧光灯	无反射罩	—	≤40	2.0
			>40	3.0
	有反射罩	—	≤40	2.0
			>40	2.0

表 1-33(续)

光源种类	灯具形式	灯具遮光角	光源功率/W	最低悬挂高度/m
荧光高压汞灯	有反射罩	10°~30°	<125	3.5
			125~250	5.0
			≥400	6.0
	有反射罩带格栅	>30°	<125	3.0
			125~250	4.0
			≥400	6.0
金属卤化物灯、高压钠灯、混光光源	有反射罩	10°~30°	<150	4.5
			125~250	5.5
			250~400	6.5
			>400	7.5
	有反射罩带格栅	>30°	<150	4.0
			150~250	4.5
			250~400	5.5
			>400	6.5

4. 利用系数

灯具的利用系数是指投射到参考平面上的光通量与照明装置中的光源的额定光通量之比。一般情况下，灯具固有利用系数(达到工作面或规定的参考平面上的光通量与灯具发出的光通量之比)与灯具效率的乘积，称为灯具的利用系数。与灯具效率相比，灯具的利用系数反映的是光源光通量最终在工作面上的利用程度。

5. 最大允许距高比

灯具的距高比是指灯具布置的间距与灯具悬挂高度(指灯具与工作面之间的垂直距离)之比，该比值越小，则照度均匀度越好，但会引起灯具数量、耗电量和投资增加；距离比越大，照度均匀度越得不到保证。在均匀布置灯具的条件下，保证室内工作面上有一定均匀度的照度，允许灯具间的最大安装距离与灯具安装高度之比，称为最大允许距高比。一般在灯具的主要参数中应给出该数值。

1.4.3 灯具的分类

照明灯具的分类通常按照灯具的光通量在空间上下部分的分配比例分类，或者按灯具的结构特点、灯具的安装方式等来分类。

1. 按光通在空间的分配特性分类

按照照明灯具光通量在上下空间的分配比例进行分类，可分为直接型、半直接型、漫射型、半间接型和间接型五种，如表 1-34 所示。

表1-34　按光通在空间上下部分的分配比例分类

类型	直接型	半直接型	漫射型	半间接型	间接型
配光曲线		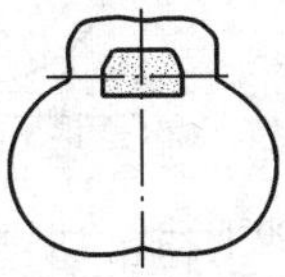	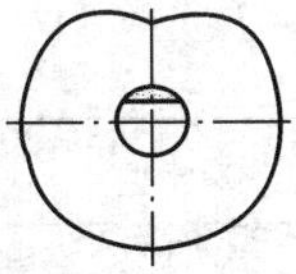	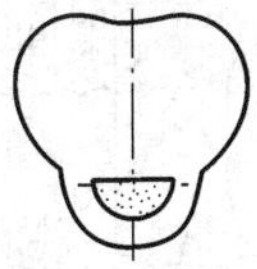	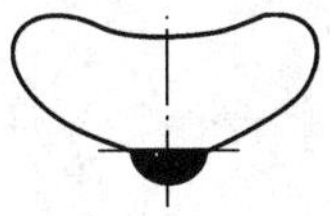
光通分布	上半球:0～10% 下半球:100%～90%	上半球:10%～40% 下半球:90%～60%	上半球:40%～60% 下半球:60%～40%	上半球:60%～90% 下半球:40%～10%	上半球:90%～100% 下半球:10%～0
灯罩材料	不透光材料	半透光材料	漫射透光材料	半透光材料	不透光材料

(1)直接型灯具

直接型灯具的用途最广泛,它的大部分光通量向下照射,所以灯具的光通量利用率最高,其特点是光线集中,方向性强,这种灯具适用于工作环境照明,并且应当优先采用。另一方面由于灯具的上下部分光通量分配比例较为悬殊,且光线集中,容易产生对比眩光和较重阴影。

直接型灯具又可按其配光曲线的形状分为特深照型、深照型、广照型、配照型和均匀配照型五种,它们的配光曲线如图1-29(a)所示。直接型灯具的外形图如图1-29(b)所示。

深照型灯具和特深照型灯具的光线集中,适应于高大厂房或要求工作面上有高照度的场所。这种灯具配备镜面反射罩并以大功率的高压钠灯、金属卤化物灯作光源,能将光控制在狭窄的范围内,获得很高的轴线光强。在这种灯具的照射下,水平照度高,阴影很浓,适用于一般厂房和仓库等地方。

广照型灯具一般作路灯照明,它的主要优点有直接眩光区亮度低,直接眩光小;灯具间距大,有均匀的水平照度,这便于使用光通输出高的高效光源,减少灯具数量,产生光幕反射的机率亦相应减小;有适当的垂直照明分量。

敞口式直接型荧光灯具纵向几乎没有遮光角,在照明舒适要求较高的情况下,常要设遮光栅格来遮蔽光源,减小灯具的直接眩光。

点射灯和嵌装在顶棚内的下射灯也属直接型灯具,光源为白炽灯、节能荧光灯和卤钨灯,如图1-29(b)所示。

(2)半直接型灯具

半直接型灯具也有较高的光通利用率,它能将较多的光线照射到工作面上,又能发出少量的光线照射顶棚,减小了灯具与顶棚间的强烈对比,使室内环境亮度更舒适,常用于办公室、书房等场所,其外形如图1-30所示。

(3)均匀漫射型灯具

均匀漫射型灯具将光线均匀地投向四面八方,对工作面而言,光通利用率较低。这类灯具是用漫射透光材料制成封闭式的灯罩,造型美观,光线柔和均匀,适用于起居室、会议室和厅堂照明,其外形如图1-31所示。

(4)半间接型灯具

半间接型灯具大部分光线投向顶棚和上部墙面,增加了室内的间接光,光线更为柔和宜

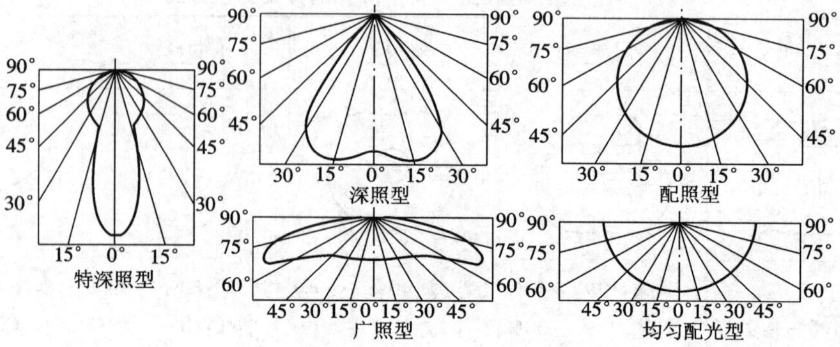

（a）

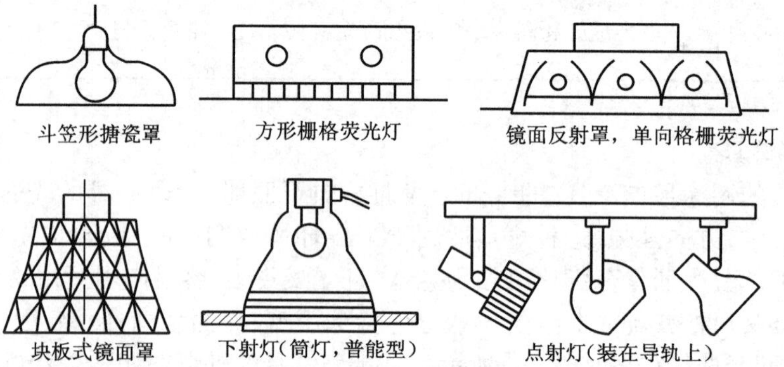

（b）

图 1-29　直接型灯具配光曲线及外形图

（a）直接型灯具的几种配光曲线；（b）几种直接型灯具外形

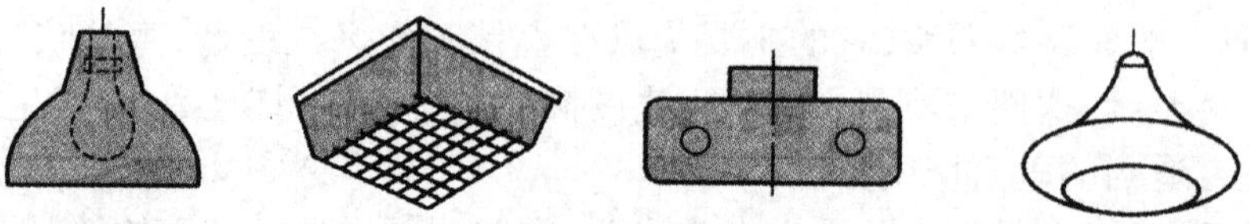
（a）　（b）　（c）　（d）

图 1-30　半直接型灯具

（a）碗形灯；（b）吸顶灯；
（c）荧光灯；（d）吊灯

人。这类灯具上半部用透光材料制成，下半部用漫射透光材料制成，在使用过程中上半部容易积灰尘，会影响灯具的效率。其外形如图 1-32 所示。

（5）间接型灯具

这类灯具将光线全部投向顶棚，使顶棚成为二次光源，因此室内光线扩散性极好，光线均匀柔和，几乎没有阴影和光幕反射，也不会产生直接眩光，但光通损失较大，不经济，常用于起居室和卧室。其外形如图 1-33 所示。

2. 按灯具的结构分类

（1）开启型灯具　无灯罩，光源直接照射周围环境。

（2）闭合型灯具　具有闭合的透光罩，但罩内外仍能自然通气，不防尘。

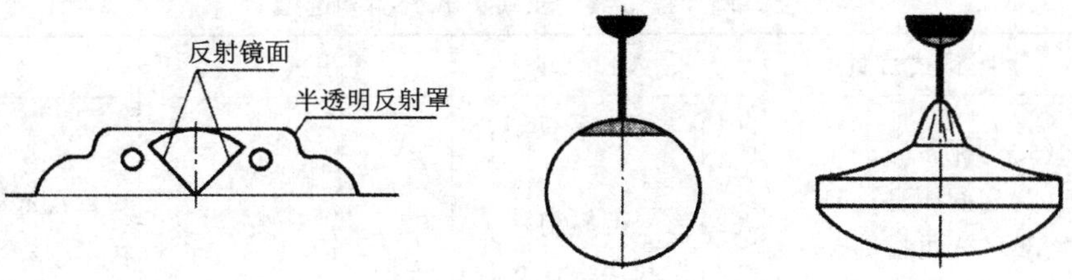

（a）　（b）

图1-31　均匀漫射型灯具

（a）组合荧光灯；（b）乳白玻璃灯具

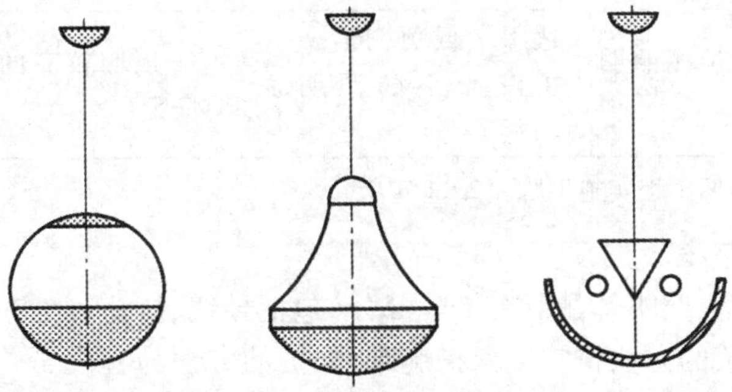

图1-32　半间接型灯具

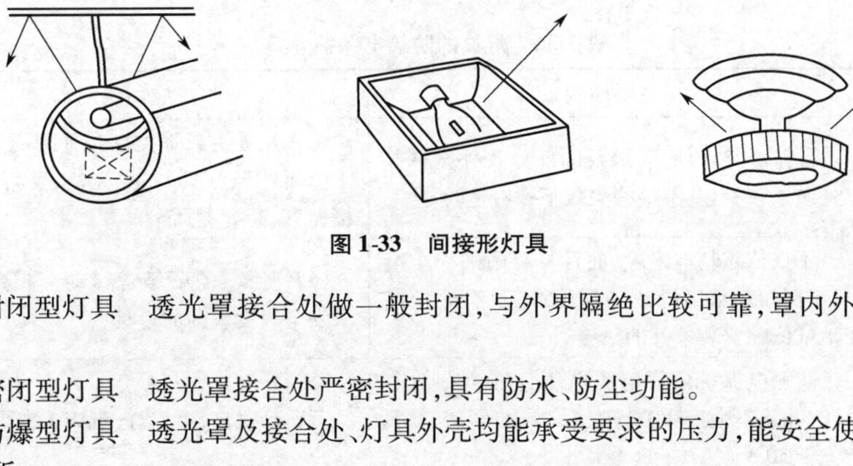

图1-33　间接形灯具

（3）封闭型灯具　透光罩接合处做一般封闭，与外界隔绝比较可靠，罩内外空气可有限流通。

（4）密闭型灯具　透光罩接合处严密封闭，具有防水、防尘功能。

（5）防爆型灯具　透光罩及接合处、灯具外壳均能承受要求的压力，能安全使用在有爆炸危险的场所。

（6）隔爆型灯具　灯具结构特别坚实，即使发生爆炸也不会破裂，适用于有可能发生爆炸的场所。

（7）防震型灯具　这种灯具采取了防震措施，可安装在有振动的设施上，如行车、吊车，或有振动的车间、码头等场所。

（8）防腐型灯具　灯具外壳采用防腐材料，且密封性好，适用于有腐蚀性气体的场合。

3. 按安装方式分类

根据安装方式的不同，灯具大致可分为如下几类：壁灯、吸顶灯、嵌入式灯、吊灯、地脚灯、移动式灯、应急灯、落地灯、发光顶棚、高杆灯、草坪灯等，其分类和选型见表1-35。

表 1-35 按灯具的安装方式分类和选型

安装方式	吸顶式灯具	嵌入式灯具	悬吊式灯具	壁式灯具
特征	(1)顶棚较亮; (2)房间明亮; (3)眩光可控制; (4)光利用率高; (5)易于安装和维护; (6)费用低	(1)与吊顶系统组合在一起; (2)眩光可控制; (3)光利用率比吸顶式低; (4)顶棚与灯具的亮度对比大,顶棚暗; (5)费用低	(1)光利用率高; (2)易于安装和维护; (3)费用低; (4)顶棚有时出现暗区	(1)照亮壁面; (2)易于安装和维护; (3)安装高度低; (4)易形成眩光
适用场所	适用于低顶棚照明场所	适用于低顶棚但要求眩光小的照明场所	适用于顶棚较高的照明场所	适用于装饰照明兼做加强照明和辅助照明用

注:本表引自《绿色照明工程实施手册》(2011 年版)。

4. 按防触电保护分类

为了保证电气安全,照明灯具所有带电部分(包括导线、接头、灯座等)必须采用绝缘材料等加以隔离或外加遮蔽的方法将它们保护起来,保护的方法与程度影响灯具的使用方法和使用环境。这种保护人身安全的措施称为防触电保护,它可以分为Ⅰ、Ⅱ和Ⅲ三类,每一类灯具的主要性能及其应用情况如表 1-36 所示。0 类灯具已经淘汰,因此,严禁使用 0 类灯具。

表 1-36 灯具的防触电保护分类

灯具等级	主要性能	应用说明
Ⅰ类	除基本绝缘外,易触及的部分及外壳有接地装置,一旦基本绝缘失效不致有危险	除采用Ⅱ类或Ⅲ类灯具外的所有场所,用于金属外壳灯具,如投光灯、路灯、工厂灯、格栅灯、筒灯、射灯等
Ⅱ类	不仅依靠基本绝缘,而且具有附加安全措施,例如双重绝缘或加强绝缘,没有保护接地或依赖安装条件的措施	经常触摸、需要经常移动、容易跌倒或要求安全程度较高的灯具
Ⅲ类	防触电保护依靠电源电压为安全特低电压,并且不会产生高于此值的电压(交流不大于 50 V)	可移动式灯、手提灯、机床工作灯等

各种灯具的光度参数见附录 2。

1.4.4 LED 灯具

LED 灯具是 LED 照明灯具的统称。随着 LED 技术的进一步成熟,LED 灯具将会在居室照明灯具领域取得更多更好的发展。LED 照明灯具分类如下:

1. LED 射灯

LED 射灯就是用 LED 作为光源的射灯。传统射灯多采用卤素灯,发光效率较低,耗电量较大,被照射环境温度提高,使用寿命短。LED 在发光原理、节能、环保等方面都远远优于传统照明产品,而且 LED 发光的单向性对射灯配光提供了完美支持。按灯脚区分,市场上常见的 LED 射灯包括 MR16、E27、GU10 等。

(1)MR16 射灯

目前市场上销售量较大的主要有 MR16 1×1 W、MR16 3×1 W、MR16 1×3 W、MR16 15×1 W、MR16 1×5 W 灯,如图 1-34 所示。

(a) (b)

图 1-34 部分常用的 MR16 射灯

(a)MR16 1×1W;(b)MR16 3×1W

(2)E27/GU10 射灯

目前市场上销量最大的主要有 E27 1×1 W、E27 3×1 W、E27 5×1 W、E27 7×1 W、E27 9×1 W、E27 12×1 W 等。下面介绍 E27 射灯在市场上常见的类型,如图 1-35 所示。

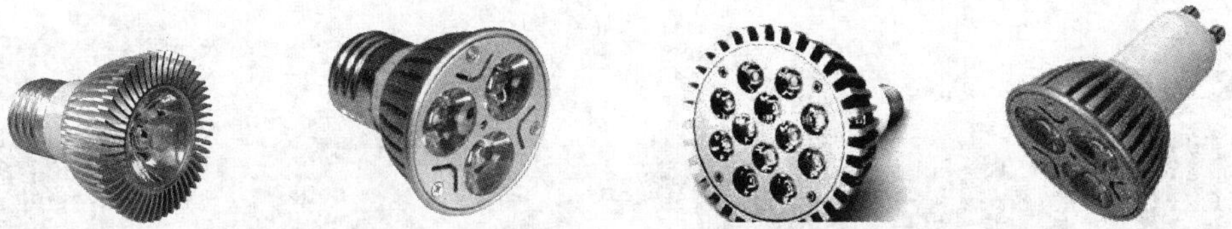

(a) (b) (c) (d)

图 1-35 部分常用的 E27 射灯

(a)E27 1×1 W;(b)E27 3×1 W;(c)E27 12×1 W;(d)GU10 3 W

注:GU10 灯头中,“G”表示灯头类型是插入式,“U”表示灯头部分呈现“U”形,后面的数字表示灯脚孔中心距 10 mm。

(3)PAR 灯

PAR(Paraboloid Aluminium Reflector)表示灯头为抛物面反射形,光源采用大功率 LED(单颗 LED 的功率分为 1 W、3 W、5 W 等)的灯具,需要 PAR 灯专用的 PAR 灯透镜。PAR 灯具主要有 PAR16、PAR20、PAR30、PAR38、PAR64 等系列。PAR16、PAR30、PAR38 灯具的接口类型统一为 E27 灯头,工作电压 220 V。16,30,38 表示最大外径尺寸。

现在市面上 PAR 灯灯杯使用 6063 铝型材模,即 AA6063。与常见的铝合金压铸模相比,导热系数增大 40% ~50% 左右。利用这种导热材料,可以加快 LED 的散热速度,减少光衰,延长 LED 的使用寿命。PAR 灯可根据不同需求氧化成不同颜色,如金色、银色、蓝色等,且颜色稳定，不会随着长时间使用而变黑。散热面积采用蜂窝结构设计，增加了更多对流孔和辐射面积，散热面积增加 40%，加快热量散发的速度。部分市面上 PAR 灯如图 1-36 所示。

(a) (b) (c)

图 1-36 常见的 PAR 灯

(a)3WPAR30 灯；(b)7WPAR30 灯；(c)12WPAR38(6063 铝型材模)

(4)LED 球泡灯

LED 球泡灯又名 LED 球泡。LED 球泡灯采用了现有的接口方式，即螺口(E26\\E27\\E14 等)和插口方式(B22)。为了符合人们的使用习惯，LED 球泡灯模仿了白炽灯泡的外形。基于 LED 单向性的发光原理，设计人员在灯具结构上做了更改，使得 LED 球泡灯的配光曲线基本与白炽灯的点光源相同。但由于 LED 的发光特性与白炽灯发光特性不同，LED 球泡灯的结构要比白炽灯复杂。LED 球灯泡基本分为光源、驱动电路、散热装置几部分，这些部分共同组合才能组成低能耗、长寿命、高光效和环保的 LED 球泡灯产品，所以，LED 照明产品仍然是技术含量较高的照明产品。市场上常见的 LED 球泡灯如图 1-37 所示。

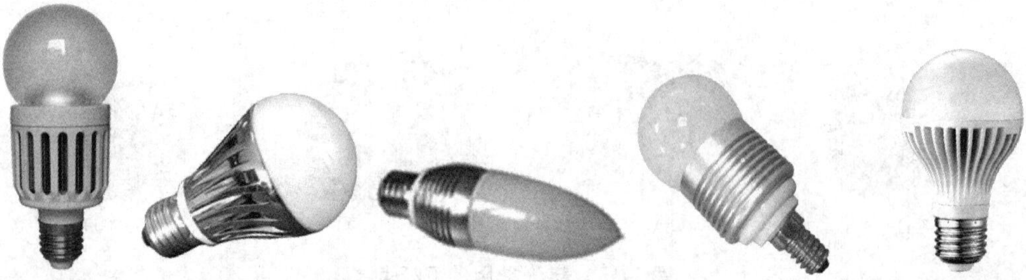

(a) (b) (c) (d)

图 1-37 常见的 LED 球泡灯

(a)圆形球泡灯；(b)半球形球泡灯；(c)3W 球泡灯；(d)7W 球泡灯

2. LED 筒灯

LED 筒灯是一种嵌入到天花板内光线下射式的照明灯具。LED 筒灯属于定向式照明灯具，只有它的对立面才能受光，而且光线较集中，明暗对比强烈。使用 LED 筒灯更加突出被照物体，流明度较高，更衬托出安静的环境气氛。LED 筒灯的特点是保持建筑装饰的整体统一与完美，不破坏灯具的设置，光源隐藏在建筑装饰内部、不外露、无眩光，人的视觉效果柔和、均匀。常见的 LED 筒灯如图 1-38 所示。

3. LED 天花灯

LED 天花灯是采用热导性极高的铝合金及相关结构技术设计生产的新型天花灯。LED

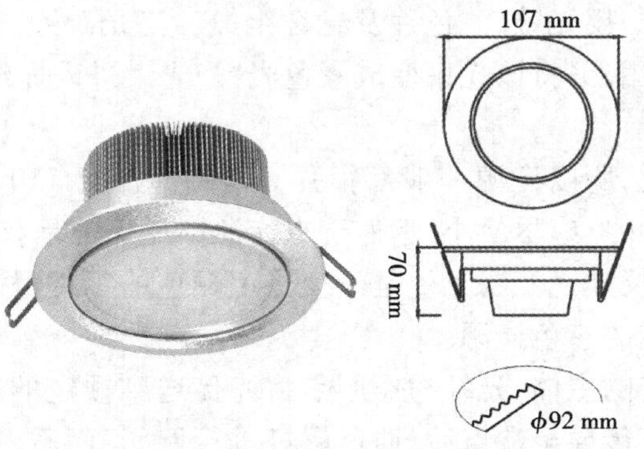

图1-38　常见的LED筒灯

天花灯一律采用低光衰LED作为光源，以确保其长寿命、节能、高效、环保等特点。防触电等级达到Ⅱ类，电源放置在灯体外部（一般都是外接电源，即外置电源。外置电源一般都要配置外壳，但不防水），有窄光（15°，30°）、宽光（45°，60°）、配光可选，有光面透镜（强光）、网纹透镜（半强光）、珠面透镜（柔光）等配光方式。主要适用于汽车展示、珠宝首饰、高档服饰、专业橱窗、柜台等重点照明场所，是替代传统卤钨灯和金卤灯的理想光源。市场上常见的LED天花灯如图1-39所示。

图1-39　常见的LED天花灯

4. LED日光灯

LED日光灯采用超高亮白光LED作为发光光源，外壳为亚克力/铝合金。外罩可用PC或PVC制作，耐高温（135 ℃）。LED日光灯与传统的日光灯在外形尺寸口径上都一样，长度有60 cm、90 cm和120 cm三种。市场上常见的LED日光灯，如图1-40所示。

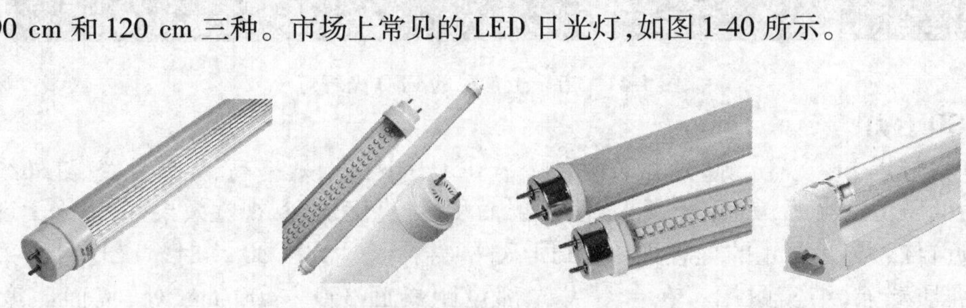

图1-40　常见的LED日光灯

5. LED 光纤灯

光纤照明系统由光源、反光镜、滤色片及光纤组成。当光源通过反光镜后，形成一束近似平行光；由于滤色片的作用，又将该光束变成彩色光；当光束进入光纤后，彩色光就随着光纤的路径送到预定的地方。

由于光在途中的损耗，所以光源一般都很强。常用光源为 150～250 W 左右。而且为了获得近似平行的光束，发光点应尽量小，近似于点光源。反光镜是获得近似平行光束的重要因素，所以一般采用非球面反光镜。滤色片是改变光束颜色的零件，根据需要，可以调换不同颜色滤色片的方法获得相应的彩色光源。

光纤是光纤照明系统的主体，光纤的作用是将光传送到预定的地方。光纤分为端发光和体发光两种。前者是光束传导至端点后，通过尾灯进行照明，而后者本身就是发光体，形成一根柔性光柱。体发光广泛应用于建筑物装饰照明、景观装饰照明、文物工艺品照明、特殊场合照明、广告牌、娱乐场所等各种装饰亮化工程。光纤类型有普通型实心线光纤、PVC 实心线光纤、热塑型实心点光纤、PVC 实心点光纤等。市场上常见的 LED 光纤灯如图 1-41 所示。

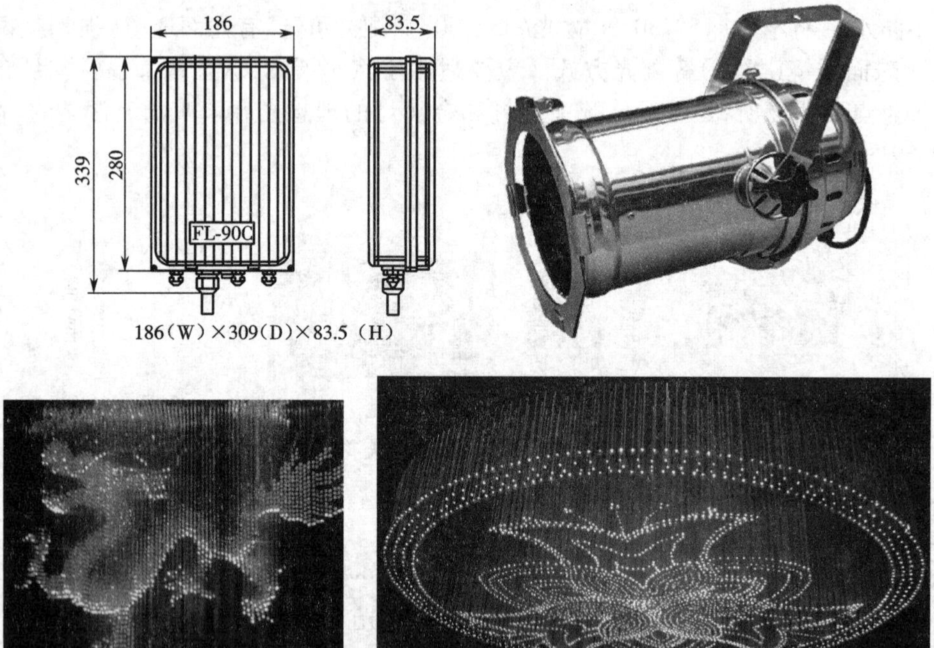

图 1-41 市场上常见的 LED 光纤灯

6. LED 台灯

LED 台灯以 LED 为光源，光源采用大功率 LED，能耗低，效率高，无紫外线、红外线和热辐射。采用低压恒流电源，无频闪，无眩光，照射面积广，亮度均匀，视觉效果好，发光柔和、平稳、连续、接近自然光，是真正的理想光源。LED 灯的寿命长达 50 000 小时。LED 台灯采用金属结构，金属质感强，结实耐用。在台灯发光部位距桌面 350～400 mm 处，桌面照度可达到 500 lx 以上。

7. LED 玉米灯

LED 玉米灯形状如同玉米棒，俗称 LED 玉米灯。考虑发光均匀，LED 玉米灯设计成 360°

发光。LED 光源采用直流驱动的超低功耗器件，具有耐冲击、无热辐射、安全稳定、无须考虑散热、长寿命、灯体小巧、安装简便等优点。

8. LED 吸顶灯

LED 吸顶灯安装在房间内部，选择 LED 为光源。由于灯具上部较平，紧靠屋顶安装，像是吸附在屋顶上，所以称为 LED 吸顶灯。这种灯具有光效高、耗电少、寿命长、易控制、免维护、安全环保等优点，是新一代冷光源。和管形节能灯相比，这种灯省电、亮度高、投光远、投光性能好、使用电压范围宽。

1.4.5　照明灯具的特点

随着 LED 技术的迅猛发展，2004 年底，LED 白光的发光效率只有约 60 lm/W，而到了 2006 年年底，LED 白光的发光效率超过了 80 lm/W。到目前为止，LED 白光的发光效率已超过 100 lm/W，最先进的白光 LED 甚至可达到 130 lm/W。由于 LED 光源具有发光效率及光利用率高的特点，在同样照明效果的情况下，LED 照明产品耗电量是白炽灯的 1/8、HID 灯和荧光灯的 1/2。

随着 LED 光源发光效率的提升、热阻和一系列材料与工艺等技术的突破，以及 LED 照明系统二次光学设计技术的发展，在一些对照明功能要求较高的空间和场合，LED 照明产品完全取代传统照明产品，并达到同样的照明效果，例如隧道照明、道路照明、室内照明等功能性照明。以 LED 路灯、LED 隧道灯、LED 日光灯为例，LED 功能照明产品相比传统高压钠灯、卤素灯、荧光灯（日光灯）等照明产品，有以下优势：

(1)寿命长　能使用 3 万小时以上，是传统照明产品的 5 倍；

(2)光效高、显色好　发光效率 1 001 lm/W，光谱窄，显色性好，对颜色呈现照实，便于物体的识别；

(3)安装简便　无需整流器等配件，直接将灯安装在灯具架上，或者将光源嵌套原有的灯壳内；

(4)发热量小　夏天温度控制在 50 ℃以内，可采用被动散热方式；

(5)维护成本低　相对于传统照明产品，LED 照明产品维护成本极低，可采用模块化一体设计，局部故障不影响整个灯具的正常工作；

(6)节能效果　与传统照明产品相比能节能 50% 以上；

(7)安全性高　安全电压（低压）驱动，发光稳定、无频闪及紫外线伤害；

(8)快速响应　LED 发光管响应时间很短，能按要求保证多个光源之间或一个光源不同区域之间的工作切换，采用专用电源给 LED 光源供电时，达到最大照度的时间小于 10 ms；

(9)无光污染　由于 LED 光源具有定向发光的特性，所以便于控制光的分布（配光设计），保证理想的照明效果的同时消除了 LED 的眩光，并极大提升 LED 光能利用率、消除光污染；

(10)光损低　灯具一体化设计，避免了光的重复浪费；

(11)色温可调　能满足不同应用对色温的需求，使观察者感觉舒适；

(12)绿色环保　不含铅、汞等污染元素，对环境没有任何污染。

LED 照明产品越来越被发达国家政府和企业重视，其应用和普及的范围正在不断扩大。

1.4.6 LED 灯具的性能

以普通照明用非定向自镇流 LED 灯(以下简称为灯)为例,说明 LED 灯具的主要性能。

1. 功率因数

标称功率不大于 5 W 的灯的功率因数不应低于 0.4;大于 5 W 的灯的功率因数不应低于 0.7;若灯为高功率因数,则不应低于 0.9。

2. 初始光效等级

对于半配光型和准全配光型,灯的初始光效实测值不应小于表 1-37 的规定;对于全配光型,其初始光效实测值不应低于表 1-37 规定值的 90%。如生产者或销售商未宣称,则应符合Ⅲ级要求。

表 1-37 普通照明用非定向自镇流 LED 灯的色品性能

色调规格	色调代码	一般显色指数	色坐标目标值		相关色温目标值/K	色品容差
			x	y		
6 500 K(日光色)	65	80(标称高显色指数的为90)	0.313	0.337	6 430	≤5
5 000 K(中性白色)	50		0.346	0.359	5 000	
4 000 K(冷白色)	40		0.380	0.380	4 040	
3 500 K(白色)	35		0.409	0.394	3 450	
3 000 K(暖白色)	30		0.440	0.403	2 940	
2 700 K(白炽灯色)	27		0.463	0.420	2 720	
	P27		0.458	0.410	2 700	

注:企业可根据用户的要求制造非标准颜色的灯,但应同时给出非标准颜色色品坐标的目标值和容差范围。

3. 初始光通量

灯的初始光通量实测值应符合生产者或销售商宣称的光通量,规格如表 1-38 中对应的光通量要求。

4. 颜色不均匀度

CIE1976(u',v')图上,灯在光束角范围内各方向上的颜色坐标与平均颜色坐标的偏差 $\Delta u'v'$不应超过 0.005。

5. 平均寿命

灯的平均寿命不应低于 25 000 h。

6. 光通维持率

灯在燃点 3 000 h 和 6 000 h 时,光通维持率不应低于表 1-38 的规定值。若灯的平均寿命不是表 1-38 所列出的数值,其光通维持率从相邻的两个数值用线性内插法计算。

7. 颜色飘移

灯燃点 3 000 h 的平均颜色坐标相对初始颜色坐标的漂移 $\Delta u'v'$不应超过 0.005,灯燃点至6 000 h 的平均颜色坐标相对于初始颜色坐标的漂移 $\Delta u'v'$不应超过0.007。

8. 电磁兼容特性

灯的无线电骚扰特性应符合 GB 17743—2007《电气照明和类似设备的无线电骚扰特性的限值和测量方法》的要求,谐波电流应符合 GB 17625.1—2012《电磁兼容　限值　谐波电流发射限值(设备每相输入电流≤16A)》的要求,电磁兼容抗扰度应符合 GB/T 18595—2014《一般照明用电设备电磁兼容抗扰度要求》。

表1-38　普通照明用非定向自镇流 LED 灯的光通维持率

色调规格	平均寿命	3 000 h 光通维持率/%	6 000 h 光通维持率/%
1	25 000	95.8	91.8
2	30 000	96.5	93.1
3	35 000	97.0	94.1
4	40 000	97.4	94.8
5	45 000	97.7	95.4
6	50 000	97.9	95.8

1.4.7　灯具的选择

灯具的选择应首先满足使用功能和照明质量的要求,同时便于安装与维护,并且长期运行费用低。基于这些要求,应优先采用高效节能电光源和高效灯具。对于灯具的具体选择应考虑如下原则。

1. 根据灯具的特性选择

(1)根据灯具的配光曲线合理选择灯具

选择灯具应使其出射光通量最大限度地落到工作面上,最大限度地实现节能,即有较高的利用系数。利用系数值取决于灯具效率、灯具配光、室内装修等因素。

(2)尽量选择不带附件的一体化灯具

灯具的格栅、棱镜、有机玻璃板、各种装饰罩等附件,其作用是改变光线的方向,减少眩光,增加美感和装饰效果。同时,这些附件引起灯具效率下降,灯泡温度上升,灯具、灯泡寿命降低。因此,尽量选择不带附件的一体化灯具,如大型公共建筑物内多采用直接型、半直接型的天棚筒灯照明。

(3)尽量选择具有高保持率的灯具

高保持率指在运行期间光通量降低较少。光通量降低包括光源光通量下降,灯具老化污染引起灯具输出光通量的下降。

①常用的照明光源中,在寿命期间内高压钠灯光通量降低最少,约为17%;金属卤化物灯光通量降低较大,约降低30%。白炽灯的光通量降低最多。

②灯具的表面易老化受污染,其反射罩的表面通常要进行特殊处理,目的是提高耐热冲击

性能，增强罩的抗弯强度，提高表面光洁度，使其不易积灰，易于清洗和耐腐蚀等。如灯具采用石英玻璃涂层降低氧化腐蚀率；环境污染较大的场所宜采用活性炭过滤器提高灯具使用效率。

2. 根据灯具的效率和经济性选择

选择灯具时，在保证满足使用功能和照明质量的前提下，应重点考虑灯具的效率和经济性，并进行初始投资费、年运行费和维修费的综合计算。其中初始投资费包括灯具费、安装费等；年运行费包括每年的电费和管理费；维修费包括灯具检修和更换费等。

在满足眩光限制和配光要求条件下，应选用效率高的灯具，其规定如下。

(1)直管形荧光灯灯具的效率不应低于表 1-39 的规定。不得采用镜面不透光钢板制作格栅和反射器。

表 1-39 直管形荧光灯灯具的效率/%

灯具出光口形式	开敞式	保护罩(玻璃或塑料)		格栅
		透明	棱镜	
灯具效率	75	70	55	65

(2)紧凑型荧光灯筒灯灯具的效率不应低于表 1-40 的规定。

表 1-40 紧凑型荧光灯筒灯灯具的效率/%

灯具出光口形式	开敞式	保护罩	格栅
灯具效率	55	50	45

(3)小功率金属卤化物灯筒灯灯具的效率不应低于表 1-41 的规定。

表 1-41 小功率金属卤化物灯筒灯灯具的效率/%

灯具出光口形式	开敞式	保护罩	格栅
灯具效率	60	55	50

(4)高强度气体放电灯灯具的效率不应低于表 1-42 的规定。

表 1-42 高强度气体放电灯灯具的效率/%

灯具出光口形式	开敞式	格栅或透光罩
灯具效率	75	60

(5)发光二极管筒灯灯具的效能不应低于表 1-43 的规定。

表1-43　发光二极管筒灯灯具的效能/(lm/W)

色温	2 700 K		3 000 K		4 000 K	
灯具出光口形式	格栅	保护罩	格栅	保护罩	格栅	保护罩
灯具效能	55	60	60	65	65	70

(6)发光二极管平面灯灯具的效能不应低于表1-44的规定。

表1-44　发光二极管平面灯灯具的效能/(lm/W)

色温	2 700 K		3 000 K		4 000 K	
灯盘出光口形式	反射式	直射式	反射式	直射式	反射式	直射式
灯盘效能	60	65	65	70	70	75

3. 根据环境条件选择灯具

(1)在正常环境中,宜选用开启型灯具。

(2)在有蒸汽场所,当灯泡点亮时,由于温度升高,在灯具内产生正压;而灯泡熄灭后,由于灯具冷却,灯具内产生负压,将潮气吸入,容易使灯具内积水,因此规定在潮湿场所应采用相应防护等级的防水灯具,至少也应该采用带防水灯头的开敞式灯具。

(3)在有腐蚀性气体或蒸汽的场所,因各种介质的危害程度不同,所以对灯具的要求也不同。若采用密封式灯具,应采用耐腐蚀材料;或采用带防水灯头的开敞式灯具,各部件应有防腐蚀或防水措施。

(4)在高温场所,宜采用带散热构造和措施的灯具,或带散热孔的开敞式灯具。

(5)在有尘埃场所,应按防尘等级选择适宜的灯具。

(6)在有振动和摆动较大的场所,由于振动对光源寿命影响较大,甚至可能使灯泡自动松脱掉下,既不安全,又增加了维修工作量和费用,因此在此种场所应采用防振型软性连接的灯具或防振的安装措施,并在灯具上加保护网,以防止灯泡掉下。

(7)在光源可能受到机械损伤或自行脱落的场所,有可能造成人员伤害和财产损失,应采用有保护网的灯具,如生产高精密贵重产品的高大工业厂房等场所。

(8)在有爆炸和火灾危险的场所,其所使用的灯具,应符合国家现行相关标准和规范的有关规定,如《爆炸和火灾危险环境电力装置设计规范》。

(9)在有洁净要求的场所,应安装不易积尘和易于擦拭的洁净灯具,以保持场所的洁净度,并减少维护的工作量和费用。

(10)在需防止紫外线作用的场所,如在博物馆的展室或陈列柜,对于需防止紫外线作用的彩绘、织品等展品,需采用能隔紫外线的灯具和无紫光源。

总之,应根据不同工作环境条件,灵活、实用、安全地选用开启式、防尘式、封闭式、防爆式、防水式,以及直接和半直接照明型等多种形式的灯具。

4. 灯具形状应与建筑物风格相协调

建筑物按建筑艺术风格可分为古典式和现代式、中式和欧式等。若建筑物为现代式建筑风格，其灯具应采用流线型，具有现代艺术的造型灯具。灯具外形应与建筑物相协调，不要破坏建筑物的艺术风格。

按建筑物的结构形式又有直线形、曲线形、圆形等。选择灯具时根据建筑结构的特征合理地选择和布置灯具，如在直线形结构的建筑物内，宜采用直管日光灯组成的直线光带或矩形布置，突出建筑物的直线形结构特征。

按建筑物的功能又分为民用建筑物、工业建筑物和其他用途建筑物等。在民用建筑物照明中，可采用照明与装饰相结合的照明方式；而在工业建筑物照明中，则以照明为主。

5. 符合防触电保护要求

略。

6. 其他

当灯具发热部件紧贴在可燃材料表面时，必须用带有▽F标志的灯具。避免采用一般灯具导致可燃材料的燃烧，发生火灾事故。

思　考　题

1. 光的本质是什么，人眼可见光的波长范围是多少？

2. 发光物体的颜色由什么因素决定？

3. 非法光物体的颜色由什么因素决定？

4. 说明以下常用照明术语的定义。

(1) 光谱光效率；

(2) 光通量；

(3) 发光效率；

(4) 发光强度；

(5) 照度；

(6) 亮度。

5. 照明质量的影响因素有哪些？

6. 何为光源的显色性和光源的色温，指出两者的区别。

7. 常用的照明电光源分几类，各类有哪几种灯？

8. 常用的电光源有哪些光电参数，它们如何反映光源的特性？

9. 试说明卤钨灯的工作原理。

10. 简述荧光灯的发光原理和它的发光颜色由什么决定，并说明荧光灯各种分类。

11. 高压钠灯的最大优点是什么，常用于哪些场合？

12. 简述金属卤化物灯的特点。

13. 霓虹灯的工作电压是多少，其产生的颜色与什么有关？

14. 简述 LED 发光二极管工作原理和特点，目前 LED 发光二极管灯具主要用于何种场合？

15. LED 光源的主要参数有哪些，其特性有哪些？

16. 选用电光源时，应遵循哪些原则？

17. 照明设计时，应遵循哪些条件选择电光源？

18. 灯具具有哪些作用？

19. 灯具配光曲线的用途是什么？
20. 直接型灯具的配光曲线为什么要设计成宽、中、窄各种类型？
21. 什么是灯具的保护角，灯具保护角的作用是什么，保护角的范围一般是多少？
22. 灯具如何进行分类？
23. LED 灯具的主要特点有哪些，主要应用于哪些场合？
24. 灯具按外壳等级分为哪几类，如何选用？
25. 灯具按防触电保护分几类，如何选用？
26. 选择灯具时应考虑哪几个方面？
27. 什么是灯具的效率，如何提高灯具的效率？

第2章　照 度 计 算

照度计算是照明工程设计过程中必不可少的重要环节。照度计算的目的是根据照度标准的要求和其他已知条件(如灯具形式及布置、室内环境条件等),确定灯具的数量及装设总功率;亦可根据已知的灯功率,计算出工作面的照度,以检验其是否符合照度标准要求。

照度计算的方法通常有利用系数法、单位功率法和逐点计算法三种。利用系数法、单位功率法主要用来计算工作面上的平均照度;逐点计算法主要用来计算工作面任意点的照度。任何一种计算方法都只能做到基本准确,计算结果的误差范围在 -10% ~ +10%。

2.1　平均照度计算

平均照度的计算通常应用利用系数法,该方法考虑了由光源直接投射到工作面上的光通量和经过室内表面相互反射后再投射到工作面上的光通量。利用系数法适用于灯具均匀布置、墙面和天棚发射系数较高、空间无大型设备遮挡的室内一般照明,但也适用于灯具均匀布置的室外照明,该方法计算比较准确。

利用系数法是计算工作面上平均照度常用的一种计算方法。它是根据光源的光通量、房间的几何形状、灯具的数量和类型确定工作面平均照度的计算方法,又称流明计算法。工作面上的光通量通常是直接照射和经过室内表面反射后间接照射的光通量之和,因此在计算光通量时,要进行直接光通量与间接光通量的计算,增加了计算的难度,因此在实际设计时,引入利用系数的概念,使问题简化。

1. 计算平均照度的基本公式

$$E_{av} = \frac{\Phi NUK}{A} \tag{2-1}$$

式中　E_{av}——工作面上的平均照度,lx;

Φ——光源光通量,lm;

N——光源数量;

U——利用系数;

K——灯具的维护系数,维护系数见表 2-1;

A——工作面面积,m^2。

表 2-1　灯具的维护系数

环境污染特征		房间或场所举例	灯具最少擦拭次数/(次/年)	维护系数值
室内	清洁	卧室、办公室、影院、剧场、餐厅、阅览室、教室、病房、客房、仪器仪表装配间、电子元器件装配间、检验室、商店营业厅、体育馆、体育场等	2	0.8
	一般	机场候机厅、候车室、机械加工车间、机械装配车间、农贸市场等	2	0.7
	污染严重	公用厨房、锻工车间、铸工车间、水泥车间等	3	0.6
室外		雨篷、站台	2	0.65

2. 室内空间的表示方法

为了方便计算，将一矩形($l \times w$)房间从空间高度 h 上分成三部分，灯具出光口平面到顶棚之间的空间叫顶棚空间 h_c；工作面到地面之间的空间叫地板空间 h_f；灯具出光口平面到工作面之间的空间叫室空间 h_r，如图 2-1 所示。灯具利用系数法中描述室形空间状况有两种形式：室形指数 RI 和室空间比 RCR。

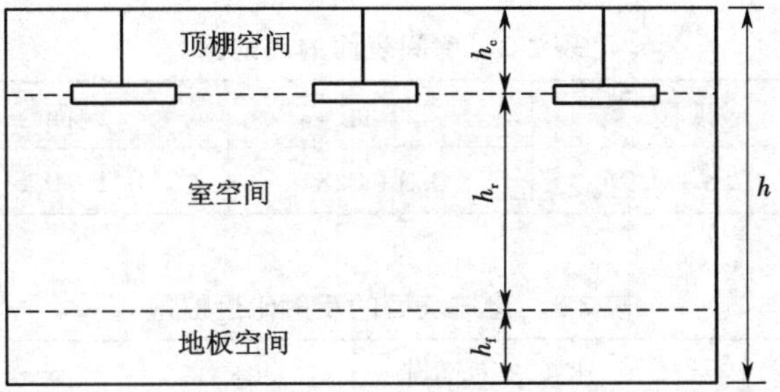

图 2-1　室内空间的划分

室空间比
$$RCR = \frac{5h_r(l+w)}{l \times w} \tag{2-2}$$

室形指数
$$RI = \frac{l \times w}{h_r(l+w)} \tag{2-3}$$

顶棚空间比
$$CCR = \frac{5h_c(l+w)}{l \times w} = \frac{h_c}{h_r} \times RCR \tag{2-4}$$

地板空间比
$$FCR = \frac{5h_f(l+w)}{l \times w} = \frac{h_f}{h_r} \times RCR \tag{2-5}$$

式(2-2)至式(2-5)中　l——室长，m；

w——室宽，m；

h_c——顶棚空间高，即灯具的垂度，m；

h_r——室空间高，即灯具的计算高度 H，m；

h_f——地板空间高，即工作面的高度，m。

3. 有效空间反射比

为使计算简化,将顶棚空间视为位于灯具平面上且具有有效反射比 ρ_c 的假想平面。同样,将地板空间视为位于工作面上,且具有有效反射比 ρ_f 的假想平面。光在假想平面上的反射效果同实际效果一样。有效空间反射比由下式计算:

$$\rho_0 = \frac{\rho A_0}{A_s - \rho A_s + \rho A_0} \tag{2-6}$$

式中 ρ_0——顶棚或地板空间各表面的平均反射比;

A_0——顶棚或地板平面面积,m^2;

A_s——顶棚或地板空间内所有表面积的总面积,m^2。

一个面或多个面内各部分的实际反射比各不相同时,其平均反射比的计算公式是

$$\rho = \frac{\sum \rho_i A_i}{\sum A_i} \tag{2-7}$$

式中 A_i——第 i 块表面的面积;

ρ_i——该表面的实际反射比。

长期连续作业(超过 7 个小时)受照房间的反射比可按表 2-2 确定,实际建筑表面(含墙面、顶棚和地板)的反射比近似值可按表 2-3 确定。

表 2-2 房间表面的反射比

表面名称	顶棚	墙面	地面	作业面
反射比	0.6～0.9	0.3～0.8	0.1～0.5	0.2～0.6

表 2-3 建筑表面的反射比近似值

建筑表面情况	反射比/%
刷白的墙壁、顶棚、窗子装有白色窗帘	70
刷白的墙壁,但窗子未装窗帘,或挂有深色窗帘;刷白的顶棚,但房间潮湿;虽未刷白,但墙壁和顶棚干净光亮	50
有窗子的水泥墙壁、水泥顶棚;木墙壁、木顶棚;糊有浅色纸的墙壁、顶棚;水泥地面	30
有大量深色灰尘的墙壁、顶棚;无窗帘遮蔽的玻璃窗;未粉刷的砖墙;糊有深色纸的墙壁、顶棚;较脏污的水泥地面、油漆、沥青等地面	10

4. 利用系数 *U*

利用系数是灯具光强分布、灯具效率、房间形状、室内表面反射比的函数,其计算比较复杂。为此常按一定条件编制灯具利用系数表,以供设计人员使用。

表 2-4 是 YG1－1 型 40 W 荧光灯具的利用系数表,该表在使用时允许采用内插法计算。表上所列的利用系数是地板空间反射比为 0.2 时的数值,若地板空间反射比不是 0.2,则应用适当的修正系数进行修正,如表 2-5 所示。如计算精度要求不高,也可不作修正。

表 2-4　YG1－1 型 40 W 荧光灯具的利用系数表($\rho_{fc}=20\%$)

有效顶棚反射系数/%	70				50				30				10				0
墙反射系数/%	70	50	30	10	70	50	30	10	70	50	30	10	70	50	30	10	0
室空间系数																	
1	0.75	0.71	0.67	0.63	0.67	0.63	0.60	0.57	0.59	0.56	0.54	0.52	0.52	0.50	0.48	0.46	0.43
2	0.68	0.61	0.55	0.50	0.60	0.54	0.50	0.46	0.53	0.48	0.45	0.41	0.46	0.43	0.40	0.37	0.34
3	0.61	0.53	0.46	0.41	0.54	0.47	0.42	0.38	0.47	0.42	0.38	0.34	0.41	0.37	0.34	0.31	0.28
4	0.56	0.46	0.39	0.34	0.49	0.41	0.36	0.31	0.43	0.37	0.32	0.28	0.37	0.33	0.29	0.26	0.23
5	0.51	0.41	0.34	0.29	0.45	0.37	0.31	0.26	0.39	0.33	0.28	0.24	0.34	0.29	0.25	0.22	0.20
6	0.47	0.37	0.30	0.25	0.41	0.33	0.27	0.23	0.36	0.29	0.25	0.21	0.32	0.26	0.22	0.19	0.17
7	0.43	0.33	0.26	0.21	0.38	0.30	0.24	0.20	0.33	0.26	0.22	0.18	0.29	0.24	0.20	0.16	0.14
8	0.40	0.29	0.23	0.18	0.35	0.27	0.21	0.17	0.31	0.24	0.19	0.16	0.27	0.21	0.17	0.14	0.12
9	0.37	0.27	0.20	0.16	0.33	0.24	0.19	0.15	0.29	0.22	0.17	0.14	0.25	0.19	0.15	0.12	0.11
10	0.34	0.24	0.17	0.13	0.30	0.21	0.16	0.12	0.26	0.19	0.15	0.11	0.23	0.17	0.13	0.10	0.09

表 2-5　$\rho_{fc}\neq20\%$ 时的修正系数

有效顶棚空间反射率 ρ_{cc}/%	80				70				50			30		
墙壁反射率 ρ_w/%	70	50	30	10	70	50	30	10	50	30	10	50	30	10
有效地板空间反射率 $\rho_{fc}=30\%$ 时														
室空间系数														
1	1.092	1.082	1.075	1.068	1.077	1.070	1.064	1.059	1.049	1.044	1.040	1.028	1.026	1.023
2	1.079	1.066	1.055	1.047	1.068	1.057	1.048	1.039	1.041	1.033	1.027	1.026	1.021	1.017
3	1.070	1.054	1.042	1.033	1.061	1.048	1.037	1.028	1.034	1.027	1.020	1.024	1.017	1.012
4	1.062	1.045	1.033	1.024	1.055	1.040	1.029	1.021	1.030	1.022	1.015	1.022	0.015	0.010
5	1.056	1.038	1.026	1.018	1.050	1.034	1.024	1.015	1.027	1.018	1.012	1.020	1.013	1.008
6	1.052	1.033	1.021	1.014	1.047	1.030	1.020	1.012	1.024	1.015	1.009	1.019	1.012	1.006
7	1.047	1.029	1.018	1.011	1.043	1.026	1.017	1.009	1.022	1.013	1.007	1.018	1.010	1.005
8	1.044	1.026	1.015	1.099	1.040	1.024	1.015	1.007	1.020	1.012	1.006	1.017	1.009	1.004
9	1.040	1.024	1.014	1.007	1.037	1.022	1.014	1.006	1.019	1.011	1.005	1.016	1.009	1.004
10	1.037	1.022	1.012	1.006	1.034	1.020	1.012	1.005	1.017	1.010	1.004	1.015	1.009	1.003

表 2-5(续)

有效顶棚空间反射率 ρ_{cc}/%	80				70				50			30		
有效地板空间反射率 $\rho_{fc}=10\%$ 时														
室空间系数														
1	0.923	0.929	0.935	0.940	0.933	0.939	0.943	0.948	0.956	0.960	0.963	0.973	0.976	0.979
2	0.931	0.942	0.950	0.958	0.940	0.949	0.957	0.963	0.967	0.975	0.981	0.978	0.983	0.988
3	0.939	0.951	0.961	0.969	0.945	0.957	0.966	0.973	0.967	0.975	0.981	0.978	0.983	0.988
4	0.944	0.958	0.969	0.978	0.950	0.963	0.973	0.980	0.972	0.980	0.986	0.980	0.986	0.991
5	0.949	0.964	0.976	0.983	0.954	0.968	0.978	0.985	0.975	0.983	0.989	0.981	0.988	0.993
6	0.953	0.969	0.980	0.986	0.958	0.972	0.982	0.989	0.977	0.985	0.992	0.982	0.989	0.995
7	0.957	0.973	0.983	0.991	0.961	0.975	0.985	0.991	0.979	0.987	0.994	0.983	0.990	0.997
8	0.960	0.976	0.986	0.993	0.963	0.977	0.987	0.993	0.981	0.988	0.995	0.984	0.991	0.997
9	0.963	0.978	0.987	0.994	0.965	0.979	0.989	0.994	0.983	0.990	0.996	0.985	0.992	0.998
10	0.965	0.980	0.989	0.995	0.967	0.981	0.990	0.995	0.984	0.991	0.997	0.986	0.993	0.998
有效地板空间反射率 $\rho_{fc}=0$ 时														
室空间系数														
1	0.859	0.870	0.879	0.886	0.873	0.884	0.893	0.901	0.916	0.923	0.929	0.948	0.954	0.960
2	0.871	0.887	0.903	0.919	0.886	0.902	0.916	0.928	0.926	0.938	0.949	0.954	0.963	0.971
3	0.882	0.904	0.915	0.942	0.898	0.918	0.934	0.947	0.936	0.950	0.964	0.958	0.969	0.979
4	0.893	0.919	0.941	0.958	0.908	0.930	0.948	0.961	0.945	0.961	0.974	0.961	0.974	0.984
5	0.903	0.931	0.953	0.969	0.914	0.939	0.958	0.970	0.951	0.967	0.980	0.964	0.977	0.988
6	0.911	0.940	0.961	0.976	0.920	0.945	0.965	0.977	0.955	0.972	0.985	0.966	0.979	0.991
7	0.917	0.947	0.967	0.981	0.924	0.950	0.970	0.982	0.959	0.975	0.988	0.968	0.981	0.993
8	0.922	0.953	0.971	0.985	0.929	0.955	0.975	0.986	0.963	0.978	0.991	0.970	0.983	0.995
9	0.928	0.958	0.976	0.988	0.933	0.959	0.980	0.989	0.966	0.980	0.993	0.971	0.985	0.996
10	0.933	0.962	0.979	0.991	0.937	0.963	0.983	0.992	0.969	0.982	0.995	0.973	0.987	0.997

5. 应用利用系数法计算平均照度的步骤

(1)计算室空间比 *RCR*、顶棚空间比 *CCR*、地板空间比 *FCR*。

(2)计算顶棚空间的有效反射比。按式(2-6)求出顶棚空间有效反射系数 ρ_c,当顶棚空间各面反射比不等时,应求出各面的平均反射比,然后代入式(2-6)求出。

(3)计算墙面平均反射比。由于房间开窗或装饰物遮挡等原因引起的墙面反射比的变化。求利用系数时,墙面反射比应采用加权平均值,可利用式(2-7)求得。

(4)计算地板空间有效反射比。地板空间同顶棚空间一样,可利用同样的方法求出有效反射比。应该注意的是,利用系数表中的数值是按照 $\rho_{fc}=20\%$ 算出。当 ρ_{fc} 不是该值时,若要求较精确的结果,则应修正利用系数,修正系数如表 2-5 所示。如计算精度要求不高,也可不作修正。

(5)查灯具维护系数。

(6)确定利用系数。根据已求出的室空间系数 RCR,顶棚有效反射比 ρ_c,墙面平均反射比 ρ_w,从计算图表中即可查得所选用灯具的利用系数 U。当 RCR、ρ_c、ρ_w 不是图表中的整数分级时,可用内插法求出对应值。

例 2-1 已知某教室长 11.3 m、宽 6.4 m、高 3.6 m,在离顶棚 0.5 m 的高度内安装 YG1 - 1 型 40 W 荧光灯 10 只,光源的光通量为 2 400 lm,课桌高度为 0.8 m,室内空间及各表面的反射比如图 2-2 所示。试计算课桌面上的平均照度。

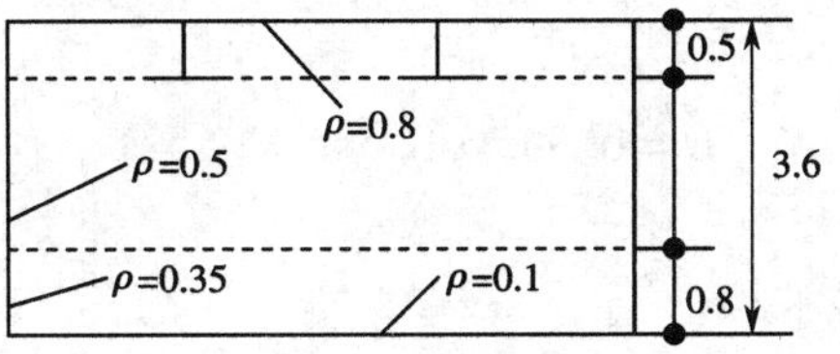

图 2-2 室内各面反射比

解 使用利用系数法计算平均照度。

(1)求室内空间比

$$RCR=\frac{5h_r(l+w)}{l\times w}=\frac{5\times(3.6-0.5-0.8)\times(11.3+6.4)}{11.3\times6.4}=2.8$$

(2)求顶棚的有效反射比 ρ_{cc}

$$\rho=\frac{\sum\rho_iA_i}{\sum A_i}=\frac{0.5\times(0.5\times11.3)\times2+0.5\times(0.5\times6.4)\times2+0.8\times(11.3\times6.4)}{(0.5\times11.3)\times2+(0.5\times6.4)\times2+(11.3\times6.4)}\approx0.741$$

将 ρ 值代入式(2-6)得

$$\begin{aligned}\rho_{cc}&=\frac{\rho A_0}{A_s-\rho A_s+\rho A_0}\\&=\frac{0.741\times(11.3\times6.4)}{(11.3\times6.4+(0.5\times11.3)\times2+(0.5\times6.4)\times2)-0.741\times90.02+0.741\times72.32}\\&\approx0.697\end{aligned}$$

(3)求地板空间的有效反射比 ρ_{fc}

$$\rho=\frac{\sum\rho_iA_i}{\sum A_i}=\frac{0.35\times(0.8\times11.3)\times2+0.35\times(0.8\times6.4)\times2+0.1\times(11.3\times6.4)}{0.8\times11.3\times2+0.8\times6.4\times2+(11.3\times6.4)}=0.17$$

将 ρ 值代入式(2-6)得

$$\begin{aligned}\rho_{fc}&=\frac{\rho A_0}{A_s-\rho A_s+\rho A_0}\\&=\frac{0.17\times72.32}{(72.32+0.8\times11.32\times2+0.8\times0.64\times2)-0.17\times100.64+0.17\times72.32}\\&=0.128\end{aligned}$$

(4)求墙面的有效反射比 ρ_w

因为墙面反射比均为 0.5,所以取 $\rho_w=50\%$。

(5)确定利用系数

查表 2-5：

若取 $RCR=2,\rho_w=50\%,\rho_c=70\%$，得 $U=0.61$；

若取 $RCR=3,\rho_w=50\%,\rho_c=70\%$，得 $U=0.53$。

用内插法可得当 $RCR=2.8$ 时：

$$U=0.53+(3-2.8)\times\frac{0.61-0.53}{3-2}=0.546$$

因表 2-5 是对应 $\rho_{fc}=20\%$ 时的标准值，而本题 $\rho_{fc}=12\%$，所以必须进行修正，查修正表 2-5 对应 $\rho_{fc}=10\%$ 的修正系数，仍用内插法，可得到当 $RCR=2.8$ 时，$U_{修}=0.955$，修正后的利用系数为

$$U=0.955\times0.546=0.521$$

(6)查灯具维护系数

查表 2-1，维护系数 $K=0.8$。

(7)求平均照度

由式(2-1)求平均照度得

$$E_{av}=\frac{\Phi NUK}{A}=\frac{2\,400\times10\times0.521\times0.8}{11.3\times6.4}=138.32(\mathrm{lx})$$

通过以上计算，说明室内桌面上的平均照度为 138.32 lx。更详细的计算应考虑窗户面积。在求墙面的平均反射比时，应计入玻璃反射比较低的影响，玻璃的反射系数大约在 8% ~ 10%，此时室内桌面的平均照度将降低。

2.2 单位功率法

单位功率法的实质是单位面积的安装功率，用每单位被照水平面上所需要灯的安装功率($\mathrm{W/m^2}$)来表示。为了简化计算，可根据不同的照明器类型、不同的计算高度、不同的房间面积和不同的平均照度要求，应用利用系数法计算出单位面积安装功率，并列成表格，供设计时查用，该方法通常称为单位功率法。单位功率法计算非常简单，但计算结果不精确，一般适用于生产及生活用房平均照度的照明设计方案或初步设计的近似计算。初步设计时，还可以按单位建筑面积照明用电指标来估算照明功率。表 2-6 至表 2-10 列出了不同灯具和光源单位容量表。

1. 计算公式

每单位被照面积所需的灯泡安装功率

$$P_0=\frac{P_\Sigma}{A}=\frac{NP_L}{A} \tag{2-8}$$

式中 P_Σ——房间安装光源的总功率，W；

A——房间的总面积，$\mathrm{m^2}$；

N——房间灯的总盏数；

P_L——每盏灯的功率，W；

P_0——单位功率，即房间每平方米应装光源的功率，$\mathrm{W/m^2}$。

2. 使用单位容量法求照明灯具的安装容量或灯数

单位功率 P_0 取决于下列各种因素：灯具类型，最小照度，计算高度及房间面积，顶棚、墙壁、地面的反射系数和照度补偿系数 K 等。此外还与照明的布置和所选用的灯泡效率有关。

根据已知的面积及所选的灯具类型、最小照度、计算高度，从表 2-6 至表 2-10 中查出单位面积的安装容量 P_0，再使用式(2-8)算出全部灯泡的总安装功率 P_Σ，然后除以从较佳布置灯具方法所得出的灯具数量，即得灯泡功率。

表 2-6　圆球型灯单位面积安装功率　　单位：W/m^2

计算高度 h/m	房间面积 A/m^2	白炽灯照度/lx					
		5	10	15	20	30	40
2~3	10~15	4.9	8.8	11.6	15.2	20.9	27.6
	15~20	4.1	7.5	10.1	12.9	17.7	23.1
	25~50	3.6	6.4	8.8	10.7	14,8	19.3
	50~150	2.9	5.1	7.0	8.8	11.8	15.7
	150~300	2.4	4.3	5.7	6.9	9.9	12.9
	300 以上	2,2	3.9	5.2	6.2	8.9	11.5
3~4	10~15	6.2	10.4	13.8	17.1	24.7	30.9
	15~20	5.1	8.7	11.2	14.3	21.4	26.9
	20~30	4.3	7.3	9.9	12.5	18.4	23.5
	30~50	3.7	6.2	8.8	10.7	15.2	19.5
	50~120	3.0	5.3	7.2	9.0	12.4	16.2
	120~300	2.3	4,1	5.7	7.3	9.7	12.6
	300 以上	2.0	3.5	4.7	5.9	8.5	10.8
4~6	10~17	7.8	12.4	17.1	21.9	30.4	40.0
	17~25	6.0	9.7	13.3	17.1	24.7	31.8
	25~35	4.9	8.3	11.0	14.5	20.4	26.4
	35~50	4.0	7.0	9.4	12.3	16.9	22.2
	50~80	3.3	5.8	8.2	10.6	14.0	18.4
	80~150	2.9	4.9	7.0	8.8	11.9	15.9
	150~400	2.3	4.0	5.7	7.1	9.9	12.9

表 2-7　荧光灯均匀照明近似单位面积安装功率

计算高度 h/m	单位容量 A/m² (W/m²) \ E/lx	30 W,40 W 带罩						30 W,40 W 不带罩					
		30	50	75	100	150	200	30	50	75	100	150	200
2 ~ 3	10 ~ 15	2.5	4.2	6.2	8.3	12.5	16.7	2.8	4.7	7.1	9.5	14.3	19.0
	15 ~ 25	2.1	3.6	5.4	7.2	10.9	14.5	2.5	4.2	6.3	8.3	12.5	16.7
	25 ~ 50	1.8	3.1	4.8	6.4	9.5	12.7	2.1	3.5	5.4	7.2	10.9	14.5
	50 ~ 150	1.7	2.8	4.3	5.7	8.6	11.5	1.9	3.1	4.7	6.3	9.5	12.7
	150 ~ 300	1.6	2.6	3.9	5.2	7.8	10.4	1.7	2.9	4.3	5.7	8.6	11.5
	>300	1.5	2.4	3.2	4.9	7.3	9.7	1.6	2.8	4.2	5.6	8.4	11.2
3 ~ 4	10 ~ 15	3.7	6.2	9.3	12.3	18.5	24.7	4.3	7.1	10.6	14.2	21.2	28.2
	15 ~ 20	3.0	5.0	7.5	10.0	15.0	20.0	3.4	5.7	8.6	11.5	17.1	22.9
	20 ~ 30	2.5	4.2	6.2	8.3	12.5	16.7	2.8	4.7	7.1	9.5	14.3	19.0
	30 ~ 50	2.1	3.6	5.4	7.2	10.9	14.5	2.5	4.2	6.3	8.3	12.5	16.7
	50 ~ 120	1.8	3.1	4.8	6.4	9.5	12.7	2.1	3.5	5.4	7.2	10.9	14.5
	120 ~ 300	1.7	2.8	4.3	5.7	8.6	11.5	1.9	3.1	4.7	6.3	9.5	12.7
	>300	1.6	2.7	3.9	5.3	7.8	10.5	1.7	2.9	4.3	5.7	8.6	11.5
4 ~ 6	10 ~ 17	5.5	9.2	13.4	18.3	27.5	36.6	6.3	10.5	15.7	20.9	31.4	41.9
	17 ~ 25	4.0	6.7	9.9	13.3	19.9	26.5	4.6	7.6	11.4	15.2	22.9	30.4
	25 ~ 35	3.3	5.5	8.2	11.0	16.5	22.0	3.8	6.4	9.5	12.7	19.0	25.4
	35 ~ 50	2.6	4.5	6.6	8.8	13.3	17.7	3.1	5.1	7.6	10.1	15.2	20.2
	50 ~ 80	2.3	3.9	5.7	7.7	11.5	15.5	2.6	4.4	6.6	8.8	13.3	17.7
	80 ~ 150	2.0	3.4	5.1	6.9	10.1	13.5	2.3	3.9	5.7	7.7	11.5	15.5
	150 ~ 400	1.8	3.0	4.4	6.0	9	11.9	2.0	3.4	5.1	6.9	10.1	13.5
	>400	1.6	2.7	4.0	5.4	8	11.0	1.8	3.0	4.5	6.0	9.0	12.0

表 2-8　广照型灯一般均匀照明单位容量值　单位:W/m²

计算高度 h/m	E/lx A/m²	白炽灯 5	白炽灯 10	白炽灯 20	白炽灯/荧光高压汞灯 30	白炽灯/荧光高压汞灯 50	白炽灯/荧光高压汞灯 75
2 ~ 3	10 ~ 15	3. 3	6. 2	11	15/5	22/7. 3	30/10
	15 ~ 25	2. 7	5	9	12/4	18/6	25/8. 3
	25 ~ 50	2. 3	4. 3	7. 5	10/3. 3	15/5	21/7
	50 ~ 150	2	3. 8	6. 7	9/3	13. /4. 3	18/6
	150 ~ 300	1. 8	3. 4	6	8/2. 7	12/4	17/5. 7
	300 以上	1. 7	3. 2	5. 8	7. 5/2. 5	11/3. 7	16/5. 3
3 ~ 4	10 ~ 15	4. 3	7. 5	12. 7	17/5. 7	26/8. 7	36/12
	15 ~ 20	3. 7	6. 4	11	14/4. 7	22/7. 3	31/10. 3
	20 ~ 30	3. 1	5. 5	9. 3	13/4. 3	19/6. 3	27/9
	30 ~ 50	2. 5	4. 5	7. 5	10. 5/3. 5	15/5	22/7. 3
	50 ~ 120	2. 1	3. 8	6. 3	8. 5/2. 8	13/4. 3	18/6
	120 ~ 300	1. 8	3. 3	5. 5	7. 5/2. 5	12/4	16/5. 3
	300 以上	1. 7	2. 9	5	7/2. 3	11/3. 7	15/5
4 ~ 6	10 ~ 17	5. 2	8. 9	16	21/7	33/11	48/15
	17 ~ 25	4. 1	7	12	16/5. 3	27/9	37/12. 3
	25 ~ 35	3. 4	5. 8	10	14/4. 7	22/7. 3	32/10. 7
	35 ~ 50	3	5	8. 5	12/4	19/6. 3	27/9
	50 ~ 80	2. 4	4. 1	7	10/3. 3	15/5	22/7. 3
	80 ~ 150	2	3. 3	5. 8	8. 5/2. 8	12/4	17/5. 7
	150 ~ 400	1. 7	2. 8	5	7/2. 3	11/3. 7	15/5
	400 以上	1. 5	2. 5	4. 5	6. 3/2. 1	10/3. 3	14/4. 7

表 2-9　配照型灯一般均匀照明单位容量值　　　　单位：W/m^2

计算高度 h/m	E/lx A/m^2	白炽灯			白炽灯/荧光高压汞灯		
		5	10	20	30	50	75
3 ~ 4	10 ~ 15	4. 3	7. 3	12. 1	16. 2/	25. 2/8. 4	35. 2/11. 7
	15 ~ 25	3. 7	6. 4	10. 5	13. 8/	21. 8/7. 3	30. 8/10. 3
	25 ~ 30	3. 1	5. 5	8. 9	12. 4/4. 1	18. 4/6. 1	26. 4/8. 8
	30 ~ 50	2. 5	4. 5	7. 3	10/3. 3	14. 5/4. 8	21. 5/7. 2
	50 ~ 120	2. 1	3. 8	6. 3	8. 3/2. 8	12. 8/4. 3	17. 8/5. 9
	120 ~ 300	1. 7	3. 3	5. 5	7. 3/2. 4	11. 8/3. 9	15. 8/5. 3
	300 以上	1. 3	2. 9	5. 0	6. 8/2. 3	10. 8/3. 6	14. 8/4. 9
4 ~ 6	10 ~ 17	5. 2	8. 6	14. 3	20/6. 7	32/10. 7	47/15. 7
	17 ~ 25	4. 1	6. 8	11. 4	15. 7/5. 2	26. 7/8. 9	36. 7/12. 3
	25 ~ 35	3. 4	5. 8	9. 5	13. 3/4. 4	21. 3/7. 1	31. 3/10. 4
	35 ~ 50	3. 0	5. 0	8. 3	11. 4/3. 8	18. 4/6. 1	26. 4/8. 8
	50 ~ 80	2. 4	4. 1	6. 8	9. 5/3. 2	14. 5/4. 8	21. 5/7. 2
	80 ~ 150	2. 0	3. 3	5. 8	8. 3/2. 8	11. 8/3. 9	16. 8/5. 6
	150 ~ 400	1. 7	2. 8	5. 0	6. 8/2. 3	10. 85. 6	14. 8/4. 9
	400 以上	1. 5	2. 5	4. 5	6. 3/2. 1	10/3. 3	14/4. 6
6 ~ 8	25 ~ 35	4. 2	6. 9	11. 7	16. 6/5. 5	27. 6/9. 2	37. 6/12. 6
	35 ~ 50	3. 4	5. 7	10. 0	14. 7/4. 9	22. 7/7. 6	31. 7/10. 5
	50 ~ 65	2. 9	4. 9	8. 7	12. 4/4. 1	18. 4/6. 1	26. 4/8. 8
	65 ~ 90	2. 5	4. 3	7. 8	10. 9/3. 6	16. 4/5. 1	22. 4/7. 5
	90 ~ 135	2. 2	3. 7	6. 5	8. 6/2. 9	12. 1/4	17. 1/5. 7
	135 ~ 250	1. 8	3. 0	5. 4	7. 3/2. 4	11. 8/0. 9	15. 8/5. 3
	250 ~ 500	1. 5	2. 6	4. 6	6. 5/2. 2	10. 2/3. 4	14. 2/4. 7
	500 以上	1. 4	2. 4	4. 0	5. 5/1. 6	9. 8/3. 1	13. 8/4. 6

表 2-10　深照型灯一般均匀照明单位容量值　单位:W/m²

计算高度 h/m	E/lx　A/m²	白炽灯			白炽灯/荧光高压汞灯		
		5	10	20	30	50	75
6 ~ 8	25 ~ 35	4. 2	7. 2	12. 8	18/6	28/9. 3	40/13. 3
	35 ~ 50	3. 5	6	10. 8	15/5	23/7. 7	34/11. 3
	50 ~ 65	3	5	9. 1	13/4. 3	20/6. 7	29/9. 7
	65 ~ 90	2. 6	4. 4	8	11. 5/3. 8	18/6	25/8. 3
	90 ~ 135	2. 2	3. 8	6. 8	10/3. 3	15/5	21/7
	135 ~ 250	1. 9	3. 3	5. 8	8. 2/2. 7	12. 5/4. 2	17/5. 7
	250 ~ 500	1. 7	2. 8	5. 1	7. 2/2. 4	11/3. 7	15/5
	500 以上	1. 4	2. 5	4. 4	6. 2/2. 1	9. 5/3. 2	13/4. 3
8 ~ 12	50 ~ 70	3. 7	6. 3	11. 5	17/5. 7	27/9	40/13. 3
	70 ~ 100	3	5. 3	9. 7	15/5	23/7. 7	34/11. 3
	100 ~ 130	2. 5	4. 4	8	12/4	19/6. 3	28/9. 3
	130 ~ 200	2. 1	3. 8	6. 9	10/3. 3	16/5. 3	23/7. 7
	200 ~ 300	1. 8	3. 2	5. 8	8. 2/2. 7	13/4. 3	19/6. 3
	300 ~ 600	1. 6	2. 8	5	7/2. 3	11/3. 7	17/5. 7
	600 ~ 1 500	1. 4	2. 4	4. 3	6/2	9. 5/3. 2	15/5
	1 500 以上	1. 2	2. 2	3. 8	5. 2/1. 7	8. 5/2. 8	12. 5/4. 2

例 2-2　某实验室面积为 $12 \times 5\ m^2$,桌面高 0. 8 m,灯具吊高 3. 8 m,吸顶安装。拟采用 YG6 - 2 型双管 2 ×40 W 吸顶式荧光灯照明,灯具效率为 86%。若规定照度为 150 lx,试确定房间内的灯具数。

解　已知 $A = 60\ m^2$, $h = 3$ m,照度为 150 lx,查表 2-7,得 $P_0 = 8.6\ W/m^2$,查表 2-11, $Z = 1.29$,因此一般照明总的安装容量应为

$$P_\Sigma = \frac{P_0}{Z}A = \frac{8.6}{1.29} \times 60 = 400\ W$$

查表 2-12,YG6 - 2 型装荧光灯的功率为 $P_L = 80$ W,则应安装荧光灯的灯数为

$$N = \frac{\sum P}{P_L} = \frac{400}{80} = 5(盏)$$

表 2-11 部分灯具的最小照度系数 Z 值表

灯具名称	灯具型号	光源种类及容量/W	距高比(L:h)				(L:h)/Z 的最大允许值
			0.6	0.8	1.0	1.2	
			Z 值				
配照型灯具	GC1 − $\frac{A}{B}$ − 1	B150	1.30	1.32	1.33		1.25/1.33
		G125		1.34	1.33	1.32	1.41/1.29
广照型灯具	GC3 − $\frac{A}{B}$ − 2	G125	1.28	1.30			0.98/1.32
		B200、150	1.30	1.33			1.02/1.33
深照型灯具	GC5 − $\frac{A}{B}$ − 3	B300		1.34	1.33	1.30	1.40/1.29
		G250		1.35	1.34	1.32	1.45/1.32
	GC5 − $\frac{A}{B}$ − 4	B300、500		1.33	1.34	1.32	1.40/1.31
		G400	1.29	1.34	1.35		1.23/1.32
简式荧光灯具	YG1 − 1	1×40	1.34	1.34	1.31		1.22/1.29
	YG2 − 1			1.35	1.33	1.28	1.28/1.28
	YG2 − 2	2×40	1.35	1.33	1.29		1.28/1.29
吸顶荧光灯具	YG6 − 2	2×40	1.34	1.36	1.33		1.22/1.29
	YG6 − 3	3×40		1.35	1.32	1.30	1.26/1.30
嵌入式荧光灯具	YG15 − 2	2×40	1.34	1.34	1.31	1.30	
	YG15 − 3	3×40	1.37	1.33			1.05/1.30
房间较矮 反射条件较好		灯排数≤3	1.15~1.2				
		灯排数>3	1.10				

表 2-12 YG6 − 2 型荧光灯具的利用系数表(ρ_{fc} = 20%)

ρ_{cc}%	70				50				30				0
ρ_{w}%	70	50	30	10	70	50	30	10	70	50	30	10	0
RCR	吸顶荧光灯 YG6 − 2, η = 86%, 2×40 W, 2×2 400 lm												
1	0.82	0.78	0.74	0.70	0.73	0.70	0.67	0.64	0.65	0.68	0.60	0.58	0.49
2	0.74	0.67	0.62	0.57	0.66	0.61	0.56	0.52	0.59	0.54	0.51	0.48	0.40

表 2-12(续)

$\rho_{cc}\%$	70				50				30				0
3	0.68	0.59	0.53	0.47	0.60	0.53	0.48	0.44	0.53	0.48	0.44	0.40	0.34
4	0.62	0.52	0.45	0.40	0.55	0.47	0.41	0.37	0.49	0.43	0.38	0.34	0.28
5	0.56	0.46	0.39	0.34	0.50	0.42	0.36	0.31	0.45	0.38	0.33	0.29	0.24
6	0.52	0.42	0.35	0.29	0.46	0.38	0.32	0.27	0.41	0.34	0.29	0.25	0.21
7	0.48	0.37	0.30	0.25	0.43	0.34	0.28	0.24	0.38	0.31	0.26	0.22	0.18
8	0.44	0.34	0.27	0.22	0.40	0.31	0.25	0.21	0.35	0.28	0.23	0.19	0.16
9	0.41	0.31	0.24	0.19	0.37	0.28	0.22	0.18	0.33	0.26	0.21	0.17	0.14
10	0.38	0.27	0.21	0.16	0.34	0.25	0.19	0.15	0.30	0.22	0.18	0.14	0.11

2.3　点光源照度计算法

逐点计算法是指逐一计算附近各个点光源对照度计算点的照度,然后进行叠加,得到总照度的方法。当光源尺寸与光源到计算点之间的距离相比小得多时,可将光源视为点光源。一般圆盘形发光体的直径不大于照射距离的1/5,线状发光体的长度不大于照射距离的1/4时,按点光源进行照度计算误差均小于5%。

1. 点光源逐点照度的基本计算公式

点光源 S 照射在水平面 H 上产生的照度 E_h 与光源的光强 I_θ 及被照面法线与入射光线的夹角 θ 的余弦成正比,与光源至被照面计算点的距离 R 平方成反比,称为平方反比法。见图2-3点光源的点照度示意图。计算公式由式(2-9)表示。

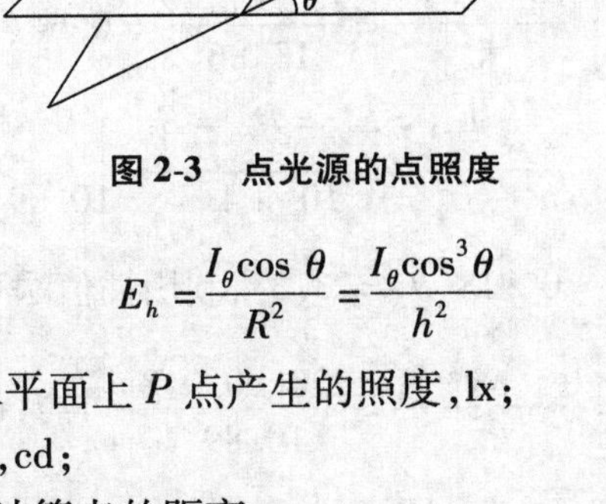

图 2-3　点光源的点照度

$$E_h = \frac{I_\theta \cos\theta}{R^2} = \frac{I_\theta \cos^3\theta}{h^2} \tag{2-9}$$

式中　E_h——点光源照射在水平面上 P 点产生的照度,lx;

I_θ——照射方向的光强,cd;

R——点光源至被照面计算点的距离,m;

h——计算高度,m;

cos θ——被照面的法线与入射光线的夹角的余弦。

当有多个相同灯具投射到同一点时，其实际水平面照度可按公式(2-10)计算。

$$E_h = \frac{\Phi \sum_e K}{1\ 000} \tag{2-10}$$

式中 Φ——光源的光通量，lm；

$\sum_e$——各灯（1 000 lm）对计算点产生的水平照度之和，lx；

K——灯具的维护系数。

例 2-3 某车间装有 8 只 GC39 型深照型灯具，灯具的平面布置如图 2-4 所示，内装 400 W 荧光高压汞灯，灯具的计算高度 $h=10$ m，光源光通量 $\Phi=20\ 000$ lm，光源光强分布（1 000 lm）如下表。

θ/(°)	0	5	10	15	20	25	30	35	40	45	50	55	60	65	70	75	80	85	90
I_θ/cd	234	232	232	234	234	214	202	192	182	169	141	105	75	35	24	16	9	4	0

灯具维护系数 $K=0.7$，试求 A 点的水平面照度值。

解 如图 2-4 所示 $E_{h1}=E_{h2}=E_{h7}=E_{h8}$

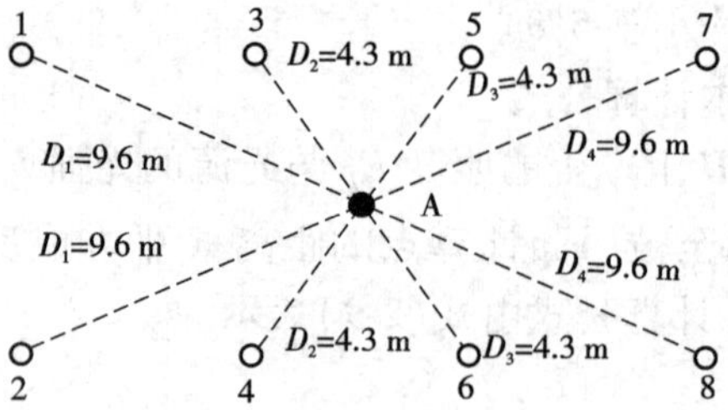

图 2-4 车间灯具平面布置图

由于 $$R_1=\sqrt{h^2+D_1^2}=\sqrt{10^2+9.6^2}=13.86(\text{m})$$

$\cos\theta_1=\dfrac{h}{R_1}=\dfrac{10}{13.86}=0.72$，$\theta_1=43.8°$，利用插值法可求得 $I_{\theta1}=172$ cd

可得 $$E_{h1}=\frac{I_{\theta1}\cdot\cos\theta}{R_1^2}=\frac{172\times0.72}{13.86^2}=0.64(\text{lx})$$

$$E_{h3}=E_{h4}=E_{h5}=E_{h6}$$

$$R_2=\sqrt{h^2+D_2^2}=\sqrt{10^2+4.3^2}=10.89(\text{m})$$

$\cos\theta_2=\dfrac{h}{R_2}=\dfrac{10}{10.89}=0.918$，$\theta_2=23.3°$，利用插值法可求得 $I_{\theta2}=220$ cd

$$E_{h3}=\frac{I_{\theta2}\cdot\cos\theta_2}{R_2^2}=\frac{220\times0.918}{10.89^2}=1.71(\text{lx})$$

$$\sum_e=4\times(0.64+1.71)=9.4(\text{lx})$$

$$E_h=\frac{\Phi\sum_e K}{1\ 000}=\frac{20\ 000\times9.4\times0.7}{1\ 000}=131.6(\text{lx})$$

2. 点光源应用空间等照度曲线的照度计算

为了简化计算,也可以用空间等照度曲线求出计算点的照度。由式(2-9)可知 $E_h=f(h,D)$,根据此相互对应关系即可制成空间等照度曲线。已知灯的计算高度 h 和计算点至灯具轴线的水平距离 D,应用等照度曲线可直接查出光源 1 000 lm 时的水平照度值。由于曲线是按照光源的光通量为 1 000 lm 绘制的,所以图中给出的照度只是相对值,还必须按实际光通量进行换算。计算结果还应乘以灯具维护系数 K。

例 2-4　某车间采用 GC—39 深照型灯具照明,该灯具的空间等照度曲线见图 2-5,光源使用 400 W 荧光高压汞灯,其光通量为 20 000 lm,维护系数 $K=0.7$,灯具的出口平面至工作面高度为 12 m,布灯方案如图 2-6 所示,试求 A 点的水平照度。

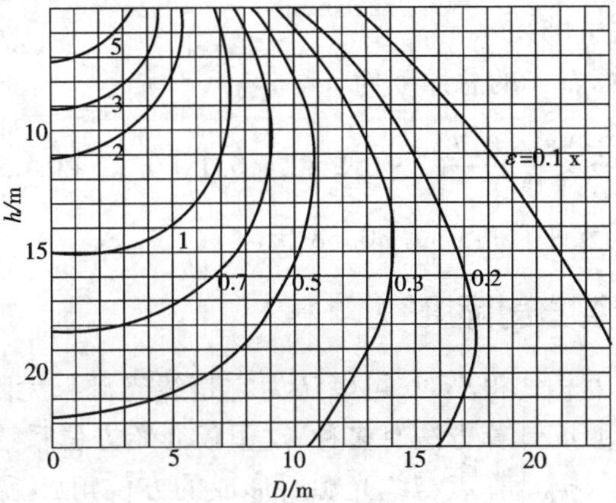

图 2-5　深照型灯具的空间等照度曲线

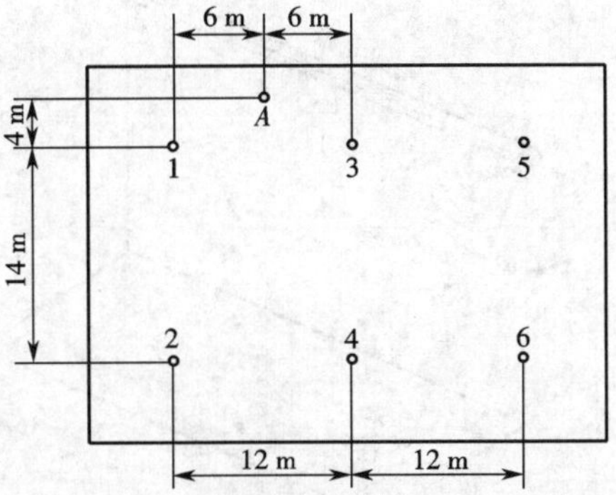

图 2-6　深照型灯具的布灯图

解　由布灯方案可知,灯 1 和灯 3 对 A 点的照度是一样的,灯 2 和灯 4 对 A 点的照度也相同。下面分别计算、查找曲线。

(1)对灯1和灯3有

$$D=\sqrt{4^2+6^2}=7.2(\mathrm{m})\quad h=12\ \mathrm{m}$$

由图2-5查得$E_1=E_3=0.9$。

(2)对灯2和灯4有

$$D=\sqrt{(14+4)^2+6^2}=19(\mathrm{m})\quad h=12\ \mathrm{m}$$

由图上曲线查得$E_2=E_4=0.1$。

(3)对灯5有

$$D=\sqrt{4^2+(12+6)^2}=18.4(\mathrm{m})\quad h=12\ \mathrm{m}$$

由图上曲线查得$E_5=0.12$。

(4)对灯6有

$$D=\sqrt{(14+4)^2+(12+6)^2}=25.4(\mathrm{m})\quad h=12\ \mathrm{m}$$

由图上曲线查得$E_6=0.05$。

(5)根据式(2-11)计算点A的总照度为

$$E_h=\frac{\Phi K\sum_e}{1\ 000}=\frac{2\ 000\times0.7}{1\ 000}(2\times0.9+2\times0.1+0.12+0.05)=30.38(\mathrm{lx})$$

通过以上计算,A点的水平照度值为30.38 lx。

2.4 线光源逐点法计算直射照度

带状光源的宽度与长度相比很小时,可以认为它是线光源。无限长的线光源产生的照度与距离成反比。线光源的照度计算方法有多种,这里仅介绍方位系数法。

方位系数法的特点是根据计算点与线光源所形成的方位角β(见图2-7)和灯具纵轴光强I_γ(见图2-8)的分布形状(见图2-9)的分类,确定方位系数(见表2-13、表2-14)。

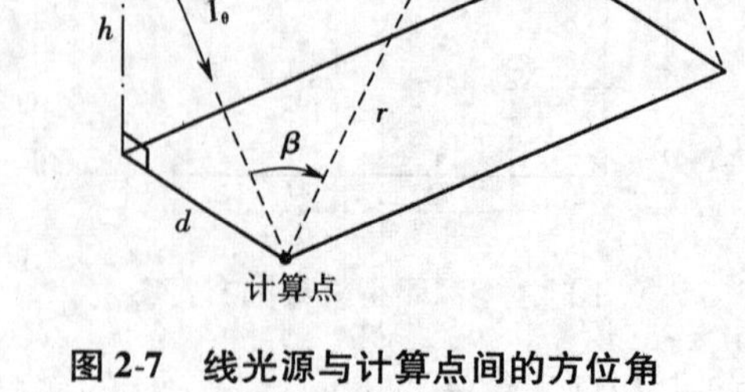

图2-7 线光源与计算点间的方位角

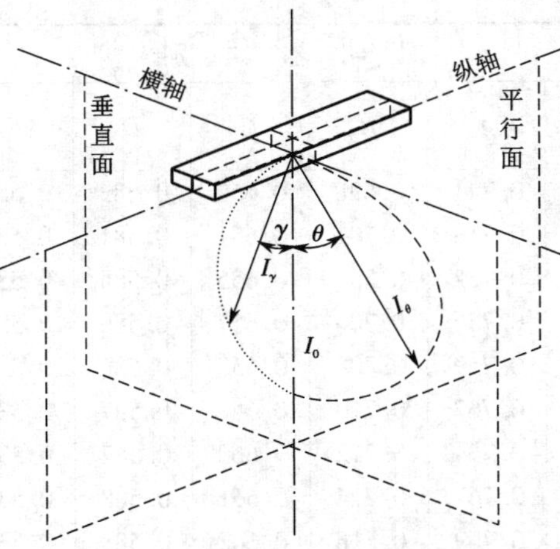

图 2-8　灯具纵轴与横轴光强分布示意

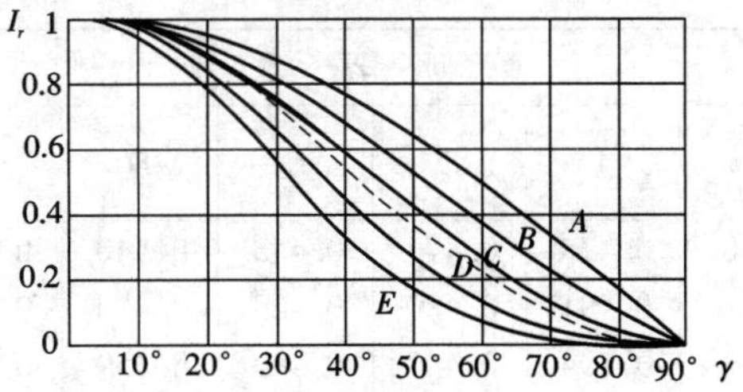

图 2-9　线光源纵轴光强分布类型

表 2-13　被照面与线光源平行时的方位系数

方位角β	照明器类别 A	B	C	D	E	方位角β	照明器类别 A	B	C	D	E
0	0.000	0.000	0.000	0.000	0.000	15	0.256	0.254	0.253	0.250	0.248
1	0.017	0.017	0.017	0.018	0.018	16	0.272	0.270	0.269	0.265	0.262
2	0.035	0.035	0.035	0.035	0.035	17	0.288	0.286	0.284	0.280	0.276
3	0.052	0.052	0.052	0.052	0.052	18	0.304	0.301	0.299	0.295	0.290
4	0.070	0.070	0.070	0.070	0.070	19	0.320	0.316	0.314	0.309	0.303
5	0.087	0.087	0.087	0.087	0.087	20	0.335	0.332	0.329	0.322	0.316
6	0.105	0.104	0.104	0.104	0.104	21	0.351	0.347	0.343	0.336	0.329
7	0.122	0.121	0.121	0.121	0.121	22	0.366	0.361	0.357	0.349	0.341
8	0.139	0.138	0.138	0.138	0.137	23	0.380	0.375	0.371	0.362	0.353
9	0.156	0.155	0.155	0.155	0.154	24	0.396	0.390	0.385	0.374	0.364
10	0.173	0.172	0.172	0.171	0.170	25	0.410	0.404	0.398	0.386	0.375
11	0.190	0.189	0.189	0.187	0.186	26	0.424	0.417	0.410	0.398	0.386
12	0.206	0.205	0.205	0.204	0.202	27	0.438	0.430	0.423	0.409	0.396
13	0.223	0.222	0.221	0.219	0.218	28	0.452	0.443	0.435	0.420	0.405
14	0.239	0.238	0.237	0.234	0.233	29	0.465	0.456	0.447	0.430	0.414

表 2-13（续）

方位角β	照明器类别 A	B	C	D	E	方位角β	照明器类别 A	B	C	D	E
30	0.478	0.473	0.458	0.440	0.423	61	0.741	0.698	0.652	0.583	0.531
31	0.491	0.480	0.469	0.450	0.431	62	0.718	0.701	0.651	0.581	0.531
32	0.504	0.492	0.480	0.459	0.439	63	0.752	0.703	0.655	0.585	0.532
33	0.517	0.504	0.491	0.468	0.447	64	0.756	0.706	0.657	0.586	0.532
34	0.529	0.515	0.501	0.476	0.454	65	0.759	0.708	0.658	0.586	0.532
35	0.541	0.526	0.511	0.484	0.460	66	0.762	0.710	0.659	0.587	0.533
36	0.552	0.537	0.520	0.492	0.466	67	0.764	0.712	0.660	0.587	0.533
37	0.564	0.546	0.528	0.499	0.472	68	0.767	0.714	0.661	0.588	0.533
38	0.574	0.556	0.538	0.506	0.478	69	0.769	0.716	0.662	0.588	0.533
39	0.585	0.565	0.546	0.513	0.483	70	0.772	0.718	0.663	0.588	0.533
40	0.596	0.575	0.554	0.519	0.488	71	0.774	0.719	0.664	0.588	0.533
41	0.606	0.584	0.562	0.525	0.492	72	0.776	0.720	0.664	0.589	0.533
42	0.615	0.591	0.569	0.530	0.496	73	0.778	0.721	0.665	0.589	0.533
43	0.625	0.598	0.576	0.535	0.500	74	0.779	0.722	0.665	0.589	0.533
44	0.634	0.608	0.583	0.540	0.504	75	0.780	0.723	0.666	0.589	0.533
45	0.643	0.616	0.589	0.545	0.507	76	0.781	0.723	0.666	0.589	0.533
46	0.652	0.623	0.595	0.549	0.510	77	0.782	0.724	0.666	0.589	0.533
47	0.660	0.630	0.601	0.553	0.512	78	0.782	0.724	0.666	0.589	0.533
48	0.668	0.637	0.606	0.556	0.515	79	0.783	0.724	0.666	0.589	0.533
49	0.675	0.643	0.612	0.560	0.517	80	0.784	0.725	0.666	0.589	0.533
50	0.683	0.649	0.616	0.563	0.519	81	0.784	0.725	0.667	0.589	0.533
51	0.690	0.655	0.621	0.566	0.521	82	0.785	0.725	0.667	0.589	0.533
52	0.697	0.661	0.625	0.568	0.523	83	0.785	0.725	0.667	0.589	0.533
53	0.703	0.666	0.629	0.571	0.524	84	0.785	0.725	0.667	0.589	0.533
54	0.709	0.671	0.633	0.573	0.255	85	0.786	0.725	0.667	0.589	0.533
55	0.715	0.675	0.636	0.575	0.527	86					
56	0.720	0.679	0.639	0.577	0.528	87					
57	0.726	0.684	0.642	0.578	0.528	88	与85度值相同				
58	0.731	0.688	0.645	0.580	0.529	89					
59	0.736	0.691	0.647	0.581	0.530						
60	0.710	0.695	0.650	0.582	0.530	90					

表 2-14　被照面与线光源垂直时的方位系数

方位角β	照明器类别 A	B	C	D	E	方位角β	照明器类别 A	B	C	D	E
0	0.000	0.000	0.000	0.000	0.000	3	0.001	0.001	0.001	0.001	0.001
1	0.000	0.000	0.000	0.000	0.000	4	0.002	0.002	0.002	0.002	0.002
2	0.001	0.001	0.001	0.001	0.001	5	0.004	0.003	0.003	0.004	0.004

表 2-14(续)

方位角β	照明器类别 A	B	C	D	E	方位角β	照明器类别 A	B	C	D	E
6	0.005	0.005	0.005	0.005	0.005	46	0.259	0.240	0.221	0.192	0.168
7	0.007	0.007	0.007	0.007	0.007	47	0.267	0.247	0.227	0.196	0.171
8	0.010	0.009	0.009	0.10	0.10	48	0.276	0.254	0.233	0.200	0.173
9	0.012	0.012	0.012	0.012	0.012	49	0.285	0.262	0.239	0.204	0.176
10	0.015	0.015	0.015	0.015	0.015	50	0.293	0.268	0.244	0.207	0.178
11	0.018	0.018	0.018	0.018	0.018	51	0.302	0.276	0.250	0.211	0.180
12	0.022	0.021	0.021	0.021	0.021	52	0.310	0.282	0.255	0.214	0.182
13	0.025	0.025	0.025	0.025	0.024	53	0.319	0.289	0.260	0.217	0.184
14	0.029	0.029	0.029	0.028	0.028	54	0.327	0.296	0.265	0.220	0.186
15	0.033	0.033	0.033	0.032	0.032	55	0.335	0.302	0.270	0.223	0.188
16	0.038	0.037	0.037	0.037	0.036	56	0.344	0.303	0.275	0.226	0.189
17	0.043	0.042	0.041	0.051	0.040	57	0.352	0.315	0.279	0.228	0.190
18	0.048	0.047	0.046	0.046	0.044	58	0.360	0.321	0.283	0.230	0.192
19	0.053	0.052	0.051	0.040	0.049	59	0.367	0.327	0.287	0.232	0.193
20	0.059	0.057	0.056	0.055	0.054	60	0.375	0.333	0.291	0.234	0.194
21	0.064	0.063	0.062	0.060	0.058	61	0.383	0.339	0.295	0.236	0.195
22	0.070	0.068	0.067	0.065	0.063	62	0.390	0.344	0.299	0.238	0.195
23	0.076	0.074	0.073	0.071	0.068	63	0.397	0.349	0.302	0.239	0.196
24	0.083	0.081	0.079	0.076	0.073	64	0.404	0.354	0.305	0.241	0.197
25	0.089	0.087	0.085	0.081	0.078	65	0.410	0.359	0.308	0.242	0.197
26	0.096	0.093	0.091	0.087	0.083	66	0.417	0.364	0.311	0.243	0.198
27	0.103	0.100	0.097	0.092	0.088	67	0.424	0.368	0.313	0.244	0.198
28	0.110	0.107	0.104	0.098	0.093	68	0.430	0.372	0.315	0.245	0.199
29	0.118	0.113	0.119	0.104	0.098	69	0.436	0.377	0.318	0.246	0.199
30	0.125	0.120	0.116	0.109	0.103	70	0.442	0.381	0.320	0.247	0.199
31	0.132	0.127	0.123	0.115	0.108	71	0.447	0.384	0.322	0.247	0.199
32	0.140	0.135	0.130	0.121	0.112	72	0.452	0.387	0.323	0.248	0.199
33	0.148	0.142	0.136	0.125	0.117	73	0.457	0.391	0.323	0.248	0.199
34	0.156	0.149	0.143	0.132	0.122	74	0.462	0.394	0.326	0.249	0.200
35	0.165	0.157	0.150	0.137	0.126	75	0.466	0.396	0.327	0.249	0.200
36	0.173	0.164	0.156	0.143	0.131	76	0.470	0.399	0.328	0.249	0.200
37	0.181	0.172	0.163	0.148	0.135	77	0.474	0.401	0.329	0.249	0.200
38	0.190	0.180	0.170	0.154	0.139	78	0.478	0.404	0.330	0.250	0.200
39	0.198	0.187	0.177	0.159	0.143	79	0.482	0.406	0.331	0.250	0.200
40	0.207	0.195	0.183	0.164	0.147	80	0.485	0.408	0.331	0.250	0.200
41	0.216	0.203	0.190	0.169	0.151	81	0.488	0.410	0.332	0.250	0.200
42	0.224	0.021	0.196	0.174	0.155	82	0.490	0.411	0.332	0.250	0.200
43	0.233	0.218	0.203	0.179	0.158	83	0.492	0.412	0.332	0.250	0.200
44	0.242	0.224	0.209	0.183	0.162	84	0.494	0.413	0.333	0.250	0.200
45	0.250	0.232	0.215	0.188	0.165	85	0.496	0.414	0.333	0.250	0.200

表 2-14(续)

照明器类别						照明器类别					
方位角 β	A	B	C	D	E	方位角 β	A	B	C	D	E
86	0. 498	0. 415	0. 333	0. 250	0. 200	89	0. 500	0. 416	0. 333	0. 250	0. 200
87	0. 499	0. 416	0. 333	0. 250	0. 200	90	0. 500	0. 416	0. 333	0. 250	0. 200
88	0. 499	0. 416	0. 333	0. 250	0. 200						

纵轴光强的分布形状分为五类：

A 类为 $I_\gamma = I_0\cos\gamma$ 的均匀扩散型。一般带控照器或不带控照器、下部开启或带漫射罩的荧光灯具的配光与之近似；

B 类为 $I_\gamma = I_0\dfrac{1}{2}(\cos\gamma + \cos^2\gamma)$；

C 类为 $I_\gamma = I_0\cos^2\gamma$；

D 类为 $I_\gamma = I_0\cos^3\gamma$；

E 类为 $I_\gamma = I_0\cos^4\gamma$。

浅格栅的荧光灯具配光接近于 B、C 类，深格栅荧光灯具的配光与 D、E 类近似。

方位系数计算照度的公式如下：

(1) 被照面为水平面(见图 2-10)

$$E_{ph} = \frac{(I_\theta K)}{1\,000h}\left(\frac{F}{l}\right)\cos^2\theta\cdot f_{xh} \tag{2-11}$$

(2) 被照面与光源平行且垂直于水平面(见图 2-11)

$$E_{p/\!/v} = \frac{I_\theta K}{1\,000h}\left(\frac{F}{l}\right)\cos\theta\cdot\sin\theta\cdot f_{xh} \tag{2-12}$$

(3) 被照面与光源垂直且垂直于水平面(见图 2-12)

$$E_{p\perp v} = \frac{I_\theta K}{1\,000h}\left(\frac{F}{l}\right)\cos\theta\cdot f_{xv} \tag{2-13}$$

式中 E_{ph}——水平面上 P 点照度，lx；

$E_{p/\!/v}$——被照面平行于光源且垂直于水平面时，该面上 P 点的照度，lx；

$E_{p\perp v}$——被照面与光源垂直且垂直于水平面时，该面上 P 点的照度，lx；

I_θ——灯具的横轴光强曲线中与 θ 角对应方向的光强值，cd，如图 2-8 所示；

F/l——线光源单位长度的光通量，lm/m；

h——灯具的计算高度，m；

θ——如图 2-7 所示，它等于 $\tan^{-1}\dfrac{d}{h}$；

β——方位角如图 2-7 所示，它等于 $\tan^{-1}\dfrac{1}{\sqrt{h^2+d^2}}$；

f_{xh}——被照面与线光源平行时的方位系数(用于计算水平面或垂直面的照度)，如表 2-13 所示；

f_{xv}——被照面与线光源垂直时的方位系数(用于计算在线光源端头的垂直面的照度)，

如表2-14所示。

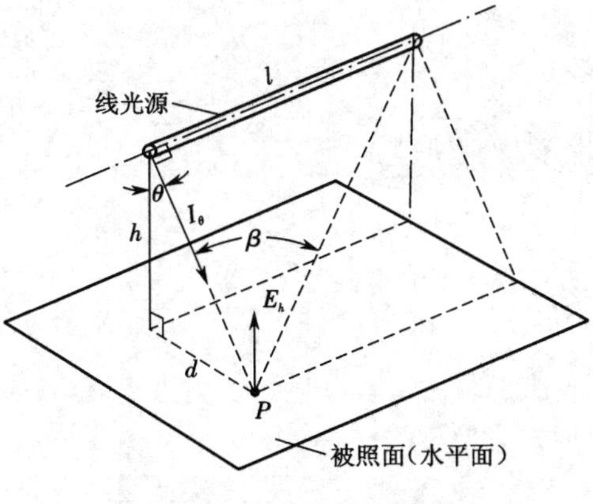

图2-10　被照面为水平面

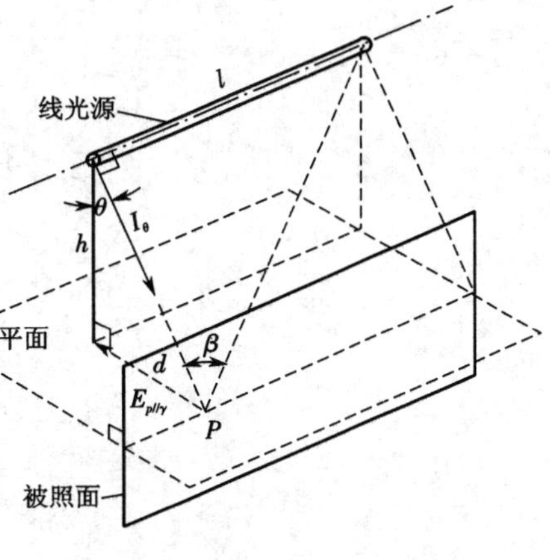

图2-11　被照面与光源平行且垂直于水平面

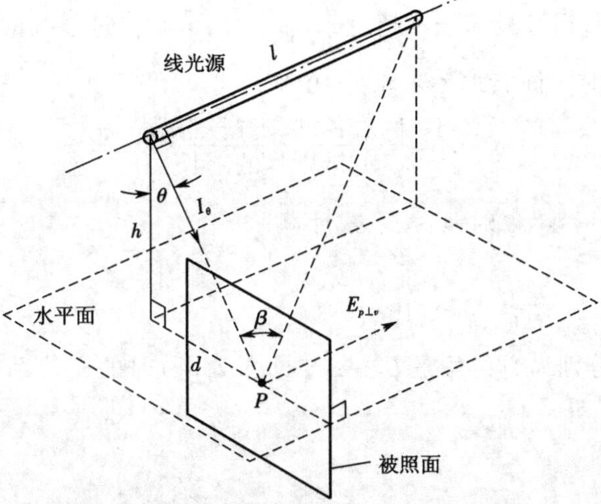

图2-12　被照面与光源垂直且垂直于水平面

上述三式为计算一条发光带对计算点的照度，若有数条发光带，其总和即为室内该点的照度。同时，上述三式只适用于计算点处在通过线光源端头的垂直平面上，若计算点在任意位置，则可采用将线光源分段或延长的方法，按图2-13所示分别为计算各段在该点产生的照度，然后求各段在该点照度的代数和，即

$$E_A = E_{PM}\text{（计算点在线光源 }PM\text{ 端头平面上）}$$

$$E_B = E_{PN} + E_{NM}\text{（计算点不在线光源 }PM\text{ 端头平面上）}$$

$$E_C = E_{QM} - E_{QP}\text{（计算点不在线光源 }PM\text{ 端头平面上）}$$

式中　E_{PM}——线光源 PM 段在 A 点产生的照度；

E_{PN}——线光源 PN 段在 B 点产生的照度；

E_{NM}——线光源 NM 段在 B 点产生的照度；

E_{QM}——线光源 PN 段及其延长段 QP 在 C 点产生的照度；

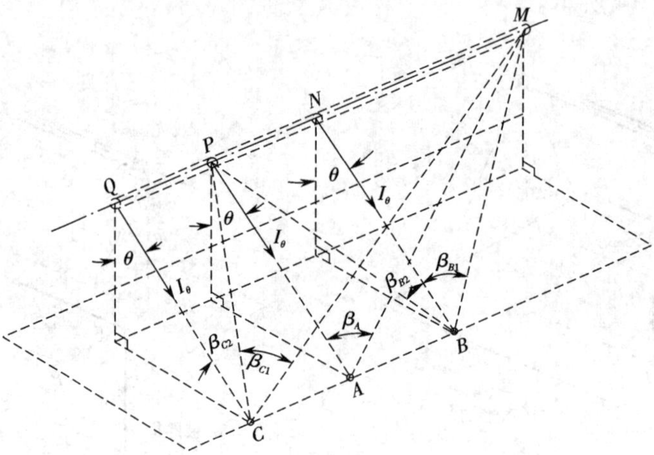

图 2-13　计算点不在线光源端头平面上时计算方法示意

E_{QP}——线光源的延长段 QP 在 C 点产生的照度。

对于非连续线光源，当灯具间隔不超过$\frac{h}{4}\cos\theta$时，可看作是连续的线光源，计算时只要相应地乘以折算系数 Z 即可，此时误差不超过 10%。

$$Z=\frac{\text{灯具长度}\times\text{灯具个数}}{\text{一排灯具的总长}}$$

当灯具的间隔超过$\frac{h}{4}\cos\theta$时，可按下式计算

$$E_h=\frac{I_\theta}{1\ 000Kh}\left(\frac{F}{l}\right)\cos^2\theta[f_{\beta1}+(f_{\beta3}-f_{\beta2})+(f_{\beta5}-f_{\beta4})] \tag{2-14}$$

式中，$f_{\beta1}$、$f_{\beta2}$、$f_{\beta3}$、$f_{\beta4}$、$f_{\beta5}$分别为方位角是 $\beta_1\sim\beta_5$（见图 2-14）时的方位系数值，此值可按表 2-13 查取。

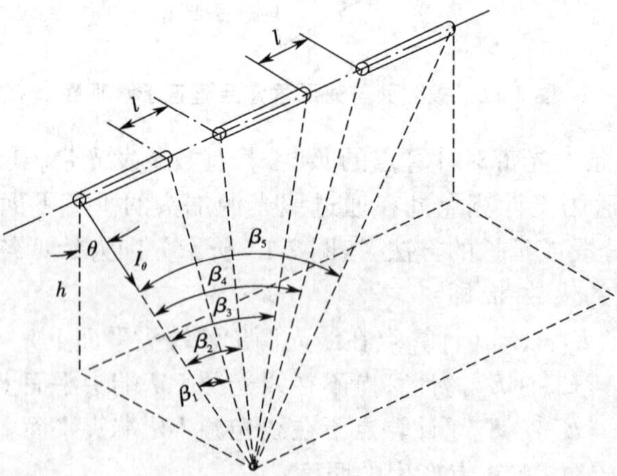

图 2-14　灯具间隔 $l>\frac{h}{4}\cos\theta$ 时，方位角的示意

例 2-5　某办公室长 10 m、宽 5.4 m、吊顶高 3.5 m，采用格栅式荧光灯（表 2-15）嵌入顶棚布置成两条光带，如图 2-15 所示，试计算 A 点的直射水平照度。

解　用方位系数法计算

(1)确定灯具的配光类型

灯具的平行面光强 I_θ（见表 2-14）除以零度光强 I_0（见图 2-8）其值如表 2-16 所示。

表 2-15　带格栅多管荧光灯

灯型示意

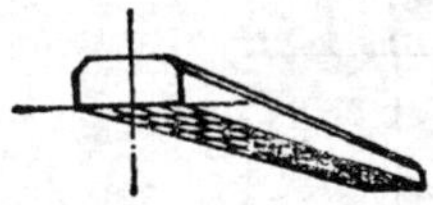

配光曲线示意

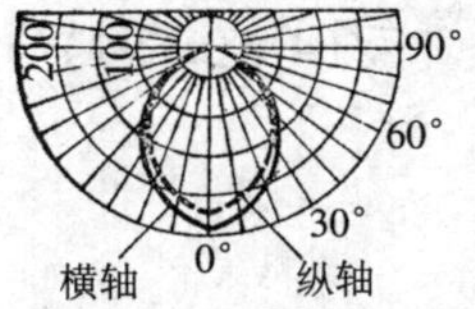

θ(°)	发光强度值/cd（光源为 100 lm）I_r（纵轴）	I_0（横轴）
0	228	238
5	224	236
10	217	230
15	205	224
20	192	209
25	177	191
30	159	176
35	145	159
40	127	130
45	107	108
50	88	85
55	67	62
60	51	48
65	39	37
70	29	28
75	20	19
80	12	11
85	5.6	5
90	0.4	0.6
95	0	0

顶棚反射系数	0.30	0.50		0.70	
墙面反射系数	0.30	0.30	0.50	0.30	0.50
地面反射系数	0.10	0.10	0.30	0.10	0.30
室形指数 i	利用系数 u				
0.6	0.19	0.20	0.23	0.21	0.24
0.7	0.21	0.23	0.25	0.24	0.26
0.8	0.23	0.25	0.28	0.26	0.29
0.9	0.25	0.27	0.30	0.28	0.32
1.0	0.26	0.28	0.31	0.29	0.32
1.1	0.27	0.29	0.32	0.30	0.34
1.25	0.29	0.31	0.34	0.32	0.36
1.5	0.31	0.33	0.36	0.34	0.38
1.75	0.33	0.35	0.38	0.36	0.40
2	0.35	0.37	0.40	0.38	0.41
2.25	0.36	0.39	0.41	0.40	0.42
2.5	0.37	0.40	0.42	0.41	0.43
3	0.38	0.41	0.43	0.42	0.45
3.5	0.39	0.42	0.44	0.43	0.46
4	0.40	0.43	0.45	0.44	0.47
5	0.42	0.45	0.46	0.47	0.48

表 2-16　灯具平行光强与零度光强之比

θ(°)	0	10	20	30	40	50	60	70	80	90
I_θ/I_0	1	0.966	0.878	0.739	0.546	0.375	0.201	0.117	0.046	0.002

将表中数据绘成曲线，如图 2-9 中虚线所示，因此可近似地认为所用灯具的配光属于 C 类。

(2)求 θ 及 I_θ

$$\theta = \tan^{-1}\frac{d}{h} = \tan^{-1}\frac{1.35}{2.7} = 26.6° \qquad \text{(图 2-7)}$$

$$I_\theta = 189 \text{ cd}$$

(3)求β及f_{xh}

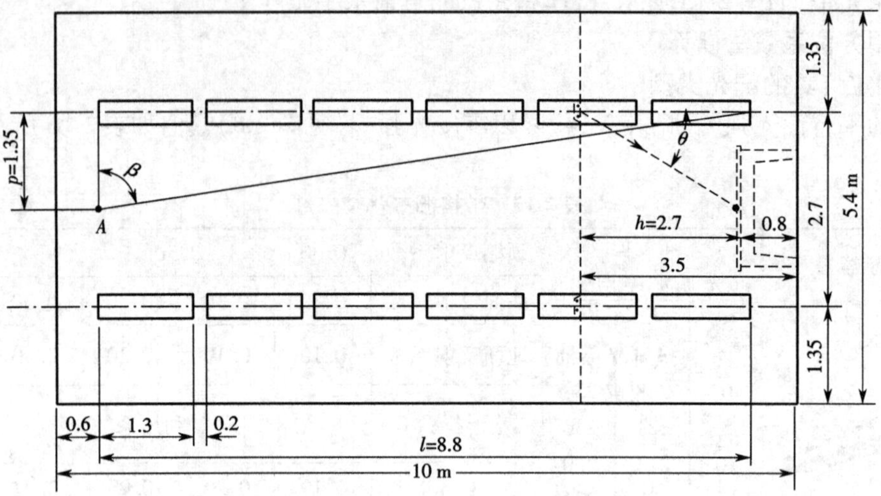

图 2-15 例 2-5 用图

把光带当作连续光源时有

$$\beta = \tan^{-1}\frac{1}{\sqrt{h^2 + d^2}} = \tan^{-1}\frac{8.8}{\sqrt{2.7^2 + 1.35^2}} = 71.2°$$

查表 2-13,当$\beta = 71.2°$时,$f_{xh} = 0.664$。

(4)求Z

这两列灯具虽是不连续的,但其灯间距离为 0.2 m,小于$h/(4\cos\theta) = 2.7/(4 \times 0.894) = 0.755$ m,故可看作是连续光源,计算照度时乘以Z予以折算。

$$Z = \frac{1.3 \times 6}{8.8} = 0.866$$

(5)求一条光带在A点产生的照度

$$E_h = \frac{ZI_\theta K}{1\,000h}\left(\frac{F}{l}\right)\cos^2\theta f_{xh} = \frac{0.866 \times 189 \times 0.8}{1\,000 \times 2.7}\left(\frac{3 \times 2\,200}{1.3}\right) \times 0.894^2 \times 0.664 = 130.7 \text{ lx}$$

(6)求A点的总照度

$$E_A = 2 \times 130.7 = 261.4 \text{ lx}$$

考虑到墙壁等反射光的作用,视其反射条件,A点的照度将提高 10% ~20%。

2.5 眩光计算

眩光是由于视野中的亮度分布或亮度范围不适宜,或存在极端的对比,以致引起不舒适感觉或降低观察细部或目标能力的视觉现象。根据效应分类,眩光可分为失能眩光和不舒适眩光两种,前者是由于光源的位置靠近视线,使视网膜像的边缘出现模糊,从而妨碍了对附近物体的观察,同时侧向抑制还会使对于这些物体的可见度变得更差。现在人们对失能眩光已有充分了解,Stiles-Holladay 公式可以说明它的物理意义,并且在有关的标准、规范中使用域值增量(TI)来控制。

2.5.1　不舒适眩光的评价

不舒适眩光仅有不舒适感觉，短时间内对可见度并无影响，但会造成分散注意力的效果。不舒适眩光值不能直接测量，并且对它的产生还是不能彻底知其所以然。建立一套（从小光源到发光顶棚）完整的眩光评价体系，解决室内照明的眩光问题。根据《建筑照明设计标准》GB 50034—2013 对统一眩光值（*UGR*）的计算与应用进行介绍。

UGR 的基本公式为

$$UGR = 8\lg\left(\frac{0.25}{L_b}\sum\frac{L_s^2\omega}{P^2}\right) \tag{2-15}$$

式中　L_s——眩光源亮度，cd/m²；

ω——眩光源的立体角，sr；

L_b——背景亮度，cd/m²；

P——位置系数。

UGR 有一个附加的好处就是因为 ω 和 L_b 采用相同的幂次，在一个给定的设施内，眩光与灯具数量无关。

1. 小光源的眩光

小光源的定义为投影面积 $A_P < 0.005\ \text{m}^2$，这相当于在室内距离下一个直径为 80 mm 的圆片。实际上任何裸露的白炽灯泡（透明的和乳白的）均为小光源，而半透明的灯具和漫反射器则为一般光源而非小光源。研究表明，当小光源位于偏离视线 5°时所产生的眩光可用其光强（I）来确定，即 $L = 200I\ \text{cd/m}^2$。因此，小光源的统一眩光评价（*UGR*）公式为

$$UGR = 8\lg\left(\frac{0.25}{L_b}\sum\frac{200I^2}{r^2P^2}\right) \tag{2-16}$$

式中　I——光源在眼睛方向的光强，cd；

r——光源离眼睛的距离，m；

L_b——背景亮度，cd/m²；

P——位置系数。

2. 大光源的眩光

所谓的大光源专指发光顶棚和均匀的间接照明。CIE TC3.01 提出，一个漫射发光顶棚或均匀的间接照明，在某一要求的 *UGR* 值下提供的照度，不能超过下列值：

当 *UGR* = 13 时，不能超过 300 lx；

当 *UGR* = 16 时，不能超过 600 lx；

当 *UGR* = 19 时，不能超过 1 000 lx；

当 *UGR* = 22 时，不能超过 1 600 lx。

如果需要较高的照度但较低的 *UGR* 时，可以用很好地遮蔽的局部照明，亦可适当控制亮度的发光顶棚（如格栅顶棚）来解决。

3. 一般光源的眩光

小光源和大光源是两个极端，但绝大多数灯具是介于这两者之间的一般光源。对于这类光源的眩光评价不能直接应用 *UGR* 公式，故需要加以修改，使它能在要求的精度内，并且两头都与该种光源的评价方法得出的结果一致。将修改后的眩光评价法称之为 *GGR*，即“大光源

评价法”,其公式为

$$GGR = 8\lg\left[1 - 8\left(1 + \frac{E_d}{250}\right)/(E_i + E_d)\sum\left(\frac{L^2}{P^2}\right)\right] \tag{2-17}$$

式中 E_d——眼睛处由该光源产生的直射照度,lx;

E_i——眼睛处的间接照度,为 $\rho_i \times L_b$;

L——光源的亮度,cd/m^2;

ω——光源的大小,sr;

P——位置系数;

ρ_i——室内表面的平均反射比;

L_b——背景亮度,cd/m^2。

4. 不均匀的间接照明的眩光

近年来各种上射照明灯具发展很快,上射照明的顶棚亮度是不均匀的,很难用迄今为止的所有不舒适眩光评价方法来评价,CIE TC3. 01 提出用下列公式作为不均匀间接照明的极限照度

$$E_{av} = 1\,500 - \left(2.1 - \frac{1.5}{RI} - 1.4R_w\right)L_s \tag{2-18}$$

式中 RI——室型指数;

R_w——墙面反射比;

L_s——光源的亮度,cd/m^2;

E_{av}——平均照度,lx。

上述公式适用于要求 $UGR = 19$ 的情况,对于其他 UGR 值,E_{av}需要乘以下列系数:$UGR =$ 13 时,乘以 0. 3;$UGR = 16$ 时,乘以 0. 6;$UGR = 22$ 时,乘以 1. 6。

5. 复杂光源的眩光

包括大量使用的带格栅的低亮度镜面灯和蝙蝠翼配光的灯具,可将此类灯具分为两种。

第一种是漫射光源。其亮度虽然随着方向而改变,但在整个面上其亮度可近似地作为在所看到的投影面积上是均匀不变的。统一眩光评价基本公式中的主要一项 $L^2\omega$ 可写成

$$L^2\omega = \frac{LI}{R^2} \tag{2-19}$$

对于此类灯具

$$L = \frac{I}{A_0\cos\gamma}$$

故

$$L^2\omega = \frac{I^2}{R^2A_0\cos\gamma} \tag{2-20}$$

式中 R——光源至眼睛的距离,m;

I——光源在眼睛方向的光强,cd;

γ——从铅垂线至眼睛方向的角度;

A_0——光源发光面在铅垂线方向的投影面积,m^2。

第二种是镜面光源。使用镜面反射器和镜面格栅时,其亮度在实际投影面上有相当变化,对此类灯具我们需要确定其有效亮度 L,比较合理的定义可以建立在假设最大光强(I_{max})的 γ_{max}方向上全部闪亮。

$$L=\frac{I_{max}}{A_0\cos\gamma_{max}} \tag{2-21}$$

将式(2-21)代入式(2-19)得

$$L^2\omega=\frac{I\cdot I_{max}}{R^2A_0\cos\gamma} \tag{2-22}$$

上述各式中,γ_{max}为从铅垂线至最大光强的角度,(°);I_{max}为光源的最大光强,cd;L为光源的亮度,cd/m²;ω为光源的立体角,sr。其他符号的意义同式(2-20)。

对于许多灯具来说,$\gamma_{max}=0$以及$I_{max}=I_o$,对于蝙蝠翼配光灯具,γ_{max}在15°~45°之间。对于一个平面光源来讲,镜面光源常常比漫射光源更易产生眩光,它们的UGR差为

$$\Delta UGR=8\lg[I_{max}\cos\gamma/(I\cos\gamma_{max})] \tag{2-23}$$

假如有一只低亮度的蝙蝠翼配光灯具,其$A_0=0.4\ \mathrm{m}^2$,$\gamma_{max}=30°$处$I_{max}=3\ 600$ cd;$\gamma=30°$处$I=1\ 200$ cd。如果$H=1.8$ m,$R=2.8$ m,$P=5.3$ m,$L_b=30$ cd/m²,则按漫射类计算,其$UGR=18.6$;按镜面类计算,其$UGR=21.4$。

以后者较为现实。半镜面反射器的计算结果,将介于上述二者之间,取其平均值为佳。

2.5.2　统一眩光值(*UGR*)的应用条件

1. *UGR*适用于简单的立方体形房间的一般照明装置设计,不适用于采用间接照明和发光天棚的房间;

2. 适用于灯具发光部分对眼睛所形成的立体角为0.1 sr>w>0.000 3 sr的情况;

3. 同一类灯具为均匀等间距布置;

4. 灯具为双对称配光;

5. 坐姿观测者眼睛的高度通常取1.2 m,站姿观测者眼睛的高度通常取1.5 m;

6. 观测位置一般在纵向和横向两面墙的中点,视线水平朝前观测;

7. 房间表面为大约高出地面0.75 m的工作面、灯具安装表面以及此两个表面之间的墙面。

思　考　题

1. 什么是室形指数、室空间比?

2. 什么是利用系数?

3. 照度计算的方法如何选定?

4. 平均照度如何计算?

5. 有一教室长6 m,宽6.6 m,灯至工作面高为2.3 m,若采用带反射罩荧光灯照明,每盏灯40 W,规定照度为150 lx,需要安装多少盏荧光灯?若采用YG1－1型40 W荧光灯,光源的光通量为2 200 lm,室内空间及各表面的反射比如图2-16所示,需要安装多少盏荧光灯?

6. 什么是逐点计算法,在什么情况下使用合适?

7. 单位容量法与光源电功率的选择应注意什么?

8. 利用方位系数法求室内平均照度应如何进行?

9. 什么是“统一眩光评价系统(*UGR*)”,它是如何评价不舒适眩光的?

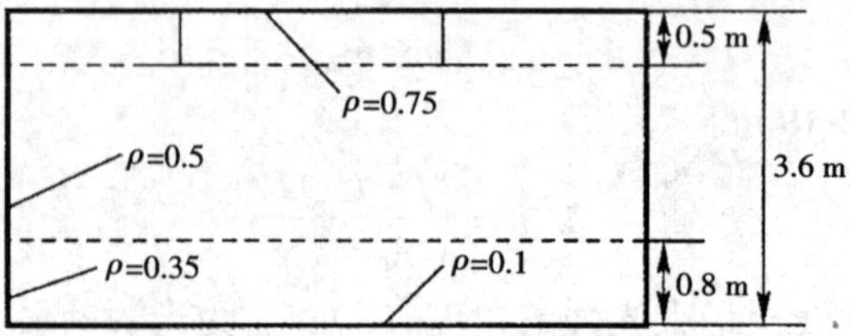

图 2-16 室内空间及各表面的反射比

10. 建筑照明照度标准值可分为多少级?
11. 作业面或参考面的照度符合什么条件时,可按照度标准分级按降低一级处理?
12. 作业面或参考面的照度符合什么条件时,可按照度标准分级按提高一级处理?
13. 设计照度值与标准照度值的偏差如何处理?
14. 试说明维护系数的功用。

第3章　室内照明设计

3.1　室内照明设计概述

建筑环境分室内和室外两部分。建筑物内部空间环境一般仅指建筑物本身，灯光的作用侧重于使用功能，配合内部空间处理、室内陈设、室内装修，利用灯具造型及其光色的协调，使室内环境具有某种气氛和意境，增加建筑艺术的美感。

3.1.1　室内光照设计的要求与步骤

照明光照设计包括照度的选择，光源选用，灯具选择和布置、照明控制策略与方式的确定、照明计算等诸方面。

照明光照设计步骤如下。

(1)收集原始资料。包括工作场所的设备布置、工作流程、环境条件及对光环境的要求；已设计完成的建筑平剖面图、土建结构图，已进行室内设计的工程应提供室内设计图。

(2)确定照明方式和种类，并选择合理的照度。

(3)确定合适的光源。

(4)选择灯具的形式，并确定型号。

(5)合理布置灯具。

(6)进行照度计算，并确定光源的安装功率。

(7)根据需要计算室内各面亮度和眩光评价。

(8)确定照明控制的策略与方式。

3.1.2　室内照明方式和种类

1.照明方式

照明方式是指照明设备按其安装部位或使用功能而构成的基本制式。按照国家制定的设计标准区分，有工业企业照明和民用建筑照明。按照照明设备安装部位区分，有建筑物外照明和建筑物内照明。

建筑物外照明，可根据实际使用功能分为建筑物泛光照明、道路照明、区街照明、公园和广场照明，溶洞照明，水景照明等，每种照明方式都有其特殊的要求。

建筑物内照明，按使用功能分有一般照明、分区一般照明、局部照明和混合照明。

(1)一般照明　不考虑特殊部位的需要，为照亮整个场地而设置的照明方式称为一般照明。它可使整个场地都能获得均匀的照度，优点是在工作面和整个视野范围中具有较佳的亮度对比。一般照明适用于对光照方向无特殊要求或不适合安装局部照明和混合照明的场所，如仓库、办公室、营业大厅等。

(2)分区一般照明　根据需要，提高特定区域(如进行工作的地点)照度的一般照明方式称为分区一般照明。对照度要求比较高的工作区域，如工厂车间的组装线、检验场地等，灯具可以集中均匀布置，提高其照度值，其他区域仍采用一般照明的布置方式，这样做可有效地节约能源。

(3)局部照明　为满足某些部位的特殊需要而设置的照明方式。局部照明只能照射有限面积，对于局部地点需要高照度并对照射方向有要求时，可装设局部照明。对于因一般照明受到遮挡或需要克服工作区及其附近的光幕反射时，也宜采用局部照明。在需要局部照明的场所，应采用混合照明方式，不应只装配局部照明而无一般照明，因为这样会导致亮度分布不均匀而影响视觉。

(4)混合照明　由一般照明、分区一般照明与局部照明组成的照明方式。对于工作位置视觉要求较高，同时对照射方向又有特殊要求的场所，而一般照明不能满足要求时，往往采用混合照明方式，这样有利于提高照度和节约电能。

不同的照明方式各有优劣，在照明设计中应该根据具体的设计场所和对象，选择一种或几种合适的照明方式，可按下列要求确定照明方式：

(1)工作场所通常应设置一般照明；

(2)同一场所内的不同区域有不同照度要求时，应采用分区一般照明；

(3)对于部分作业面照度要求较高，只采用一般照明不合理的场所，宜采用混合照明；

(4)在一个工作场所内不应只采用局部照明。

2. 照明种类

(1)按光线投射方向的不同分类

①直接照明　将灯具发射的90% ~100% 的光通量直接投射到工作面上的照明。常用于对光照无特殊要求的整体环境照明，裸露装设的白炽灯、荧光灯均属此类。

②半直接照明　将灯具发射的60% ~90% 的光通量直接投射到工作面上的照明。

③均匀漫射照明　将灯具发射的40% ~60% 的光通量直接投射到工作面上的照明。

④半间接照明　将灯具发射的10% ~40% 的光通量直接投射到工作面上的照明。

⑤间接照明　将灯具发射的10% 以下的部分光通量直接投射到工作面上的照明。

(2)按照明用途的不同分类

①正常照明　正常情况下使用的室内外照明。例如工作场所均应设置正常照明。

②应急照明　在正常照明电源因故障失效的情况下，供人员疏散、保障安全或继续工作用的照明。应急照明必须采用能快速点亮的可靠光源，可细分为：

a. 疏散照明　正常照明因故障熄灭后，以确保有效地辨认和应用安全出口通道，使人们安全撤离建筑物；

b. 安全照明　正常照明因故障熄灭后，为确保处于潜在危险之中的人员安全而提供的照明；

c. 备用照明　正常照明因故障熄灭后，用以确保正常工作或活动继续进行。

暂时继续工作用的备用照明，照度不低于一般照明的10%；安全照明的照度不低于一般照明的5%；保证人员疏散用的照明，主要通道上的照度不应低于0.5 lx。

③值班照明　非工作时间内供值班人员使用的照明。值班照明可利用正常照明中能单独控制的一部分，设置专用控制开关。在仓库或非营业时间的大型商场、银行等大面积场所宜设置值班照明。

④警卫照明　根据警卫任务需要而设置的照明。

⑤障碍照明　为保障航空飞行安全,装设在障碍物上或障碍物附近,作为障碍标志用的照明。如高层建筑物的障碍标志灯、道路局部施工、管道人井施工、航标灯等。

3.2　室内照明灯具的布置

3.2.1　灯具布置原则

灯具的布置即确定灯具在房间内的空间位置,它与光的投射方向、工作面的照度、照度的均匀性、眩光的限制以及阴影等都有直接的关系。灯具的布置应配合建筑、结构形式、工艺设备、其他管道布置情况以及满足安全维修等要求。

正确地选择布灯方式应着重考虑以下几方面:

(1)灯具布置必须符合照度要求,充分考虑被照面照度分布是否均匀,有无挡光阴影及引起眩光的程度;

(2)灯具布置整齐美观,与建筑空间协调;

(3)灯具安装应符合电气技术规范和电气安全的要求,并且便于安装、检修与维护。

3.2.2　灯具布置方案

1. 均匀布置

均匀布置是指灯具之间按照一定规律进行布置的方式,在采用一般照明或分区一般照明方式的场所,大多选择这种布灯方式。均匀布灯的特点是将同一型号的灯具均匀布置成单一的几何图形,如直线形、矩形、菱形等。均匀布置与工作面的位置无关,若灯具间距选择合理,整个工作面都会获得比较均匀的照度。

应特别注意,在工程实践中,灯具的布置常常会受到建筑装修与结构形式的制约,甚至受到其他设备布置的影响,在照明设计时应考虑这些因素。

2. 选择布置

选择布置是一种满足局部照明要求的灯具布置方案。比如在高大的厂房内,为节能并提高垂直照度可采用顶灯与壁灯相结合的布灯方式。选择布置的特点是灯具的布置与工作面的位置有关,力求使工作面能获得最有利的光照方向,突出某一部位、加强某个局部的照度、创造出某种装饰气氛。

3. 装饰性布灯

现代照明的目的不仅是为提供一定照度水平,许多场合还用光作装饰,以使环境更加优美,并营造出丰富多彩的光环境,使场景气氛更加诱人。常见的装饰性布灯有梅花形布灯、渐开形布灯、组合布灯,或将天棚和灯具结合在一起,构成天棚式照明。

3.2.3　灯具的安装高度与间距

1. 灯具的安装高度

在工程中,首先应根据建筑物的层高和有无吊顶(吊顶高度)来确定灯具的安装方式,然后再确定灯具的安装高度。在设计时要避免眩光的影响,保证人们活动的空间、防止碰撞产生,避免发生触电,保证用电安全等。

在工程应用中,一般应根据光源的功率、灯具的保护角和建筑空间高度等因素来确定灯具的安装高度。通常,光源的功率越大、灯具的保护角越小,灯具的悬挂高度应越高。对于室内照明而言,通常最低安装高度为2.4 m。

2. 灯具的计算高度 *H*

可以用灯具的安装高度来确定灯具的计算高度 H,即

$$H = \text{灯具的安装高度} - \text{工作面高度}$$

3. 灯具之间的距离 *S*

灯具布置的合理性主要取决于灯具的间距 S 和计算高度 H 的比值,称为距高比。在灯具计算高度 H 确定的情况下,S/H 小,照度均匀性好,但经济性差;S/H 大,则不能保证照度的均匀性。为了设计方便常常给出灯具的最大允许距高比值 S/H。

最大允许距高比利用照明器直射光计算得出。对于漫射配光灯具,要考虑房间内的光反射作用,所以应将距高比提高1.1~1.2倍;对非对称灯具,如荧光灯具、混光灯具等应给出两个方向的 S/H 值。为保证照度的均匀性,布灯的距高比必须要小于最大允许距高比。

根据研究,各种灯距最有利的距高比如表3-1。在已知灯具至工作面的高度 H,并根据表中的 S/H 值,就可以确定灯具的间距 S。图3-1给出了点光源灯具的几种布置和 S 的计算。

表3-1 灯具最有利的距高比 *S/H*

灯具形式	相对距离 S/H		宜采用单行布置的房间高度
	多行布置	单行布置	
乳白玻璃圆球灯、散照型防水、防尘灯、天棚灯	2.3~3.2	1.9~2.5	1.3H
无漫透射罩的配照型灯	1.8~2.5	1.8~2.0	1.2 H
搪瓷深照型灯	1.6~1.8	1.5~1.8	1.0 H
镜面深照型灯	1.2~1.4	1.2~1.4	0.75 H
有反射照的荧光灯	1.4~1.5	—	—
有反射照的荧光灯,带栅格	1.2~1.4	—	—

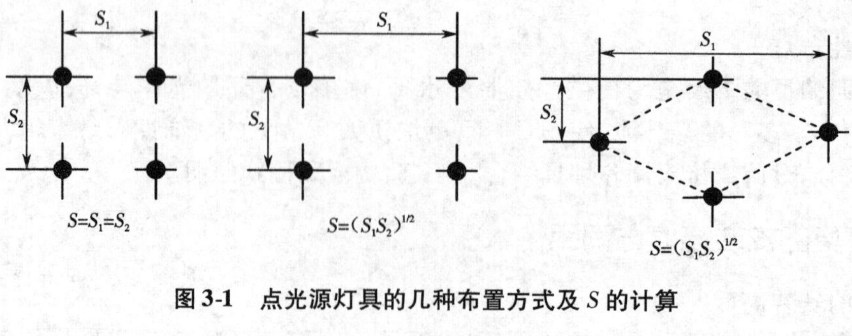

图3-1 点光源灯具的几种布置方式及 *S* 的计算

点光源灯具与墙的间距取灯间距离的1/2倍,如图3-2所示。如果靠墙区域有工作桌或

设备，灯距墙也可取 1/3 ~ 1/4 的灯间距。

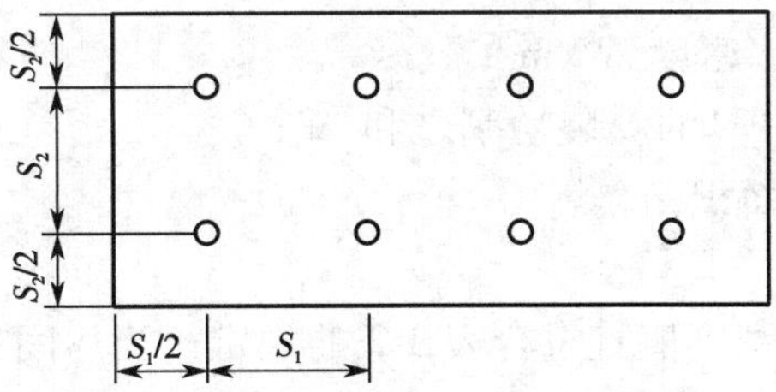

图 3-2　点光源布灯

布置线状光源时，希望光带与窗子平行，光线从侧面投向工作桌，灯管的长度方向与工作桌长度方向垂直，这样可以减弱光幕反射引起的视觉功能下降。靠墙光带与墙之间的距离一般取 $S/2$，如图 3-3 所示。若靠墙有工作台可取 $S/3$ ~ $S/4$，则光带端部与墙的距离不大于 500 mm。

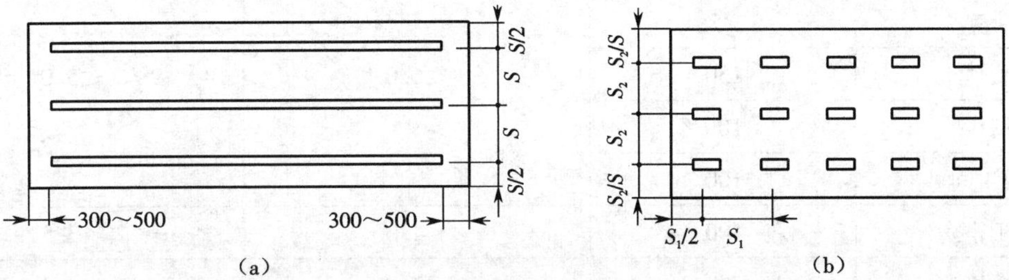

图 3-3　线状光源布灯法

(a) 光带布灯方式；(b) 间隔布灯方式

线状布灯方式下，房间内光带最少排数：

$$N = \frac{\text{房间宽度}}{\text{最大允许间距}}$$

线光源纵向灯具的个数：

$$N_1 = \frac{\text{房间长度} - 1}{\text{光源长度}}$$

式中房间长度和光源长度的单位是 m。

3.3　照明节能计算

当前国际上照明节能所遵循的原则是必须在保证有足够的照明数量和质量的前提下，尽可能地节约照明用电。我国现行照明标准采用照明功率密度（*LPD*）作为建筑照明节能评价指标。

3.3.1　照明功率密度（LPD）

照明功率密度 Lighting Power Density（LPD）是指在一个满足现行照度标准的照明场所，照明灯具总的安装功率（含启动装置功率消耗）与该场所的面积之比，其计算公式为

$$LPD = \frac{\sum P}{A} \tag{3-1}$$

式中 LPD——该场所的功率密度，W/m^2；

$\sum P$——该场所不同灯具的安装功率之和，W；

A ——该场所的总的面积，m^2。

1. 住宅建筑的功率密度

住宅建筑每户照明功率密度值宜符合表3-2的规定。当房间或场所的照度值高于或低于本表规定的对应照度值时，其照明功率密度值应按比例提高或折减。

表3-2 住宅建筑每户照明功率密度限值

房间或场所	照度标准值/lx	照明功率密度限值/(W/m^2)	
		现行值	目标值
起居室	100	≤6.0	≤5.0
卧室	75		
餐厅	150		
厨房	100		
卫生间	100		
职工宿舍	100	≤4.0	≤3.5
车库	30	≤2.0	≤1.8

2. 办公建筑和其他类型建筑中具有办公用途场所的照明功率密度

办公建筑和其他类型建筑中具有办公用途场所的照明功率密度限值应符合表3-3的规定。

表3-3 办公建筑和其他类型建筑中具有办公用途场所的照明功率密度限值

房间或场所	照度标准值/lx	照明功率密度限值/(W/m^2)	
		现行值	目标值
普通办公室	300	≤9.0	≤8.0
高档办公室、设计室	500	≤15.0	≤13.5
会议室	300	≤9.0	≤8.0
服务大厅	500	≤11.0	≤10.0

3. 商店建筑的功率密度

商店建筑照明功率密度限值应符合表3-4的规定。当商店营业厅、高档商店营业厅、专卖店营业厅需装设重点照明时，该营业厅的照明功率密度限值应增加5 W/m^2。

表 3-4　商店建筑照明功率密度限值

房间或场所	照度标准值/lx	照明功率密度限值/(W/m^2)	
		现行值	目标值
一般商店营业厅	300	≤10.0	≤9.0
高档商店营业厅	500	≤16.0	≤14.5
一般超市营业厅	300	≤11.0	≤10.0
高档超市营业厅	500	≤17.0	≤15.5
专卖店营业厅	300	≤11.0	≤10.0
仓储超市	300	≤11.0	≤10.0

4. 旅馆建筑的功率密度

旅馆建筑照明功率密度限值应符合表 3-5 的规定。

表 3-5　旅馆建筑照明功率密度限值

房间或场所	照度标准值/lx	照明功率密度限值/(W/m^2)	
		现行值	目标值
客房	—	≤7.0	≤6.0
中餐厅	200	≤9.0	≤8.0
西餐厅	150	≤6.5	≤5.5
多功能厅	300	≤13.5	≤12.0
客房层走廊	50	≤4.0	≤3.5
大堂	200	≤9.0	≤8.0
会议室	300	≤9.0	≤8.0

5. 医疗建筑的功率密度

医疗建筑照明功率密度限值应符合表 3-6 的规定。当房间或场所的照度值高于或低于本表规定的对应照度值时，其照明功率密度值应按比例提高或折减。

表 3-6　医疗建筑照明功率密度限值

房间或场所	照度标准值/lx	照明功率密度限值/(W/m^2)	
		现行值	目标值
诊疗室、诊室	300	≤9.0	≤8.0
化验室	500	≤15.0	≤13.5
候诊室、挂号厅	200	≤6.5	≤5.5

表 3-6(续)

房间或场所	照度标准值/lx	照明功率密度限值/(W/m²)	
		现行值	目标值
病房	100	≤5.0	≤4.5
护士站	300	≤9.0	≤8.0
药房	500	≤15.0	≤13.5
走廊	100	≤4.5	≤4.0

6. 教育建筑的功率密度

教育建筑照明功率密度限值应符合表 3-7 的规定。当房间或场所的照度值高于或低于本表规定的对应照度值时,其照明功率密度值应按比例提高或折减。

表 3-7 教育建筑照明功率密度限值

房间或场所	照度标准值/lx	照明功率密度限值/(W/m²)	
		现行值	目标值
教室、阅览室	300	≤9.0	≤8.0
实验室	300	≤9.0	≤8.0
美术教室	500	≤15.0	≤13.5
多媒体教室	300	≤9.0	≤8.0
计算机教室、电子阅览室	500	≤15.0	≤13.5
学生宿舍	150	≤5.0	≤4.5

7. 工业建筑非爆炸危险场所照明功率密度

工业建筑非爆炸危险场所照明功率密度限值应符合表 3-8 的规定。当房间或场所的照度值高于或低于本表规定的对应照度值时,其照明功率密度值应按比例提高或折减。

表 3-8 工业建筑非爆炸危险场所照明功率密度限值

房间或场所		照度标准值/lx	照明功率密度限值/(W/m²)	
			现行值	目标值
1. 机、电工业				
机械加工	粗加工	200	≤7.5	≤6.5
	一般加工公差≥0.1 mm	300	≤11.0	≤10.0
	精密加工公差<0.1 mm	500	≤17.0	≤15.0

表3-8(续)

房间或场所		照度标准值/lx	照明功率密度限值/(W/m^2)	
			现行值	目标值
机电、仪表装配	大件	200	≤7.5	≤6.5
	一般件	300	≤11.0	≤10.0
	精密	500	≤17.0	≤15.0
	特精密	750	≤24.0	≤22.0
电线、电缆制造		300	≤11.0	≤10.0
线圈绕制	大线圈	300	≤11.0	≤10.0
	中等线圈	500	≤17.0	≤15.0
	精细线圈	750	≤24.0	≤22.0
线圈浇注		300	≤11.0	≤10.0
焊接	一般	200	≤7.5	≤6.5
	精密	300	≤11.0	≤10.0
钣金		300	≤11.0	≤10.0
冲压、剪切		300	≤11.0	≤10.0
热处理		200	≤7.5	≤6.5
铸造	熔化、浇铸	200	≤9.0	≤8.0
	造型	300	≤13.0	≤12.0
精密铸造的制模、脱壳		500	≤17.0	≤15.0
锻工		200	≤8.0	≤7.0
电镀		300	≤13.0	≤12.0
酸洗、腐蚀、清洗		300	≤15.0	≤14.0
抛光	一般装饰性	300	≤12.0	≤11.0
	精细	500	≤18.0	≤16.0
复合材料加工、铺叠、装饰		500	≤17.0	≤15.0
机电修理	一般	200	≤7.5	≤6.5
	精密	300	≤11.0	≤10.0
2. 电子工业				
整机类	整机类	300	≤11.0	≤10.0
	装配厂房	300	≤11.0	≤10.0

表 3-8(续)

房间或场所		照度标准值/lx	照明功率密度限值/(W/m^2)	
			现行值	目标值
元器件类	微电子产品及集成电路	500	≤18.0	≤16.0
	显示器件	500	≤18.0	≤16.0
	印制线路板	500	≤18.0	≤16.0
	光伏组件	300	≤11.0	≤10.0
	电真空器件、机电组件等	500	≤18.0	≤16.0
电子材料类	半导体材料	300	≤11.0	≤10.0
	光纤、光缆	300	≤11.0	≤10.0
酸碱药业及粉配制		300	≤13.0	≤12.0

8. 设装饰性灯具场所

有些场所为了加强装饰效果,安装了枝形花灯、壁灯、艺术吊灯等装饰性灯具,这类场所可以增加照明安装功率。增加的数值按实际采用的装饰性灯具总功率的50%计算*LPD*值,这是由于装饰性灯具的利用系数较低,所以假定它有一半左右的光通量起到提高作业面照度的效果。

3.3.2 照明节能设计的方法

1. 照明节能设计的程序

(1)逐个房间或场所按使用条件确定照度标准值,初选光源、灯具、镇流器的类型、规格,确定灯具布置方案。

(2)通过照度计算,求出符合规定的照度标准值时该房间或场所需要的灯具数量。注意照度偏差不能超过照度标准值的±10%。

(3)计算每个房间或场所的*LPD*值,并与规定的现行*LPD*值进行比较。若计算的*LPD*值不超过规定的*LPD*值,则设计方案符合要求;若计算的*LPD*值超过规定的*LPD*值,则应调整设计方案直至符合要求为止。

2. 降低*LPD*值的措施

若假设每个灯具的光源总光效(含镇流器功耗)为η_s,每个灯具的光源总光通量为Φ,则根据光源光效的含义可将η_s表示为

$$\eta_s = \frac{\Phi}{P} \tag{3-2}$$

将式(3-2)和式(2-1)代入式(3-1),经变换得出

$$LPD = \frac{E_{\mathrm{av}}}{\eta_s UK} \tag{3-3}$$

由式(3-3)可以看出,要降低*LPD*值应采取以下措施:

(1)提高光源的光效η_s,包括降低镇流器的功耗。推广使用高光效光源,由于荧光灯光效

较高、寿命长、节约电能,推荐用紧凑型荧光灯取代白炽灯,使用细管径 T8 荧光灯和各种形状的紧凑型荧光灯;钠灯的光效可达 120 lm/W 及以上,寿命达 12 000 h;而金属卤化物灯光效可达 90 lm/W 及以上,寿命达 10 000 h,因此可以用高压钠灯和金属卤化物灯取代荧光高压汞灯。

(2)提高灯具的利用系数 U。选用效率高的灯具,以及和房间室形相适应的灯具配光,并注意合理提高房间顶棚、墙面的反射比。在设计过程中,若发现灯具的利用系数太低,可通过调换不同配光的灯具来提高其利用系数。

(3)合理确定照度标准值 E_{av}。选用合理的照明方式,照度要求高的场所采用混合照明方式,适当采用分区一般照明。

3. 照明功率密度的计算实例

例 3-1 某高档办公室长 12 m,宽 6 m,灯具安装高度 2.80 m,工作面高度 0.75 m。假定墙面反射系数 =0.5,顶棚反射系数 $\rho_c c=0.7$,地面反射系数 0.2,选用双管格栅灯具,光源为 T8 三基色荧光灯 36 W,$R_a>80$,色温 4 000 K,光通量 3 250 lm,选用电子镇流器(4 W)。试进行照明节能计算。

解 (1)查表 3-7,可知高档办公室要求照度标准值 500 lx,照明功率密度现行值是小于 15 W/m²。根据题意知,$h=2.8-0.75=2.05$ m,采用光通利用系数法计算。

①确定室形系数

室空间比 $$RCR=\frac{5h(a+b)}{ab}=\frac{5\times 2.05\times(12+6)}{12\times 6}\approx 2.56$$

室形系数 $$RI=\frac{5}{RCR}\approx 1.95$$

查附录 2 中的表 1,由室形系数及房间表面反射比,利用插值法求得利用系数 $U=0.694$。

②查表 2-1,得维护系数 $K=0.8$,则 $\sum \Phi=\frac{E_{\mathrm{av}}A}{UK}=\frac{500\times 12\times 6}{0.694\times 0.8}=64\ 841$ lm,$\Phi=2\times 3\ 250=6\ 500$ lm,故房间内的灯具数 $N=\frac{\sum \Phi}{\Phi}=\frac{64\ 841}{6\ 500}\approx 9.98$ 套。

可按 10 套布置,验算平均照度为 $E_{\mathrm{av}}=\frac{N\Phi UK}{A}=\frac{10\times 6\ 500\times 0.694\times 0.8}{12\times 6}=501.2$ lx,稍大于平均照度推荐值,可以满足使用要求。

计算照明功率密度 $$LPD=\frac{\sum P}{A}=\frac{(36+4)\times 2\times 10}{12\times 6}=11.1\ \mathrm{W/m^2}<15\ \mathrm{W/m^2}$$

故选用 T8 型 10 套双管格栅灯具是合理的。

3.4 照明控制

3.4.1 照明控制的原则与作用

1. 基本原则

照明控制的基本原则是安全、可靠、灵活、经济。安全性是要保障人员与设备的安全;可靠性要求控制系统本身可靠,不能失控,控制系统要尽量简单以满足可靠性的要求;建筑空间布局经常变化,照明控制应具有一定的灵活性以适应和满足这种变化;照明控制方案的确定还应考虑照明系统在投资与运行过程中的经济性。

2. 照明控制的作用

(1)照明控制是实现节能的重要手段,通过合理的照明控制和管理可产生显著的节能效果。

(2)合理的照明控制可以减少开灯时间,从而延长光源寿命。

(3)照明控制可以根据不同的照明需求,改善工作环境,提高照明质量。

(4)照明控制可以实现多种照明效果。

3.4.2　照明控制的发展

照明控制是照明系统的组成部分之一,也是照明设计的主要内容之一。

照明控制的发展经历了手动控制、自动控制和智能化控制三个阶段。

1. 手动控制

室内照明灯具一般用跷板开关设置于门口,是一种常见的手动控制方式。对于面积较大的房间,当灯具较多时,采用双联、三联、四联开关或多个开关,其接线原理如图 3-4 所示。

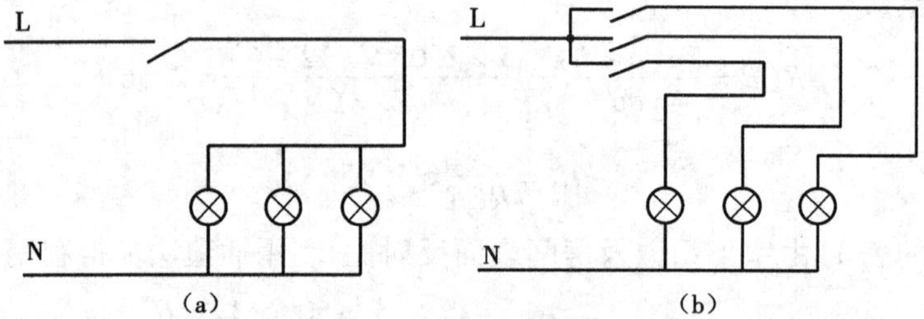

图 3-4　跷板开关控制

(a)单联单控开关控制;(b)三联三控开关控制

对于楼道和楼梯照明,多采用双控方式(有的长楼道采用三地控制),在楼道和楼梯入口安装双控跷板开关,其特点是在任意入口处都可以开关照明装置,其原理接线如图 3-5 所示。

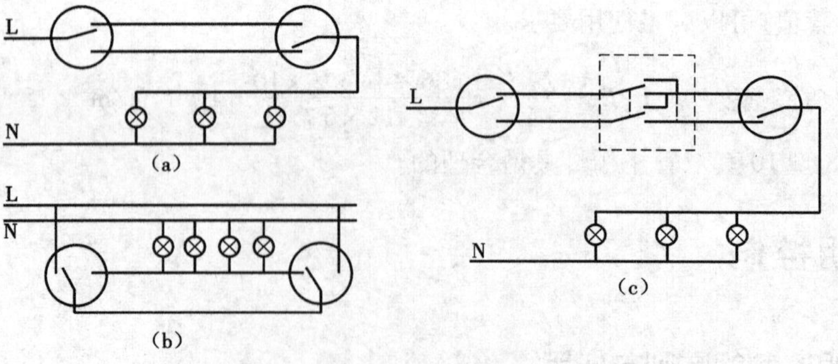

图 3-5　跷板开关双控或三地控制

(a)两地控制;(b)有穿越相线的两地控制;(c)三地控制

2. 自动控制

伴随着电器技术的发展，照明控制进入了自动控制阶段，它的特征是以光、电、声等技术来控制灯具。自动控制方式的缺点是与人的互动较少，局限于单组灯具的控制，难以完成网络化的监控任务。

住宅楼、公寓楼梯间多采用延时开关和声光控开关控制。对于住宅、公寓楼梯照明开关，采用红外移动探测加光控电路较为理想，即当有人走近该电路时，由于人体对红外光的反射，控制电路启动，照明灯点亮，为行人照明。

3. 智能化控制

随着计算机技术、通信技术、自动控制技术、总线技术、信号检测技术和微电子技术的迅速发展和相互渗透，照明控制技术有了很大的发展，照明进入了智能化控制的时代。实现照明控制系统智能化的主要目的有两个：一是可以提高照明系统的控制和管理水平，减少照明系统的维护成本；二是可以节约能源，减少照明系统的运营成本。

智能化照明控制系统以计算机和网络技术为核心，利用微处理器技术和存储技术，将来自传感器的关于建筑物照明状况的信息进行处理后，通过一定的程序指令控制照明电路中的设备、调用不同的程序、执行不同的功能，就可以达到不同的照明水平，营造出不同的氛围和环境。

智能化照明控制系统是全数字、模块化、分布式的控制系统。整个系统由管理模块、调光模块、探测模块、操作模块等各种功能模块组成。每个模块中含有微处理器和存储器，也可仅含存储器，系统的每个功能都储存于某个模块中。而系统网络连接只需通过总线相连，它可以是一般的五类双绞线，通过在载波方式调制的电力线上进行通信，或是通过无线网络方式进行通信。

智能照明控制技术经历了从模拟到数字化的转变。模拟技术的典型控制方式是1~10 V电压调光接口，而数字控制方案的代表是数字可寻址照明接口（Digital Addressable Lighting Interface，DALI）技术。

3.4.3　智能照明控制系统

1. 总线回路控制

不少公司生产的智能照明控制系统，如KNX协议的欧洲安装总线、RS485总线、松下公司的全二线系统、HDL-BUS系统在照明控制中都有广泛的应用。这些系统的控制方式基本相似，都是基于总线回路控制，如图3-6所示。

总线回路控制型智能照明控制系统具有较好的开放性和扩展性，能使照明系统与楼宇控制系统、消防系统、保安系统、舞台灯光系统等实现无缝连接，其平面图和系统图如图3-7和图3-8所示。

从图3-7中可以看出，为了利用自然光，应尽量将靠近外窗的灯具连成一个回路，并尽量按区域划分回路（除走廊按长方向划分回路外），在工作区域应避免长方向划分区域，以利于分区控制。

2. DALI控制系统（数字可寻址照明接口控制）

DALI控制系统最初是专为荧光灯电子镇流器设计的，也可置入到普通照明灯具中去，目前也用于LED灯驱动器。

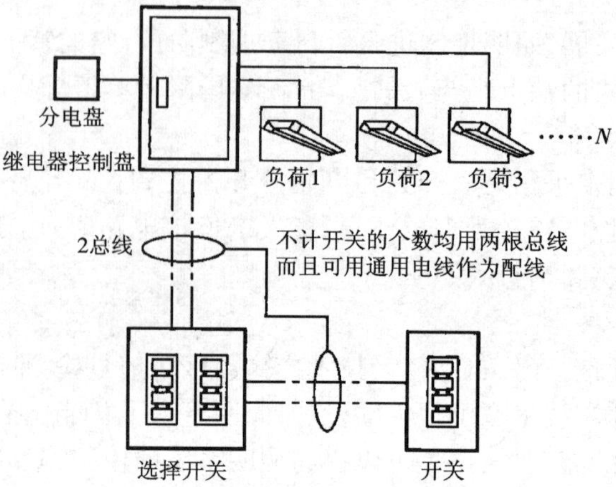

图 3-6　总线回路控制示意图

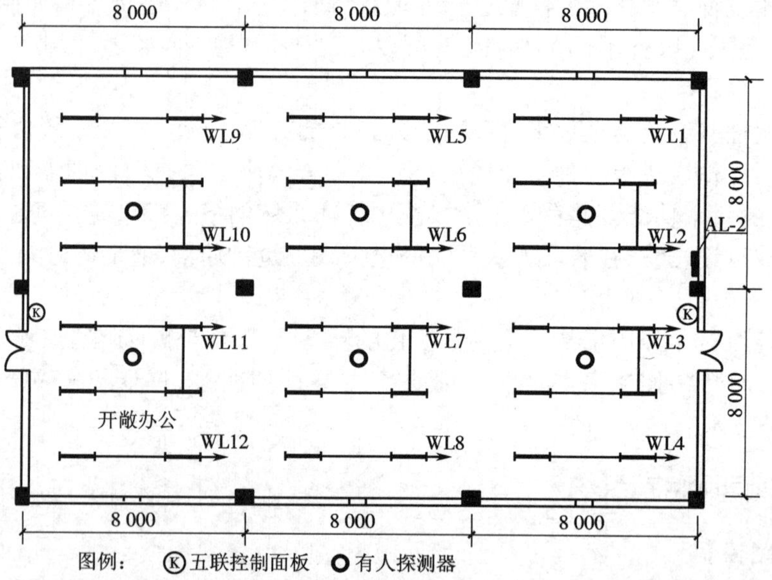

图 3-7　总线回路控制型智能照明系统平面图(单位:mm)

DALI 总线采用主从结构,一个接口最多能接 64 个可寻址的控制装置/设备(独立地址),最多能接 16 个可寻址分组(组地址),每个分组可设定最多 16 个场景,通过网络技术可以把多个接口互联起来控制大量的接口和灯具。采用异步串行协议,通过前向帧和后向帧实现控制信息的下达和灯具状态的反馈。

DALI 可做到精确地控制,可以单灯单控,即对单个灯具可独立寻址,不要求单独回路,修改控制参数的同时不改变已有布线方式。其典型平面图和系统图如图 3-9 和图 3-10 所示。

从图 3-9 中可以看出,照明回路可以不按距离远近分组,就近分组即可,图中为方便看出 DALI 控制线的敷设,与电源线分别做了表示,按 DALI 安装规范,DALI 控制线可以与电源线共管敷设。

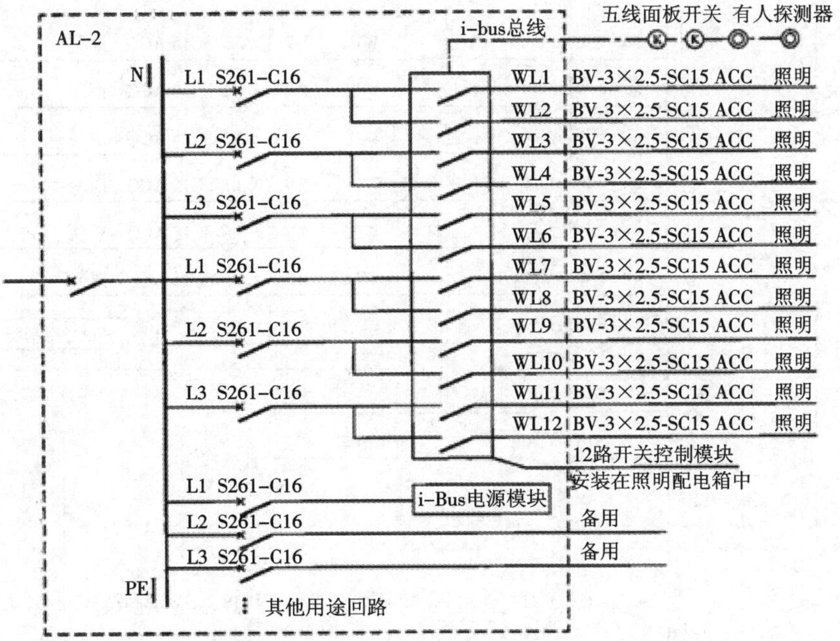

图3-8　总线回路控制型智能照明系统图

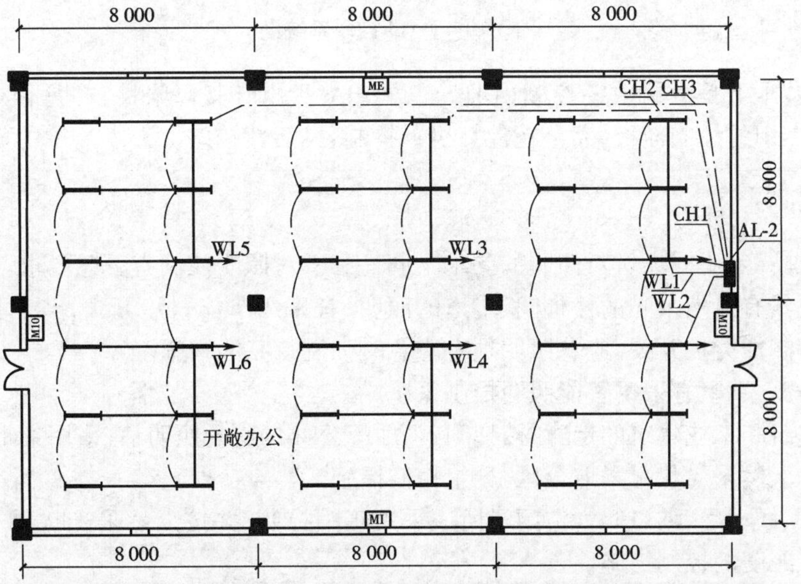

图例：M10 十场景控制面板　MI 环境高度探测器　ME 时间管理器　DJ 三路调光模块

图3-9　DALI 控制系统平面图（单位：mm）

3. 建筑设备监控系统控制照明

对于较高级的建筑，一般设有建筑设备监控系统（BA 系统），利用 BA 系统控制照明已为

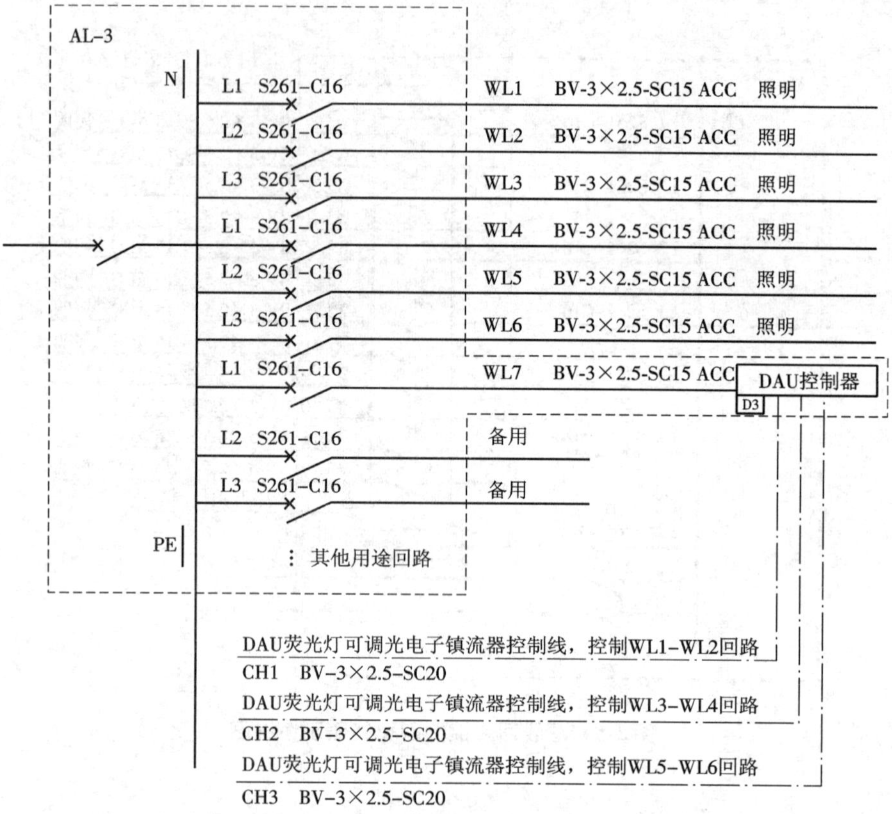

图 3-10 DALI 控制系统图

大家所接受，基本上是直接数字控制（DDC）。但 BA 系统有其局限性，一是很难做到调光控制，二是没有专用的控制面板，完全在计算机上控制，灵活性较差。

3.4.4 控制要求

不同建筑功能、不同场所对照明的要求不同，因此，对照明控制有下述要求。

1. 居住建筑有天然采光的楼梯间、走道的照明，宜采用节能自熄开关，节能自熄开关宜采用红外移动探测加光控开关，应急照明须有应急时强制点亮的措施。

2. 高级公寓、别墅宜采用智能照明控制系统。

3. 公共建筑和工业建筑的走廊、楼梯间、门厅等公共场所的照明，宜采用集中控制，并按建筑使用条件和天然采光状况采取分区、分组控制措施。

4. 候机厅、候车厅、港口等大空间场所应采用集中控制，并按天然采光状况及具体需要采取调光或降低照度的控制措施。

5. 对于小开间房间，可采用面板开关控制，每个照明开关所控光源数不宜过多，每个房间灯的开关数也不宜少于 2 个（只设置 1 只光源的除外）。

6. 对于大面积的房间，如大开间办公室、图书馆、厂房等，宜采用智能照明控制系统，在自然采光区域宜采用恒照度控制。靠近外窗的灯具随着自然光线的变化，自动开启或关闭该区域内的灯具。

7. 影剧院、多功能厅、会议室等宜采用调光控制。

8. 博物馆、美术馆等功能性要求较高的场所应采用智能照明集中控制，使照明与环境要求相协调。

9. 体育场馆比赛场地应按比赛要求分级控制，大型场馆宜做到单灯控制。

10. 旅馆的每间（套）客房应设置节能控制型总开关。

11. 房间或场所装设有两列或多列灯具时，宜按下列方式分组控制：

（1）所控灯列与侧窗平行；

（2）生产场所按车间、工段或工序分组；

（3）电化教室、会议厅、多功能厅、报告厅等场所，按靠近或远离讲台分组。

12. 有条件的场所，宜采用下列控制方式：

（1）天然采光良好的场所，按该场所照度自动开关灯或调光；

（2）个人使用的办公室，采用人体感应或动静感应等方式自动开关灯；

（3）旅馆的门厅、电梯大堂和客房层走廊等场所，采用夜间定时降低照度的自动调光装置；

（4）大中型建筑，按具体条件采用集中或集散的、多功能或单一功能的自动控制系统。

3.5　室内照明设计

3.5.1　住宅照明设计要点

随着人们生活水平的不断提高，居室装修的档次也不断提升，在进行照明设计时，不仅要考虑利用光线达到视觉上的舒适，而且还要实现装饰和观感上的功能。

1. 住宅的各个部分由于功能不同，对照度的要求也不同，为了满足使用功能，一般住宅可以参照附录1中的表3选择相应的照度值。

2. 宜优先采用紧凑型荧光灯、环形荧光灯作为光源。灯具的选择要注意与室内空间的用途和格调、与室内空间的面积和形状相协调。例如，厨房应选择易于清洁的灯具，配防潮灯口；卫生间应选择防潮灯具，并设置镜前灯。

3. 对某些位置需要设置局部照明，如写字台、床头等位置。

4. 灯具开关安装的位置应便于操作，开关边缘距门框的距离宜为0.15～0.2 m，开关距地面高度宜为1.3 m。

5. 住宅应采用一户一表计量配电方式。每户内的一般照明和插座宜分开配线，并且在每户的分支回路上装设过载、短路保护，插座回路中装设漏电保护和有过电压、欠电压保护功能的保护装置。

6. 高层住宅疏散通道和安全出口、楼梯间、电梯前室、公共走廊、配电室、消防值班室、消防泵房、防排烟机房、电梯机房等场所应设置应急照明。

3.5.2　学校照明设计要点

学校是学生读书学习的地方，学校照明的目的就是为教师和学生创造一个良好的光照环境，满足学生和教师的视觉作业要求，保护视力，提高教学与学习效率。

1. 学校设施有教室、实验室、办公室、报告厅、阶梯教室、图书阅览室等，为了满足使用功能，可以参照附录1 中的表10 选择相应的照度值。

2. 教室照明推荐使用荧光灯，因为荧光灯光效高、寿命长、光色好、亮度低、节约电能，易于满足照度均匀的要求。一般使用色温在 4 500 K～6 000 K 之间的冷白色和日光色荧光灯，同时采用电子镇流器，以减少频闪带来的眼疲劳。普通教室可采用 36 W 细管径直管荧光灯，如 T8 荧光灯管。

3. 普通教室宜选用有一定保护角、效率不低于 75% 的开启式配照型灯具，不宜采用裸灯及盒式荧光灯具。有要求或有条件的教室可采用带格栅或带漫射罩型灯具，其灯具效率不宜低于 60%。

选择具有蝙蝠翼式光强分布特性的灯具，一般都有较大的保护角，其光输出扩散性好，布灯间距大，照度均匀，能有效地限制眩光和光幕反射，有利于节能并改善教室照明质量。

4. 为保证照度均匀度，应使距高比（S/H）不大于所选用灯具的最大允许距高比。如果满足不了上述条件，可调整布灯间距 S 与灯具挂高 H，以至增加灯具、重新布灯或更改灯具来满足要求。

5. 为满足照度均匀、黑板垂直照度最大、教师和学生均无眩光刺眼这三项要求，黑板照明灯具的安装高度 h 与灯具到黑板的水平距离 l 的关系可参考表 3-9。

6. 如果黑板前设置投影幕，黑板照明应分别控制，可以单独开启每一个灯具。黑板照明灯具数量，可参考表 3-10。

7. 实验室用电插座，宜按课桌纵列分路，每个支路需设开关控制和保护，每个实验室需设总控制箱。

8. 实验室内，教学用电应该采用专用回路配电。对于电气类或非电气类专业实验室，电气设备实验台的配电回路应采用漏电保护装置。

9. 每一照明分支回路，其配电范围不宜超过 3 个教室且插座宜单独回路配电。

10. 电热、电力用电设备的插座均应设专用开关控制和保护。

表 3-9　黑板照明灯具位置

地面至光源的距离 h/m	2.6	2.7	2.8	3.0	3.2	3.4	3.6
光源距装黑板的墙距离 l/m	0.6	0.7	0.8	0.9	1.1	1.2	1.3

表 3-10　黑板照明灯具数量

黑板宽度/m	36 W 单管专用荧光灯/套
3～3.6	2
4～5	3

3.5.3　工厂照明设计

《建筑照明设计标准》规定工作区域一般照明均匀度不应小于 0.7，而作业面与临近周围的照度均匀度不应小于0.5。非工作区的照度与工作区照度之比宜小于1/3。

1. 一般照明

(1)高大厂房(高大于15 m)

其一般照明采用高强气体放电灯作光源,采用较窄光束的灯具吊在屋架下弦,并与装在墙上或柱上的灯具相结合,以保证工作面上所需要的照度,如图3-11。

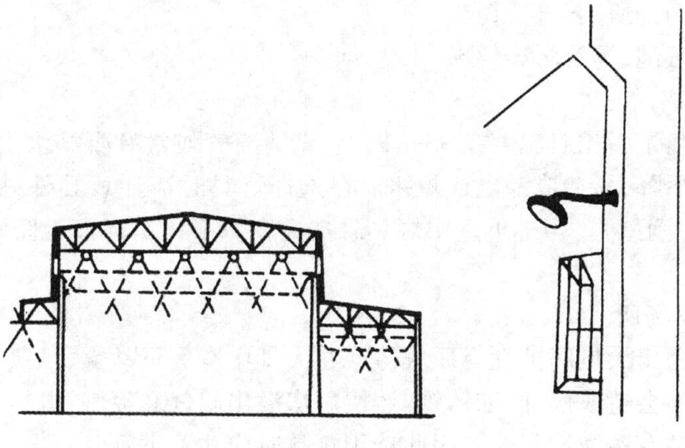

(a) (b)

图3-11 高大厂房灯具布置

(a)顶灯;(b)柱上安装照明器

(2)中等高度的厂房(高5~15 m)

原则上采用小功率(35 W,50 W,70 W,100 W,125 W等)的高强度气体放电灯,采用宽配光或较宽配光的灯具吊在屋架下弦。

(3)一般高为5 m及以下的厂房

可采用荧光灯为主要光源,灯具布置可以与梁垂直,也可以与梁平行,尽量不用裸灯管,注意减小光源与顶棚的亮度对比。

2. 控制室照明

控制室照明应有很高的可靠性和稳定性,对照度要求较高,室内一般照明的照度为300~500 lx。要求垂直面上有足够的照度,同时要注意水平面与垂直面不要有过大的亮度差别,应有较好的亮度分布和色彩分布,并应无直射眩光和反射眩光。控制室照明一般采用荧光灯,照明装置普遍采用低亮度漫射照明装置或方向照明装置,即利用倾斜安装的或带有方向性配光的灯具组成发光顶棚或嵌入式或半嵌入式光带。

3. 特殊场所照明

工厂内的特殊场所一般指周围环境条件与一般常温干燥房间不同的场所,如多尘、潮湿、有腐蚀性气体、有火灾或爆炸危险的场所等。这些场所的照明要着重考虑安全性、可靠性、便于维护和有较好的照明效果。

(1)多尘场所

生产过程中,空间常有大量尘埃飞扬并沉积在灯具上,造成光损伤,效率下降(指普通粉尘场所,不包括可燃的火灾或有爆炸危险的粉尘场所);导电、半导电粉尘聚积在电气绝缘装置上,受潮时,绝缘强度下降,易发生短路;当粉尘积累到一定程度,并伴有高温热源时,可能引起火灾或爆炸。

灯具选用原则如下:

①采用整体密闭式防尘灯。将全部光源及反射器都密闭在灯具之内,这样被污染的机会少,灯具的效率高;

②灰尘不太多的场所用开启灯具;

③采用反射型灯泡,不易污染,维护工作少。

(2)潮湿场所

特别潮湿的环境是指相对温度在95%以上,充满潮气或常有凝结水出现的场所。潮湿环境使灯具绝缘水平下降,易造成漏电或短路。在选择灯具时应注意其外科防护等级要符合防潮气进入的要求(防潮型)。当地下室中灯具悬挂高度低于2.4 m而无防触电措施时,应采用36 V安全电压。

(3)腐蚀性气体场所

当生产过程中溢出大量腐蚀性介质气体或在大气中有大量盐雾、二氧化硫气体等时,对于灯具或其他金属构件会造成侵蚀,如铸铁、铸铝厂房溢出氟气和氯气;电镀车间溢出酸性气体;化学工业中溢出各种有腐蚀性气体。因此选用灯具时应注意下列几点:

①腐蚀场所密闭防腐灯,选择抗腐蚀性强的材料制成灯具,常用材料的性能很多,如钢板耐碱性好而耐酸性差,铝材耐酸性好而耐碱性差,塑料、玻璃、陶瓷抗酸、碱腐蚀性均好;

②对内部易受腐蚀的部件实行密闭隔离;

③对腐蚀性不强烈的场所可用半开启式防腐灯。

(4)火灾危险场所

在生产过程中,产生、使用、加工、贮存可燃液(21区)或有悬浮状、堆积状可燃性粉尘纤维(22区)以及固体可燃性物质(23区)时,若有火源或高温热点,其数量或配置上能引起火灾危险的场所称为有火灾危险的场所。(21区:地下油泵间、贮油槽、油泵间、油料再生间、变压器拆装修理间、变压器油存放间等;22区:煤粉制造间、木工锯料间;23区:裁纸房、图书资料档案库、纺织品库、原棉库等)。

为防止灯泡火花或热点成为火源而引起火灾,灯具在22区场所应采用将光源隔离密闭的灯具,如IP-5X灯具;在21区场所使用的固定式安装灯具,宜为IP-X5,移动式或便携式灯具,宜为IP-55;在23区场所使用的灯具,宜为IP-4X。

(5)有爆炸危险的场所

空间具有爆炸性气体、蒸汽(0区、1区、2区)、粉尘、纤维(10区、11区),且介质达到适当浓度,形成爆炸性混合物,在有燃烧源或热点温升达到闪点的情况下能引起爆炸的场所称为有爆炸危险的场所。这些场所的灯具防爆结构的选用如表3-11和表3-12所示。

表 3-11　气体或蒸汽爆炸危险环境的灯具防爆结构的选型

灯具及附件名称 \ 防爆结构 \ 爆炸危险环境	1 区		2 区	
	隔爆 d	增安 e	隔爆 d	增安 e
固定式灯	○	×	○	○
移动式灯	△	—	○	—
携带式电池灯	○	—	○	—
指示灯类	○	×	○	○
镇流器	○	△	○	○

注:○透用;△尽量避免;×不适用;—结构上不现实。

表 3-12　粉尘爆炸危险环境的灯具防爆结构的选型

爆炸危险环境	10 区	11 区
防爆结构	隔爆(粉尘)	防尘
灯具	○	○

3.5.4　旅馆照明设计

旅馆照明既有视觉作业要求高的(如总服务台、收款台等场所),又有要求不高的场所。要把不同视觉作业的照明方案结合一起,并且同这些作业场所在美学和情调要求和谐一致。一般而言,旅馆照明宜选用显色性较好、光效较高的暖色光源。

1. 入口照明

(1)入口处常用照明装置

①一般照明常采用吸顶灯、嵌入式筒灯、槽灯,或建筑师要求的其他类型的灯具;

②入口处应设有店徽照明灯光;

③入口处车道照明以引导车辆安全到达入口;

④入口处应留有节日照明电源,便于节日期间悬挂彩灯等。

(2)安全舒适照明效果所采取的措施

①四星级以上的旅馆常采用调光设备,根据室内外亮度差别进行调节,以避免宾客因光线突然变化而产生不舒适感;

②入口处的色彩很重要,宜选用色温低、色彩丰富、显色性好的光源,给人以温暖、和谐、亲切的感觉。同时,还要考虑入口与门厅照明的协调、统一。

2. 接待大厅照明

(1)接待大厅照明设计

①根据装饰要求,一般都设有大型吊灯、花灯等个性化灯具,以显示旅馆的风格;

②接待大厅照度要求较高,以显示宾客的高贵,同时大厅还要进行登记和其他阅读、书写活动,其照度值应不低于 300 lx,四星级以上的旅馆建议采用调光设备;

③一般照明可采用嵌入式筒灯做满天星布置;

④柱子四周及墙边常设有暗槽灯,以形成将顶棚托空的效果;

⑤三星级以上宾馆应设路标灯,以引导顾客前往要去的地方。

(2)总服务台照明设计

总服务台区是汇聚宾客的主要区域,入住、结账、问询、换汇等均在此完成,其照度要求较高,300 lx 是最低要求,以突出其显要位置,有时还要辅以局部照明。总服务台一般可选择如下照明方式:

①顶棚上可用筒灯做行列布置;

②柜台上方设吊杆式筒灯;

③每个服务项目的柜台上方设有灯光标牌,如登记处、询问处、货币兑换处等标牌;

④服务台内设有台灯或安装在柜台上的荧光灯;

⑤在服务柜台的外侧底部常设有小型暗槽灯;

⑥采用分区照明,将总服务台区域在视觉上从大厅中分离出来。

(3)接待厅休息区照度要求

接待厅休息区主要是给来访者及顾客提供一个交谈及休息的场所,其照度为 200 lx,宜设调光,晚间通过调光达到节能的目的。一般接待厅、休息区设如下灯光。

①吸顶灯、吊灯或筒灯,可以与整个大厅统一布置。当休息区的顶棚装修与大厅分隔时,则应根据装修要求单独布置。

②有时在沙发后面安装台灯或柱灯。

③当设有花池时,常设置照射花草的灯。

3. 餐厅照明

餐厅照明应针对风味特点、地域要求设计,并满足灵活多变的功能,中餐厅(200 lx)照度高于西餐厅(100 lx)。灯光及照度也受制于不同就餐时间和顾客的情绪特点。

一般早餐时,照度不宜太高,100 lx 以下为宜,但广式早茶是个例外,照度可适当提高;午餐时要求明亮而热烈,照度选择在 75 ~ 150 lx 的范围内;晚餐时人数较多,有时为大型宴会,要求照明灯光能充分营造气氛,要选用色温低、显色指数高的光源,要求 $R_a \geqslant 80$,中餐厅照度要求达到 200 lx 以上。一般餐厅常设有如下灯光。

(1)均匀布置的顶光,采用吸顶灯或嵌入式筒灯做行列布置或满天星布置,也可采用吊杆灯与双吸顶灯配合。

(2)烘托气氛的槽灯,一般有周边槽灯或分块暗槽灯等形式。

(3)有的设置一些壁灯。

(4)餐厅铭牌灯光,如用 LED、霓虹灯组成“中餐厅”和“西餐厅”等字样。

(5)橱窗灯光,能烘托展示食品的鲜美。

(6)设有壁画、花草、雕塑等饰物的,可设必要的射灯。

(7)小卖部应设柜台照明灯光。

4. 多功能厅照明

(1)功能厅的功能

①大小规模不同的宴会;

②文娱演出;

③会议及学术交流活动;

④展览活动;

⑤时装表演等。

由于用途广泛,功能经常变化,照度应可调,最高一挡照度要求不低于300 lx,还要预留供展览、文艺演出等临时照明电源。

(2)多功能厅的灯具

①大型组合灯具;

②嵌入式筒灯;

③周边或分层式槽灯;

④壁灯;

⑤轨道灯;

⑥讲台射灯;

⑦豪华吸顶灯;

⑧演出灯光和摄影灯光(通常要预留电源)。

(3)多功能厅灯光控制

①多功能厅灯光应既能集中控制又能分区(分厅)控制,以满足分隔为几个小厅的活动需要。大型多功能厅可设灯光控制室。

②设有调光设备,应能满足各种活动对灯光的不同要求。

③灯光变换控制,槽灯可以装设不同颜色的光源,设自动变光控制。

④当有电影放映设备时,还应在电影放映室内控制灯光。照明控制参阅本书第9章。

5. 客房照明

三星级以上的旅馆都设有标准双床间、标准单床间、双套间、三套间,以及总统豪华套间等。客房对照明灯光的要求是控制方便,就近开、关灯,亮度可调。双人间客房内不同区域对灯具的要求见表3-13。

表3-13 客房灯具要求

部位	灯具类型	要求
过道	嵌入式筒灯或吸顶灯	
床头	台灯、壁灯、导轨灯、射灯、筒灯	
梳妆台	壁灯、筒灯	灯应安装在镜子上方并与梳妆台配套制作
写字台	台灯、壁灯	
会客区	落地灯	设在沙发、茶几处,由插座供电
窗帘盒灯	荧光灯	模仿自然光的效果,夜晚从远处看,起到泛光照明的作用
壁柜灯		设在壁柜内,将灯开关(微动限位开关)装设在门上,开门则灯亮,关门则灯灭,应设置防火措施

表 3-13(续)

部位	灯具类型	要求
地脚夜灯		安装在床头柜的下部或进口小过道墙面底部,供夜间活动用
顶灯		通常不设顶灯
卫生间顶灯	吸顶灯和嵌入式筒灯	防水防潮灯具
卫生间镜箱灯	荧光灯或筒灯	安装在化妆镜的上方,三星级旅馆,显色指数要大于80,设防水防潮灯具

客房灯光控制应满足方便、灵活的原则,采用不同的控制方式。

(1)进门小过道顶灯采用双控,分别安装在进门侧和床头柜上。

(2)卫生间灯的开关安装在卫生间的门外墙上。

(3)床头灯的调光开关及地脚夜灯开关安装在床头柜上。

(4)梳妆台灯开关可安装在梳妆台上。

(5)落地灯使用自带的开关和在床头柜上双控。

(6)窗帘盒灯在窗帘附近墙上设开关,也可在床头柜上双控。

现代旅馆客房还设有节能控制开关,控制冰箱之外的所有灯光、电器,以达到人走灯灭,安全节电的目的,其节电开关有如下几种。

(1)在进门处安装一个总控开关,出门关灯,进门开灯。优点是系统简单,造价低,但是要靠顾客操作。

(2)与门钥匙联动方式,即开门进房后需将钥匙牌插入或挂到门口的钥匙盒内或挂钩上,带动微动开关接通房间电源。人走时取出钥匙牌,微动开关动作,经 10 ~ 30 s 延时使电源断开。这种称为继电器式节能开关,优点是控制容量大,客人通过取钥匙就自动断电。

(3)直接式节能钥匙开关,是通过钥匙牌上的插塞直接动作插孔内的开关,通断电源,亦有 30 s 的延时功能,但控制功率较小。

(4)智能总线控制,通过移动传感器,探测到有人时接通电源,灯亮;当没有人在房间里,延时关断电源。

6. 走廊

走廊照明设计应考虑有无采光窗、走廊长度、高度及拐弯情况等,有些大型旅馆走廊多处弯折并无采光窗,全天亮灯,因而走廊照明不仅应满足照度要求,而且要有较高的可靠性及控制的灵活性,其照明方式常见有以下几种。

(1)普通盒式荧光灯吸顶安装,优点是成本低、光效高、安装维修方便,用于低档旅馆。

(2)嵌入式荧光灯,用铝合金反光器,效率较高,但成本有所提高,用于中低档旅馆。

(3)吸顶灯,各种档次的旅馆都可采用。

(4)嵌入式筒灯,内装低色温紧凑型荧光灯或其他低色温光源,有反射器,灯具效率较高,适用于中高档星级旅馆。

(5)壁灯,适合各种档次旅馆。

当无天然采光的走廊,建议将照度提高一级。走廊灯的控制应考虑清扫及夜间值班巡视使用要求。

7. 电梯厅

高档旅馆电梯厅照度为150 lx,装饰比较华丽,可采用壁灯、筒灯、荧光灯槽、高档吸顶灯、组合式顶灯等,色温以暖色为宜,显色指数不低于80。

低档旅馆电梯厅照明可按75 lx设计,可采用吸顶灯、筒灯等,显色指数不低于60。电梯厅照明可以就地控制,也可以在服务台集中控制,中高档旅馆建议采用智能照明控制系统进行控制。

思　考　题

1. 照明质量的好坏,主要从哪几方面来衡量?

2. 什么是眩光,什么是直接眩光、反射眩光和光幕眩光?

3. 室内灯具的布置设计前,应考虑哪几个问题?

4. 何为照度均匀度,照度是否均匀取决于什么条件,设计时其值应如何考虑?

5. 何为最大允许距高比,设计时应如何考虑?

6. 室内光照设计的要求是什么,其方法步骤如何?

7. 设计时,如何确定照明方式和照明种类?

8. 照明节能效果如何评估?

9. 照明控制的方式有哪几种,试比较各种控制方式的特点,并阐述什么是合理的照明控制?

10. 什么是智能照明控制策略?

11. 一个零售商店的照明控制选用什么样的智能照明控制策略,具体说明如何实现?

12. 根据本章所学的知识,谈谈学校实现智能照明控制的策略。

13.《建筑照明设计规范》GB 50034—2013 中对照明节能控制有什么要求?

14. 住宅照明设计时宜注意哪些问题?

15. 办公室、教室照明效果好坏的主要评价指标有哪些,在照明设计中如何达到这些指标?

16. 教室照明设计要点包括哪些, 试设计你所使用的教室的黑板照明?

17. 旅馆照明设计要点包括哪些?

18. 特殊场所的照明装置与一般照明场所有何区别,设计时应如何考虑?

19. 哪些场所的照明应避免频闪效应的产生,应采取哪些措施来达到?

第 4 章　室外照明设计

室外照明的范围很广,它包括建筑物的立面与装饰照明、庭园及广场照明、体育设施照明、道路照明等。本章仅就设计经常涉及的部分做一般性的介绍。从总的方面说,室外照明大致分为以明视为主的明视照明,和以显出与白天不同的夜景为主的饰景照明。明视照明是为行走或进行各种体育活动等而设,因此必须保证道路、场地有必要的照度,尽量减少对正常视线形成的眩光作用。饰景照明是要创造出夜间的景色和绚丽的气氛,它是由亮度对比来表现光的协调,而不是照度本身,因此需针对不同景物、不同环境的特点采取不同的照明手法,同时尽量避免由光源产生的眩光对视觉的影响。

明视照明方面本章主要介绍用于体育场地的投光照明及道路照明,饰景照明方面主要介绍建筑物的立面照明和夜景照明。

4.1　道路照明

道路照明质量的好坏,主要依据 4 项指标,即路面的平均亮度、路面亮度分布的均匀程度、采用的照明器眩光程度和路灯排列。

4.1.1　道路照明指标

1. 道路照明评价

道路照明是为机车驾驶员和路人提供一个良好的视觉安全可靠条件,特别是保障车辆夜间在道路上能安全、迅速地行驶,驾驶员的视觉可靠性取决于照明条件下观察路面变化的能力和舒适感,即视功能和视舒适。如果照明条件恶劣,视觉分辨能力差,行车不舒适,则容易发生交通事故。确定视觉可靠性的照明评价指标见表 4-1。

表 4-1　确定视觉可靠性的照明评价指标

视觉可靠性的组成部分	照明评价		
	亮度水平	亮度均匀度	眩光
视功能	路面平均亮度 L_{av}	总亮度均匀度 U_0	阈值增量 TI
视舒适	路面平均亮度 L_{av}	纵向均匀度 U_1	眩光限制等级 GF

(1)亮度水平

道路表面亮度水平影响着驾驶员的对比敏感度,因而也影响着知觉的可靠性。通过一系列试验表明,路面平均亮度(在观察者前面 60 ~ 160 m 距离间)为 1.5 ~ 2 cd/m^2,对驾驶员是合适的。

(2)亮度均匀性

为使路面亮度均匀,路灯的间距要减小,或要求灯具的配光更合理,这势必增加照明设备的投资。从知觉可靠性的角度来看,路面总的亮度均匀度 $U_o = L_{min}/L_{av} \geqslant 0.3 \sim 0.4$ 是合适的,然而,即使在这种情况下,路面仍有一块亮一块暗的现象。所以从知觉的舒适性出发,应考虑纵向均匀度 $U_1 = L_{min}/L_{max}$(沿每个车道中轴线方向的最小亮度与最大亮度之比),要求 $U_1 \geqslant 0.5 \sim 0.7$。

(3)眩光程度

CIE 关于交通道路照明设计的描述中,失能眩光被表示为"阈值增量(TI)"。它是前方道路上物体为补偿来自灯具直接光的失能效应在对比上所需的百分比增量。TI 的计算公式如下:

$$TI = \frac{650 \times E_{vert} \times MF^{0.8}}{\bar{L}^{0.8} \times Q^2} \tag{4-1}$$

式中　E_{vert}——处在新状态中的灯具在一个位于观察者眼睛处的平面上产生的照度,此平面与视线垂直;

MF——计算 $\bar{L}$ 的维护系数;

$\bar{L}$——路面平均亮度;

Q——视线与灯具中心之间的夹角度数。

观察者的眼睛位于路面水平上方 1.5 m 高度处。在英国的实际情况是,观察者在横向上位于离近人行道 1/4 车道宽度的地方,和纵向上位于在计算范围之内的第一个灯具或灯具组(交错布置的近侧和单侧安装一侧)之前 2.75($H-1.5$)m 的距离上,其中 H 是以 m 为单位的安装高度,视线在水平以下 1°和经过观察者眼睛纵向的垂直平面上。

2. CIE 道路分类及各种道路照明的推荐值

国际照明委员会(CIE)道路照明技术委员会公布的《有关道路的质量标准的建议》中规定了相应道路的分类及道路照明的质量。

(1)城市道路分类

要确认一条道路上需要多少照明,需要知道道路的类型和等级,据此提供相应的照明。

城市道路的分类根据道路在城市路网中的地位、交通功能以及对沿线建筑物和城市居民的服务功能等要求。将城市道路分为快速路(A)、主干路(B)、次干路(C)、支路(D)、居住区道路(E)五级,见表 4-2。

表 4-2　CIE 的道路分类

道路种类	交通量	车速	交通类型	道路状况	举例
A	大	高	机动车用	有中央隔离带,无平面交叉,在规定地点出入	高速公路
B				机动车专用,与行人道和低速交通工具隔开	干线环行线
C	大	中	机动车用	重要的人、车混用道路	
			人车混用		放射线
D	较大	低	人车混用	市内特别是商业中心的道路	主要街道
E	中	低	人车混用	住宅区道路以及与上述 A ~ D 类连接的道路	住宅区道路

(2)各种道路照明的推荐值

国际照明委员会所推荐的机动车交通道路照明标准是将照明推荐值分为 M1、M2、M3、

M4、M5、M6 等六个级别，每个级别的照明规定如表 4-3 所示。在具体使用时，设计者根据道路功能、交通密度、交通复杂程度、交通分隔状况及交通控制设施情况等因素，经过计算得到 M 值，然后获得对应的照明标准值。

表 4-3 CIE 技术文件中规定的各类机动车道路照明标准值

照明等级	道路表面亮度				阈值增量	环境比
	干燥路面			潮湿路面＊		
	L_{av}/(cd/m^2)	U_0	U_1	U_0	TI/%	SR
M1	2.0	0.4	0.7	0.15	10	0.5
M2	1.5	0.4	0.7	0.15	10	0.5
M3	1.0	0.4	0.6	0.15	10	0.5
M4	0.75	0.4	0.6	0.15	15	0.5
M5	0.50	0.35	0.4	0.15	15	0.5
M6	0.30	0.35	0.4	0.15	20	0.5

注：＊应用于重要的黑暗时分，并有相应的路面反射比数据的潮湿路。

3. 我国道路照明标准

我国关于机动车道路照明标准在 CJJ 45—2015《城市道路照明设计标准》中有具体规定，见表 4-4。

表 4-4 《城市道路照明设计标准》(CJJ 45—2015) 关于机动车道路照明标准

级别	道路类型	路面亮度			路面照度		眩光限制 TI 最大初始值/%	环境比 SR 最小值
		平均亮度 L_{av} 维持值/(cd/m^2)	总均匀度 U_0 最小值	纵向均匀度 U_1 最小值	平均照度 E_{av} 维持值/lx	均匀度 U_E 最小值		
Ⅰ	快速路、主干路	1.5/2.0	0.4	0.7	20/30	0.4	10	0.5
Ⅱ	次干路	1.0/1.5	0.4	0.5	15/50	0.35	10	0.5
Ⅲ	支路	0.5/0.75	0.4	—	8/10	0.3	15	—

注：1. 标准所列的平均照度仅适用于沥青路面。若是水泥混凝土路面，其平均照度值可相应降低约 30%。

2. 计算路面的平均维持亮度或平均维持照度时应考虑光源种类、灯具防护等级和擦拭周期。

3. 表中各项数值仅适用于干燥路面。

4. 表中对每一级道路的平均亮度和平均照度给出了两挡标准值，“/”的左侧为低挡值，右侧为高挡值。

4. 路面的平均亮度

道路表面或路面上的物体能被人们看清楚，主要取决于物体的反射光线。反射光线愈多视感觉愈强烈，物体看得越清楚。落到路面上的照度大小并不能直接说明视感觉的强烈程度，而应取决于路面或物体的表面亮度。该亮度取决于每一单位亮度区辐射出的光量总数以及相对观察者方向的立体角。平均亮度较好的路面能提高眼睛的视觉舒适程度和灵敏度，使人及时发现前方的物体。在较好的亮度条件下，出现突发情况时，司机能很快地观察到，并及时做出决断，避免事故发生。

5. 路面亮度分布的均匀程度

道路不仅要求有良好的平均亮度，而且要大于最低亮度值，如果在路面某一区域亮度很低，司机对物体的察觉能力会受到重大影响。路面亮度分布的均匀度包括亮度总均匀度、亮度纵向均匀度和亮度梯度。

路面亮度总均匀度定义为路面最小亮度与平均亮度之比，一般要求该值不低于0.4，才能保持一个可以接受的察觉能力。

纵向均匀度定义为平行于道路轴线的车行或人行道上路面最小亮度与路面最大亮度的比值，它对视舒适影响极大。如果这个亮度不均匀，在路面上会连续反复出现一系列亮与暗的横带，称之为“斑马效应”。此效应会引起司机的烦燥，视觉舒适程度下降。一般建议主要道路的纵向均匀度最小值为0.7左右，以保证足够的视舒适水平，对次要的道路，可降为0.5左右。

亮度梯度指覆盖在路面上的亮度变化率，它对视舒适有重要影响。

6. 采用的照明器眩光程度

眩光有失能眩光和不舒适眩光两种。使视觉减弱的眩光称为失能眩光；使眼睛产生不舒适感的眩光称为不舒适眩光，其眩光程度用眩光控制等级GF表示。

眩光的控制主要利用正确选择灯具和调整其安装高度等方法解决。眩光控制等级GF分为九级，表4-5是眩光控制等级和主观评价对应关系。

表4-5 眩光控制等级和主观评价对应关系

GF	眩光	主观评价
1,2	无法忍受的眩光	感觉很坏
3,4	有干扰的眩光	感觉心烦
5,6	刚好容许的眩光	可以接受
7,8	能令人满意的眩光	感觉好
9	几乎感觉不到的眩光	感觉非常好

7. 路灯排列的诱导性指标

路面的诱导可分为视觉诱导和光学诱导。路面的诱导性好，驾驶员很容易看清楚道路的变化和正确理解道路前进的方向，并且能指出所处车道边界和这一车道与其他车道或道路的交叉点。视觉诱导性是靠道路、交通标志、防碰撞栏杆和照明设施来实现，司机可以通过灯具的布置看清道路的变化。常用的利用照明设施实现视觉诱导性的方法有下列几种。

(1)利用照明系统本身的改变实现诱导性。利用照明系统的变化改善方位的诱导性，如在道路复杂汇合区,采用高杆照明给司机以明显的信号;次要汇合区,其干路用链式照明系统,支路用其他常规布灯方式,以便区分干线和支线。如在道路弯曲部分应将灯具单侧布置在道路弯曲部分的外侧。

(2)利用光颜色变化实现诱导性。利用光源颜色之间的明显差别实现诱导性是一种非常有效的方法。如道路的汇合区可采用不同光色的光源分别代表不同去向的道路。

(3)利用灯具的式样和安装高度不同实现诱导性。利用式样不同的灯具或不同的安装高度造成系统的差别,实现诱导性。如在道路汇合区,通向高速公路停车场的支路采用不同的灯具和安装高度。

(4)照明布局。在照明汇集的地方,采用不同的布灯方法。如从中心对称布置变成双侧对称布置,使司机把这种布局当成一种信号,知道自己正在接近十字路口。

4.1.2 道路照明光源和灯具的选择

1. 道路照明光源的选择

道路照明光源要根据光源的效率、光通量、使用寿命、光色和显色性、控制配光的难易程度及使用环境等因素综合选择,一般选用钠灯和金属卤化物灯。常用的道路照明光源适用场所如表 4-6 所示。

表 4-6 道路照明常用光源选择

光源种类	适用场所
低压钠灯、高压钠灯	快速路、市郊道路
高压钠灯	主干路、次干路
小功率高压钠灯	支路、居民区道路
显色改进型高压钠灯或金属卤化物灯	市中心、商业中心等颜色识别要求高的道路

发光二极管光源有着道路照明所需要的诸多优点,近些年的快速发展和逐渐成熟,使其已经开始逐步进入到能够推广使用的水平。作为一种新的光源,如果要在道路照明中使用,需要满足一定的条件:光源的显色指数(R_a)不宜小于 60;光源的相关色温不宜高于 5 000 K,并宜优先选择中低色温光源;同型号 LED 灯具的色品容差不应大于 7SDCM;光源寿命周期内的色品坐标与初始值的偏差在 GB/T 7921《均匀色空间和色差公式》规定的 CIE1976 均匀色度标尺图中,不应超过 0.012 等。

在有些对显色性要求较高的场所,也可以考虑采用陶瓷金属卤化物灯。

2. 道路照明灯具的种类与选择

道路照明灯具有三种类型,即常规灯具、链式灯具和投光灯具。常规灯具安装在灯杆上或墙壁上,它的发光方向沿着道路走向;链式灯具悬挂在钢丝绳上,发光方向主要是横跨马路的;投光灯具主要用于高杆照明,如立交桥以及大面积户外照明等。

道路灯具选择应注意以下几个方面:

(1)照明灯具的配光特性符合要求。灯具的光强分布确保光线覆盖在路面上,并具有较宽的范围,光强分布曲线应均匀平滑。路灯的光分布一般是投射距离的3~4倍。光输出比即灯具效率一般应大于60%。

(2)坚固耐用,而热性能好。灯具外壳及零部件要有较高的机械强度,有抗风能力,运输安装过程中应不易损坏,要有较长的使用寿命。耐热性能良好,灯具各个部件及透光材料都应能经受光源产生的热量。

(3)电气性能安全可靠。灯具应安全可靠,即当操作人员触及灯具的各个部分时不应发生触电事故。按照国际电工委员会(IE)和国际电气设备标准审查委员会(CEE)的规定可将电冲击防护等级分为4类。并规定一般绝缘且无接地保护的灯具不能用于路灯;路灯灯具采用加强绝缘时,可无接地保护,也可采用整体功能绝缘并装有接地端子;灯具导线的最小截面必须能承担全部电负荷;导线绝缘应能满足灯具的最高启动电压,并应能承受高温;灯内导线应设接线板和固定卡子。

(4)防尘、防水、防腐蚀。为了减少灰尘、昆虫等污秽物在灯具内外表面沉积,采用封闭式灯具比开敞式灯具要好得多。有的灯具带有呼吸器,灯具点燃与熄灭时,内外因温度变化而出现压力差,污秽物有可能穿透外罩嵌缝进入灯具。这种灯具密封只通过呼吸器透气,对灰尘和潮湿起到阻隔作用,使腐蚀性气体、潮气、灰尘等不会侵入灯具内。在腐蚀性气体环境中,有潮气存在时会产生强烈腐蚀性混合物,灯具壳体应采用耐腐蚀材料(如铝、玻璃钢等),或涂上保护涂层。

(5)灯具的造型新颖,质量小,安装维护方便。灯具造型应对环境有装饰作用,是美化环境的重要组成部分。因此,要重视灯具、灯杆的造型艺术及与周围环境的协调,以体现总体风格。灯具质量要小、装拆方便、便于运输、施工、清扫。

(6)对于使用LED光源的灯具来说,它应该满足以下一些要求:

①灯具的功率因数不应小于0.9。

②灯具效能不应低于如表4-7所示的要求。

表4-7　LED灯具效能限值

色温 T_c(K)	$T_c \leqslant 3\,000$	$3\,000 < T_c \leqslant 4\,000$	$4\,000 < T_c \leqslant 5\,000$
灯具效能限值(lm/W)	90	95	100

③在标称工作状态下,灯具连续燃点3 000小时的光源光通量维持率不应小于96%,6 000 h的光源光通量维持率不应小于92%;LED灯具的初始光通量应不低于额定光通量的90%;不高于额定光通量的120%。

④灯具的电源模组应符合GB 19510.14《灯的控制装置第14部分:LED模块用直流或交流电子控制装置的特殊要求》的要求,且能现场替换,替换后防护等级不应降低。

⑤灯具的无线电骚扰特性应符合GB 17743《电气照明和类似设备的无线电骚扰特性的限值和测量方法》的要求,谐波电流限值应符合GB 17625.1《电磁兼容限值谐波电流发射限值(设备每相输入电流≤16 A)》的要求,电磁兼容抗扰度应符合GB/T 18595《一般照明用设备电磁兼容抗扰度要求》的要求。

⑥LED 灯具的防护等级不宜低于 IP65。

⑦LED 灯具电源应通过国家强制性产品认证。

⑧LED 灯具应能够在 -40 ℃ ~50 ℃范围内正常工作。

4.1.3 道路照明的布灯方式

道路照明方式分为杆柱照明方式、高杆照明方式和悬链式。杆柱照明方式是在灯杆上安装 1 ~2 盏路灯，沿道路一侧、两侧或中间车带上布置，灯杆高度通常为 12 ~15 m。当高度在 20 m 以上称为高杆照明。悬链式照明是在悬挂的钢索上装置照明灯具的一种布灯方式。

1. 杆柱照明方式

道路照明中使用最为广泛的方式是照明灯具安装在高度为 15 m 以下的灯杆顶端,并沿道路布置灯杆。它的特点是可以在需要照明的场所任意设置灯杆,而且照明灯具可以根据道路线型变化而配置。由于每个照明灯具都能有效地照亮道路,所以不仅可以减少灯的光通量,减小灯泡功率,降低成本,而且能在弯道上得到良好的诱导性。因此,可以应用于道路本身、立体交叉点、停车场、桥梁等处。杆柱照明有如图 4-1 所示的五种最基本的布置方式。

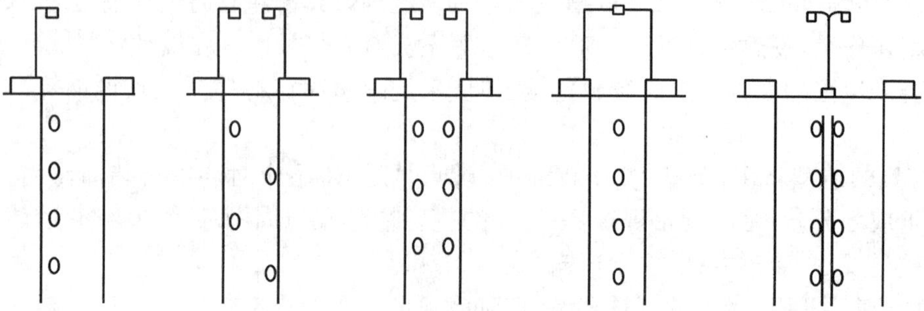

(a) (b) (c) (d) (e)

图 4-1 杆柱照明布灯方式

(a)一侧布置;(b)交错布置;(c)相对矩形布置 (d)中央悬挂布置;(e)中央分离带布置

随着灯具安装高度的增加,眩光越来越少,整个照明的舒适感相应增加。但从另一个角度来看,由于提高了安装高度,会使照明灯杆的成本相应增加,同时溢向路面以外的光通量也会增加,使总效率降低。按照以往的经验,气体放电灯的灯杆高度在 10 ~15 m 较为经济。

在干燥路面情况下,照明器外伸部分长的路面平均亮度高。但在雨天路面潮湿时路侧亮度很低,故外伸部分不能很长,一般为 1 ~1.5 m。

照明器宜尽量采用水平安装。考虑美观,倾角可以为 5°或 15°,一般希望在 5°以下。因为倾角过大会增加不舒适眩光,慢车道和人行道的亮度降低。

要使路面亮度分布均匀,经济合理,很大程度上取决于灯具的合理配置。对不同宽度的道路,可采用不同排列方式的灯具组合,从而形成不同的配置方式。表 4-8 列出了推荐使用的布置方式。

表 4-8　道路照明灯具推荐布置方式

配置方式名称	图例	行车道的最大宽度/m
一侧排列		12
在钢索上沿行车道的中心轴成一列布置		18
交错排列		24
相对矩形排列	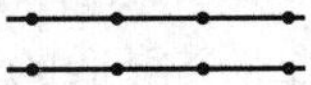	48
中央分离带配置	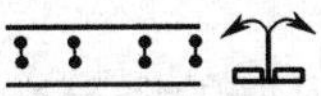	24
中央 + 交错	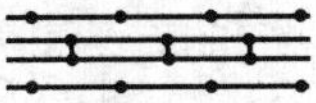	48
中央 + 相对矩形	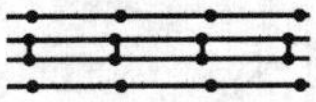	90
两列在钢索上，布灯沿车道方向轴交错布置		36
两列钢索上，布灯沿车道方向轴矩形布置	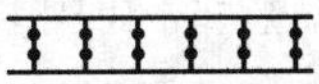	60
路两侧矩形布置，第三列在钢索上布置	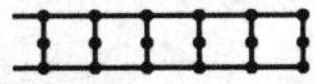	80

2. 高杆照明方式

高杆照明就是在 15 ~ 40 m 的高杆上装多个有大功率光源的照明灯具，用少数高杆进行大面积照明的方式。高杆灯的主架多以铝合金为主，装有多个高强度气体放电灯的投光灯具。这种照明方式适用于复杂的立体交叉点、汇合点、停车场、高速公路的休息场、广场等大面积照明的场所。这种照明方式有以下优点：

(1) 照明范围广阔，光通利用率高；

(2) 使用高效率，大功率光源，经济性好；

(3) 由于杆塔很高，下面亮度均匀度高；

(4) 用于道路交叉或立体交叉点时，车辆驾驶人员很容易从远处看到高杆照明，便于预知前方情况；

(5) 高杆一般在车道以外安装，易于维修、清扫和换灯，不影响交通秩序；

(6) 可以兼顾附近建筑物、树木、纪念碑等的照明，以改善环境照明条件，并可兼作景物照明。

高杆照明的结构有柱式和塔式，灯架有能升降和不能升降两种。可升降灯盘的维修比较方便，并可携带 1 ~ 2 人升到杆顶进行检修。其供电方式有触头式及可移动软电缆式。此种形式不便于调整灯具的瞄准角度。升降可用升降机、电动绞车实现，小型灯杆（3 ~ 4 只灯）还可用手动绞车。

固定式灯盘不可升降。检修时，只能靠爬梯或者高架车。其优点是有利于到灯盘上调整灯具的瞄准角度，缺点是上下不方便，尤其是天气恶劣时，危险性较大，不易维护。

高杆照明方式必须根据需要和具体条件，进行技术经济比较，才能做出抉择。

3. 悬链照明方式

悬链，又称悬挂线或吊架线。在挡距较大的杆柱上张挂钢索作为吊线，吊线上装置多个照明灯具的照明方式称为悬链式照明。悬链式照明的优点如下：

(1)照明灯具的排列间隔比较密，还可以装置成使配光沿着道路横向扩展的方式，因而可以得到比较高的照度和较好的均匀度。

(2)由于照明灯具配光扩展方向沿道路横向发射，因此可以把灯具配光接近水平方向的光强加大，而眩光却很少，以形成一个舒适的光照环境。此种配光在雨天路面潮湿的情况下更具有优越性。

(3)照明灯具布置较密，有良好的诱导性。

(4)照明灯具的光束沿着道路轴向直线分布。路面的干湿度不同时，亮度变化少，即晴天和雨天均有良好的照明效果。

(5)杆柱数量减少，事故率很低。

4.1.4 道路照明计算

道路照明常用的计算方法有两种：利用系数法计算路面平均照度；逐点法计算路面任意点的水平照度。在此仅介绍利用系数法计算路面平均照度的方法，但必须利用灯具厂给出产品的数据曲线。

1. 道路照明设计步骤

(1)根据光源、灯具的配光特性、电气特性等初步选择光源和灯具。根据当地条件和实践经验初选灯具布置方式、灯具的安装高度、间距、悬挑长度和仰角。

(2)进行平均亮度等参数的计算。

(3)将计算的结果与要求的标准值进行比较。若计算结果达不到或超过标准，应调整设计方案，变更灯具的类型、布置方式、安装高度、间距、光源类型、功率等，重新进行计算直至符合标准。如此反复，通常可以做出几种都能符合标准的设计方案。

(4)对几种设计方案进行技术经济和能耗的综合分析比较，适当考虑当地的习惯、爱好，最终确定一种最佳设计方案。

2. 计算公式

计算道路平均照度 E_{av} 和灯间距 S 的公式(4-2)(4-3)。

$$E_{av}=\frac{\Phi UKN}{SW} \tag{4-2}$$

$$S=\frac{\Phi UKN}{E_{av}W} \tag{4-3}$$

式中 Φ——光源的总光通量，lm；

U——利用系数(由灯具利用系数曲线查出)；

K——维护系数；

W——道路宽度，m；

S——路灯安装间距，m；

N——与排列方式有关的数值,当路灯一侧排列或交错排列时 $N=1$,相对矩形排列时 $N=2$。

利用式(4-2)计算时,注意灯的照射范围,要在满足照度均匀度要求的前提下,才能计算出 S 值。

3. 利用系数 U 的确定

路灯的利用系数曲线是以灯垂直路面的垂线为界,一侧为车道侧,另一侧为人行道侧的条件绘制得到的。利用系数的变化按照路宽 W 与灯的安装高度 h 之比 W/h 给出相关曲线值。路面总利用系数 U 按图 4-2 求出。

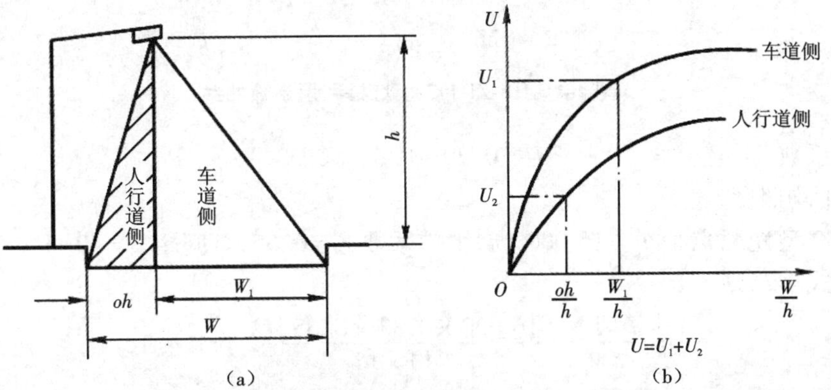

图 4-2　道路一侧路灯照明利用系数计算

(a)灯具布置图;(b)利用系数曲线

4. 道路照明计算举例

例 4-1　某道路宽 15 m,为次干道,路面为沥青混凝土,试设计道路照明。

解　(1)选用 HR-ZD407 型灯具,光源为 150 W 高压钠灯,照度设计为 8 lx,采用对称布灯方式,仰角 θ 为 15°,见图 4-3。

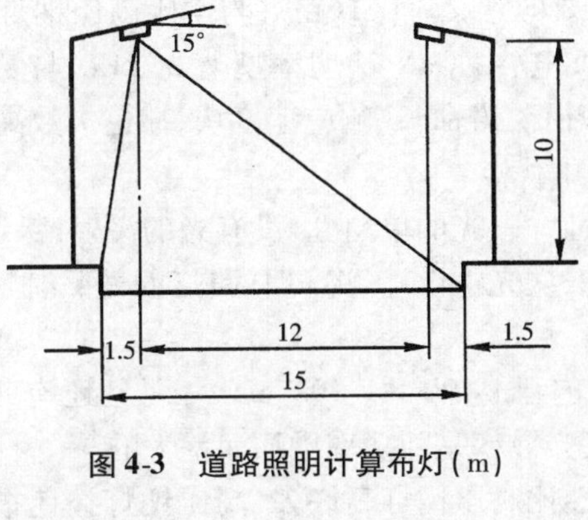

图 4-3　道路照明计算布灯(m)

(2)按图 4-4 查出利用系数

灯杆高度一般取路宽的 70%,所以灯杆高度 $h=0.7\times15=10.5$(m),取灯杆高为 10 m。

人行道侧利用系数 $U_1=1.5/10=0.04$(查图 4-4 人行道侧曲线)

车道侧利用系数　　$U_2=13.5/10=0.29$(查图 4-4 车道侧曲线)

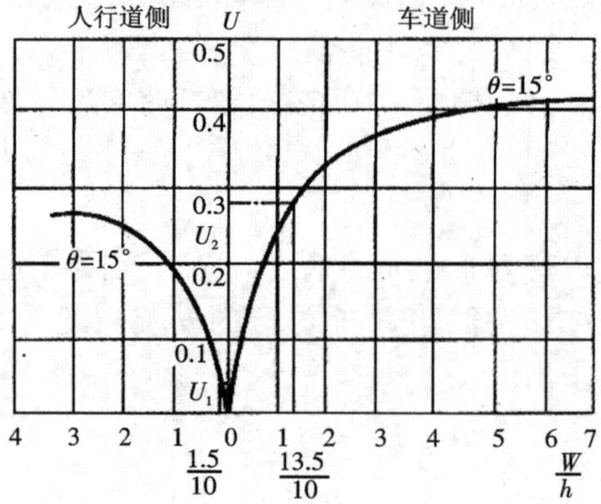

图 4-4 HR-ZD407 型灯具利用系数曲线

总利用系数 $U=0.29+0.04=0.33$

(3)求平均照度

NG－150 型光源光通 $\Phi=16\ 000$ lm,维护系数 $K=0.65$,灯间距 $S=40$ m。

根据公式 4-2,则

$$E_{av}=\frac{\Phi UKN}{SW}=\frac{16\ 000\times0.33\times0.65\times2}{40\times15}=11.4(\text{lx})$$

4.2 道路、隧道 LED 照明

4.2.1 LED 路灯

路灯是城市照明的重要组成部分。传统的路灯常采用高压钠灯,高压钠灯整体上光效低的缺点造成了能源的巨大浪费。因此,开发新型高效、节能、寿命长、显色指数高、环保的路灯对城市照明节能具有十分重要的意义。LED 路灯与常规高压钠灯路灯不同的是,大功率 LED 路灯的光源采用低压直流供电、由 GaN 基功率型蓝光 LED 与黄色荧光粉合成的高效白光 LED,具有高效、安全、节能、环保、寿命长、响应速度快、显色指数高等优点,可广泛应用于城市道路照明。LED 路灯具有以下优点:

(1)LED 路灯本身的特性——光的单向性,没有光的漫射,保证光照效率。

(2)LED 路灯有独特的二次光学设计,将 LED 路灯的光照射到所需照明的区域,进一步提高了光照效率。

(3)LED 的光源效率目前已达 90～1 101 m/W,而且还有很大的发展空间,理论值达 2 501 m/W。而高压钠灯的发光效率是随功率增加而增大的。

(4)LED 路灯的光显色性比高压钠灯高许多,高压钠灯显色指数只有 23 左右,而 LED 路灯显色指数达到 75 以上。

(5)LED 路灯的光衰小,一年的光衰不到 3%,使用 10 年仍满足道路需要的照度要求,而高压钠灯光衰大,一年左右已经下降 30% 以上。

(6)LED 路灯有自动控制节能装置,能在满足不同时段照明要求情况下,最大可能地降低功率。

(7)LED 是低压器件,驱动单颗 LED 的电压为安全电压,单颗 LED 功率都为 lW,所以它是一个比使用高压电源更安全的光源。

(8)每个单元 LED 小片只有很小体积,所以可以制备成各种形状的器件,并且适合于易变的环境。

(9)寿命长:能使用 5×10^4 h 以上。

(10)安装简便:尤需加埋电缆无需整流器等,直接将路灯灯头安装于灯杆接上电源就可以工作。

综合上述,大功率 LED 路灯的节能效果显著,代替高压钠灯可节电 60% 以上。相对于传统路灯,LED 路灯维护成本极低。目前,LED 照明技术日趋成熟,特别是大功率 LED 路灯,正以迅猛的速度冲击传统的路灯市场。

目前大功率 LED 路灯的标准是:

(1)目前市场路灯透镜材料为改良光学材料,透过率≥93%,耐温 -38 ~ +90 ℃。

(2)LED 路灯透镜是主要用于 LED 路灯的透镜,光斑为矩形,材料是 PMMA 光学材料,透过率≥93%,耐温 -38 ~ +90 ℃,抗 UV 紫外线,黄化率 30 000 h 无变化等。

(3)路面照度均匀度的平均照度 0. 48,光斑比值 1:2。

(4)符合道路照度。实际 1/2 中心光斑达到 25 lx,1/4 中心光强达到 15 lx,16 m 远的最低光强 4 lx,重叠光强约 6 lx。

尽管 LED 路灯的发展速度迅猛,但 LED 路灯的标准却相对滞后,各地区对 LED 路灯的标准,在指标上不尽相同。我们所做的 LED 路灯要在标准上符合销售区的要求,因此投标 LED 路灯工程要深入研究当地的 LED 路灯标准,只有这样才会在激烈的市场竞争中占有一席之地。

1. LED 路灯的结构

LED 路灯由铝合金压铸灯体、LED 模组(模块)、钢化玻璃透光罩、AC/DC 恒流驱动器和电器室盖板五部分组成,如图 4-5 所示。功能结构,由散热灯体、光源室、电器室三部分组成。

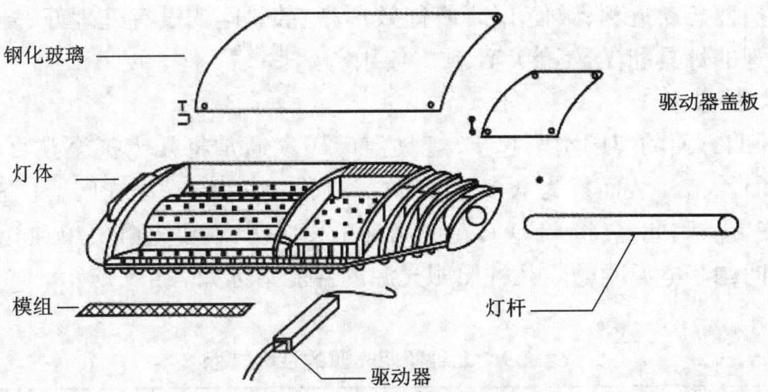

图 4-5　LED 路灯的组成结构

2. LED 路灯的现状

LED 路灯的推广效果不尽如人意,主要原因有以下几点:

(1)LED 路灯节能优势未充分突显。目前 LED 路灯在节能的同时,照度也随之下降,而能耗的对比应该是保持在同一照度前提下,因此在同一照度水平前提下,现有 LED 路灯与高压钠灯相比是否节能尚无法确定。

(2)LED 路灯的性价比。高压钠灯具,每套约为 1 200 ~ 1 500 元。目前 LED 路灯,按功率大小不同,价格相差较大。大约在 4 000 ~ 8 000 元。小于 150 W 的 LED 可以节能 10% ~ 30%,每年每灯节电约 50 ~ 150 kW · h,无法回收多花费的购灯费用。

(3)LED 路灯维护困难。以城市路灯管理部门为代表的用户,更关心路灯的维护性能。钠灯的维护性能好,灯具只要擦洗,不必更换,镇流器很少更换,光源 3 ~ 5 年更换一次,也很方便。而 LED 灯、模组(含透镜等)、电源装置等,元器件、组件损坏的可能性较大,维修更换也有困难,很可能要整体更换,费用较高。LED 路灯没有国家标准可循,但是有相应的地方标准或联盟标准。这对广大生产企业,在招标、订购、使用、维护中都会产生不利影响。

(4)LED 路灯寿命。使用寿命应立足于整灯寿命。高压钠灯包括光源、电器附件(主要是镇流器、触发器)和灯具,钠灯用于路灯平均寿命为 3 ~ 5 年,节能型电感镇流器不会低于 20 年,灯具也是如此。而 LED 路灯的使用寿命暂无使用经验。LED 芯片寿命,与封装后的温度、散热等诸多因素关系极大,另外还有驱动电路装置的电子元器件寿命问题,如电解电容寿命往往只有 8 000 ~ 10 000 h。所以说,现在 LED 路灯使用寿命无法与钠灯路灯比拟。

(5)更新换代问题。现阶段 LED 路灯技术的发展速度突飞猛进,产品日新月异,如目前大范围进行 LED 路灯更换,则势必在短期内有光效更高、性能更稳定的新一代产品出现,届时又要淘汰上一代 LED 产品。

(6)残值问题。如果目前直接用 LED 路灯全部替换高压钠灯,则在考虑照度和节能的前提下,还不能忽略被替换下来的高压钠灯的残值问题。因为换下来的都是尚处于工作期的、功能完好的高压钠灯,这部分资产被弃将是不小的浪费。

LED 路灯是近年来出现的新事物,前景广阔。但目前应用现状中还存在不少问题,尽管有少数从事 LED 路灯研究、开发和生产的企业做出了很大努力,解决了一些技术难题,推动了该产品的进步。但从整体来说,LED 路灯产品的水平、质量参差不齐、差异甚大,国家尚无统一标准,有的制造商急功近利,致使 LED 灯能效不高、散热问题没有处理好、光衰很大、使用寿命不长、没有合理的灯具配光,不能广泛推广使用。

3. LED 路灯的未来

LED 工程照明方面的应用刚刚起步,灯具生产厂家通常将几十甚至几百个小功率(一般不超过 1 W)LED 小灯拼装而成为众多光源,灯具制作工艺复杂,配光问题比较突出,叠影多,容易引起视觉疲劳。因此,要将 LED 真正应用到工程照明,就要先解决单独光源的封装问题、散热问题、配光问题和电源问题。几种照明光源的性能指标如表 4-9 所示。

表 4-9 几种照明光源的性能指标

测试项目	白炽灯	荧光灯	高压汞灯	高压钠灯	LED
发光效率/(lm/W)	16	70	50	100	100
寿命/kh	2	8 ~ 10	6 ~ 20	24	50

表 4-9(续)

测试项目	白炽灯	荧光灯	高压汞灯	高压钠灯	LED
显色指数	95	75	45	23	85
成本/[美元/(lmh)]	0.4	1.5	5	5	20
驱动电路	简单	中	复杂	复杂	中
价格因素	价格低	价格低	价格高	价格高	价格低
安全性	一般	一般	差	差	高
可靠性	差	差	一般	一般	高
亮度可调性	好	差	好	好	好

4. LED 路灯与高压钠灯费用比较

(1)初期投入费用比较(见表 4-10)。

表 4-10 1 000 盏高压钠灯与 1 000 盏 LED 路灯的建设费用比较

内容	灯具	灯具
	1 000 盏高压钠灯	1 000 盏 LED 路灯
规格	400 W 普通高压钠灯	JXLD－100LED 路灯
每套灯具价格/元	1 600	4 000
1 000 套金额/元	1 600 × 1 000 = 1 600 000	4 500 × 1 000 = 4 500 000
电流(考虑功率因数)/A	4 000(需用 6 × 350 mm² 电缆,单价为 650 元/m)	350(需用 6 × 30 mm² 电缆,单价为 60 元/m)
电缆费用(灯具按 30m 计算)/元	1 000 盏 × 30 m × 650 元 = 19 500 000 元	1 000 盏 × 30 m × 60 元 = 1 800 000 元
变压器费用/元	400 kVA(按 1 kVA,1 000 元计算)约 400 000 元	50 kVA(按 1 kVA,1 000 元计算)约 50 000 元
合计费用/元	18 250 000	5 850 000
结论	同样建设 1 000 盏路灯,LED 路灯比高压钠灯节约费用 18 250 000 － 5 850 000 = 12 400 000 元	

(2)10 年使用费用比较(见表 4-11)

表 4-11　1 000 盏高压钠灯与 1 000 盏 LED 路灯的 10 年使用费用比较

内容	灯具	灯具
	1 000 盏高压钠灯(400 W)	1 000 盏 LED 路灯(100 W)
附件	高压镇流器、触发器等(约 50 W)	无
总功率	450 W	100 W
10 年总用电量(每天按 12 小时点亮)	450×12×3 650×1 000/1 000 =19 710 000 kWh	100×12×3 650×1 000/1 000 =4 380 000 kWh
金额(按 0.6 元/度计算)/元	19 710 000×0.6=11 826 000 元	4 380 000×0.6=2 628 000 元
灯具更换费用/元	按 3 年更换一次计算 3 200 000 元	无
维护费用	1 000 000 元	100 000 元
合计费用	16 026 000 元	2 728 000 元
结论	同样使用 1 000 盏路灯,LED 路灯比高压钠灯节约费用 16 026 000－2 728 000=13 298 000 元	

(3)比较结果。在初期投入上,采用 LED 灯具费用比用高压钠灯费用略低,运行后每年可节约近 6 万元。

4.2.2　公路隧道 LED 照明设计

1. 公路隧道照明设计

近年来,隧道以能缩短行车里程的优点,被广泛应用于山岭和丘陵地区乃至越江过河的交通建设中。隧道作为道路上的特殊路段,特别是在隧道的使用过程中,随着时间的变化隧道外部亮度变化很大。当车辆在驶入、通过和驶出隧道的过程中,会出现一系列的视觉问题。大致分为以下两种:短隧道情况下,人从入口可以看到出口外的亮度很高,会产生“黑框”效应;长隧道情况下,当车辆驶入隧道时,会感觉洞口很黑,以至于无法辨认洞口附近的状况,连障碍物也无法辨认,产生“黑洞”效应。车辆在接近隧道出口时,看到的是一个刺眼的眩亮白洞,此时形成“白洞”效应,同样会降低司机出洞口时的视觉功能和视觉舒适感,无法准确判定前方的车辆。夜间通过隧道接近出口时也是一样的道理,会产生“黑洞”效应。在进行隧道亮度调节时应注意到这些视觉上的效应,尽量减小这两种效应带来的不利影响。因此,利用人眼视觉特性,设计符合人眼亮度适应曲线的隧道亮度调节方式是很有意义的。

(1)隧道照明的设置

隧道照明一般分为引入段、适应段、过渡段、基本段和出口段等五个区段照明,其中每个区段都有不同的作用。

①引入段。消除“黑洞”现象,使驾驶员在洞口处能辨认障碍物;以白天为例,假设隧道口部环境亮度为 4 000 cd/m^2,时速 80 km/h,则满足最低要求的引入段的长度和亮度分别为 40 m 和 80 cd/m^2。

②适应段。进入隧道后,驾驶员能很快适应并消除“黑洞”现象;按上述条件,适应段的长度和亮度分别为40 m和80~46 cd/m^2。

③过渡段。驾驶员逐渐适应隧道内部照明;按上述条件,过渡段的长度和亮度分别为40 m和40~45 cd/m^2。

④基本段。隧道内部的基本照明。

⑤出口段。在白天,使驾驶员能逐渐适应出口处的强光,消除“亮洞”现象;在夜间,使驾驶员能在洞内看清外部道路的线形及路上的障碍物,消除出口处的“黑洞”现象,一般的做法是在洞外使用路灯作为延续照明。

(2)机动车通过隧道过程中存在的问题

①接近隧道过程中出现的“黑洞”现象。白天,机动车司机眼睛已适应户外高达1×10^5 lx以上数千坎德拉每平方米的自然光照明。当眼睛转到亮度只有几坎德拉每平方米的隧道环境,因人眼对亮度差的感知有限,出现适臆滞后现象,就会看到一个黑色的洞穴,而无法识别其中的状态。像这样在明亮环境中看到全黑洞穴的现象叫作黑洞现象。一旦出现黑洞现象,随着机动车接近隧道,驾驶员的可视距离缩短,不能安全驾驶。黑洞现象是进入隧道前所发生的视觉问题现象,是隧道照明中最重要的问题。为防止黑洞现象的发生,从隧道入口开始的一段距离内要保证有充足的亮度,这一部分全长比机动车的安全刹车距离略长。

进入隧道,由于内外存在很大亮度差,适应存在延迟,驾驶者视觉不能很快适应隧道亮度,难以看清隧道内部状况。为防止此情况发生,应使隧道入口亮度随视觉适应速度缓慢降低,亮度要平滑过渡,亮度降低要逐级进行,但前一级亮度和后一级亮度比值不得超过3且2 m高以下墙面的亮度不能低于相应平均路面亮度。

②通过隧道过程中出现的问题。白天在隧道中的亮度要比夜间道路照明亮度高,夜晚亮度要比白天低。考虑交通流量大的长隧道中汽车排放的尾气无法迅速消散则形成烟雾,将光吸收和散射,降低可见度,而使视觉识别困难,车头灯光受汽车尾气影响很大,无法满足视认性需要,前方100 m路面亮度减半,通常以道路照明的2倍亮度弥补尾气的影响。

③接近隧道出口时出现的问题。通过出口看外部亮度极高,出口看上去是个亮洞,出现严重眩光,出口成了白色洞穴,这称为白洞现象。以白洞为背景,机动车等就成了黑色的剪影很容易识别,但跟在大型箱式货车后面的小汽车与大货车的剪影重合很难看清。在交通流量大的隧道出口附近,为了能识别重合在一起的大小车辆所做的照明称为出口照明,出口照明的区间长度为数十米。

④夜间驶出隧道前出现的问题。夜晚,从明亮隧道中驶出到没有照明道路之前,隧道外也变成了一种黑洞,无法看清道路的线形和路上的障碍物。此时,应在刚出隧道出口的道路上、在大于安全刹车距离、大约相当于机动车行驶数秒的区间内,对道路进行照明,以达到适当水平的亮度。

(3)LED隧道灯具存在的问题

LED隧道灯具在隧道照明工程中的应用已取得突破性进展,但是仍有很多具体问题存在。光学部分的问题主要存在于LED发光效率、配光分布形式及其设计、配光面型的选择以及照明效果的预判方面。电气部分的问题集中在功率因数、谐波干扰、电磁干扰以及电磁兼容、控制系统和散热等方面。

①LED光效。LED单瓦流明输出是决定LED隧道灯是否具有实用价值的基本指标。根

据 LED 隧道灯的实际使用要求,LED 隧道灯所用 LED 的单瓦流明数应达到 901 m。在经过 2006 年、2007 年 LED 的发光效率的高速发展后,CREE、Lumileds 等著名品牌每年都会相继推出最新的 LED 型号。

②一次配光分布形式。目前常见的配光分布形式有聚光型配光、侧射型配光、朗伯型配光。不同的应用场合适用不同的配光形式,道路照明宜选用蝙蝠翼型配光、射灯宜选用聚光型配光。由于隧道照明的特殊性,隧道照明中灯具的排布密度非常高,所以在隧道照明中灯具的二次配光形式不同于一般的道路照明。在隧道照明中蝙蝠翼型配光、朗伯型配光都可以满足照度均匀度的要求,这主要是由于隧道照明中灯距比较小,隧道照明工程的中间段灯距也只有 5 m。

目前道路照明以及隧道照明中比较常用的是蝙蝠翼型配光,而国内 LED 隧道灯大部分为朗伯型配光。

③配光设计的特殊性。虽然说隧道照明中对配光分布形式的要求相对宽松,但是必须有配光设计。由于配光设计是建立在光源的一次配光分布的基础上的,所以不同的光源种类有不同的分布,相应的配光设计也会改变。所以虽然有专业做反光杯、透镜设计和生产的厂家,但是他们提供的产品只是以某一种 LED 光源为设计依据,当然也只能是适合于某一种 LED 光源。而且现在 LED 光源的种类在迅速增加,在 LED 更新换代的同时也必然要求反光杯、透镜做更新换代。

④配光面型的选择。一般较常用的面型有:球面、椭球面、双曲面、抛物面、自由曲面,其中以自由曲面应用最广泛、适用范围最广。另外在配光中也有使用平面的,不过平面通常只起过渡性作用而不能起到真正的配光作用。

为了对灯具在隧道照明中的照明效果和安装方式有一个预判,通常我们有必要根据施工现场的基本参数、灯具的光电测试数据先在专用照明软件中做模拟分析,评估灯具照明效果、确定安装的最佳参数。如果说模拟分析的结果不理想,那么就有必要修改配光设计,或者调整灯具功率。

⑤功率因数。在节能与环保的要求下,世界各地正在公布电源工作效率的新标准。例如,专门针对功率因数校正(PFC)或降低谐波电流的强制标准 IEC1000 - 3 - 2 已经出现。目前功率因数校正主要有两大类:有源功率因数校正、无源功率因数校正。隧道照明一般都需要大量的灯具,电力消耗巨大。所以,必须考虑功率因数校正。

⑥谐波。谐波作为一种干扰量,使电网受到“污染”。我国已于 1993 年颁布了限制电力系统谐波的国家标准《电能质量:公用电网谐波》,规定了公用电网谐波电压限值和用户向公用电网注入谐波电流的允许值。谐波增加电气设备的热损耗,干扰其功能甚至引发故障,而且谐波可对信息系统产生频率耦合干扰。正因为谐波的危害性,所以在隧道照明中同样要考虑对谐波的抑制。但是,目前国内 LED 隧道灯市场上对功率因数、谐波等电气参数的控制还存在良莠不齐的问题。

⑦电磁干扰和电磁兼容。一个好的电子产品,既要保证能在其他设备的电磁干扰下还能正常工作,又要保证在工作时不对其他设备产生电磁干扰,通常要求电磁兼容。电磁兼容的设计水平对产品的质量和技术性能指标起到非常关键的作用。

电磁干扰一般分为两类:传导干扰和辐射干扰。传导于扰是指通过导电介质把一个电网络上的信号耦合(干扰)到另一个电网络。辐射干扰是指干扰源通过空间把其信号耦合(干扰)到另一个电网络。目前国内 LED 隧道灯在电磁干扰、电磁兼容设计还没有完全成熟,并且不同厂家产品性能参差不齐。

⑧控制系统。在隧道照明中通常要求基于洞外亮度、洞内交通量和行车速度等因素对灯具亮度和洞内亮度进行无级调控。所以,LED 隧道照明灯具的驱动电源应可以接受调光控制信号,并能够调整输出电流以调整 LED 光通量。另外,由于隧道照明中灯具使用数量巨大。所以,必须建立灯具的故障检测机制。

⑨散热。LED 是个光电器件,对 LED 来说,其工作过程中也只有小部分的电能转换成光能,其余大部分的电能转换成热能,使 LED 的温度升高。另一方面,LED 的输出光效随着 LED 结温的升高而降低,而 LED 寿命随着结温升高而缩短。所以,LED 的散热处理得好不好将直接关系到隧道灯具的使用效果和寿命。

2. LED 隧道灯具

LED 隧道灯具是隧道灯的一种,它应用于隧道、车间、大型仓库、场馆、冶金及各类厂区、工程施工等场所大面积泛光照明,最适用于城市景观、广告牌、建筑物立面做美化照明。

(1)LED 隧道灯特点

LED 隧道灯是一种高效节能灯具,选用高强度、气体放电灯作光源,光效高、寿命长,配合不同反光镜可实现多用途照明,并经柔化处理,不会使人产生眩目或其他不适反应。镇流器选用过热保护技术,确保灯具使用寿命。进口高纯镜面铝阳极氧化材料做反光镜,并通过精确配光设计,功率因数大于 0.9 反光效率高,透光性好,节能环保。

(2)LED 隧道灯适用环境

LED 隧道灯外壳选用强度高、韧性好的合金环保材料,透明件为加强钢化玻璃,防尘防水,耐腐防锈,具有较强的抗强力碰撞和冲击能力;多道防震结构和高科技表面喷涂处理,各种近距离高强高频震动不能对灯具造成影响,并能在车间、路基、路轨等高频震动和潮湿、高温环境中长期稳定工作。良好的电磁兼容性,不会对输电网络造成干扰。

4.3　道路照明节能

道路照明中的节能十分重要。为此,国家以标准中的强制性条文形式进行了节能规定。要求在机动车道路的单位路面面积上所使用的照明功率不得超过规定的数值,即以照明功率密度(*LPD*)作为照明节能的评价指标,要求机动车道的照明功率密度限值应符合表 4-12 的规定。

表 4-12　机动车道的照明功率密度限值

道路级别	车道数/条	照明功率密度(*LPD*)限值/(W/m^2)	对应的照度值/lx
快速路主干路	≥6	1.00	30
	<6	1.20	
	≥6	0.70	20
	<6	0.85	

表 4-12(续)

道路级别	车道数/条	照明功率密度(*LPD*)限值/(W/m^2)	对应的照度值/lx
次干路	≥4	0.80	20
	<4	0.90	
	≥4	0.60	15
	<4	0.70	
支路	≥2	0.50	10
	<2	0.60	
	≥2	0.40	8
	<2	0.45	

注:1. 表中适用于所有光源。

2. 本表仅适用于设置连续照明的常规路段。

3. 设计计算照度高于标准值时,*LPD* 值不得相应增加。

4. 当不能准确确定灯具的电器附件功耗时,其功耗按照 HID 灯具以光源功率的 15% 计算,LED 灯具以光源功率的 10% 计算。

为了满足节能的要求,就应在照明设计以及此后的运行维护中采取相应的措施,基本措施包括以下几个方面:

(1)照明设计应根据道路的具体情况,合理选定照明标准值;进行照明设计时,应提出多种符合照明标准要求的设计方案,进行技术经济综合分析比较,从中选择技术先进、经济合理又节约能源的最佳方案。

(2)路灯专用配电变压器应选用符合现行国家标准 GB 20052《三相配电变压器能效限定值及能效等级》规定的节能评价值的产品。光源及镇流器的能效指标应符合国家现行有关能效标准规定的节能评价值要求;选择灯具时,在满足灯具相关标准以及光强分布和眩光限制要求的前提下,采用传统光源的常规道路照明灯具效率不得低于 70%;泛光灯效率不得低于 65%。

(3)气体放电灯应在灯具内设置补偿电容器,或在配电箱(屏)内采取集中补偿,补偿后系统的功率因数不应小于 0.85。

(4)在道路照明系统运行中,应该根据所在道路的照明等级、夜间路面实时照明水平以及不同时间段的交通流量、车速、环境亮度的变化等因素,确定相应时段需要达到的照明水平,通过智能控制方式,调节路面照度或亮度。但经过调节后的快速路、主干路、次干路的平均照度不得低于 10 lx,支路的平均照度不得低于 8 lx。

(5)对于那些采用双光源灯具照明的道路,可通过在深夜关闭一只光源的方法降低路面照明水平。中小城市中的道路可采用关闭不超过半数的灯具的方法来降低路面照明水平,但应注意不得同时关闭沿道路纵向相邻的两盏灯具。

(6)对于道路照明系统而言,应制订维护计划,定期进行灯具清扫、光源更换及其他设施的维护。

4.4 夜景照明

灯光夜景已成为现代城市文明的重要标志。夜景照明对美化城市，展现城市风采，增强城市的魅力，提高城市的知名度和美誉度，优化人们夜生活，促进旅游、商业、交通运输、服务业，特别是照明工业的发展，减少交通事故与夜间犯罪等均具有重要的意义和深远的影响。它一般包括建筑物立面照明和景观照明两部分。

4.4.1 夜景照明的应用范围

运用灯光表现物体的自身特征时，可以是自然物或风景点，也可以是古建筑或现代建筑，通常主要对象有下列几种。

(1)纪念性建筑。纪念性建筑是一些具有艺术、美学特征的建筑，如毛主席纪念堂、人民英雄纪念碑、人民大会堂等，夜景照明使它们在夜晚也一样巍峨壮观。

(2)重要建筑物。重要建筑物均有用夜景照明再现的可能和必要性，例如宾馆饭店、博物馆、图书馆、银行大厦、立交桥、火车站、飞机场、塔、电视塔、牌坊、钟楼、码头、港口、广场、墙、水坝等。通过这些建筑的夜景照明美化城市，吸引更多的游客，增加效益。

(3)商业建筑。商店照明主要将铺面照明、橱窗照明、广告标志灯光照明以及街道照明融为一体，静与动相结合，造型各异，立体交错，五彩缤纷，以呈现出繁华热闹的景象，从而增加市场的活力。

(4)自然景点。自然景点(如悬崖、山峡、瀑布等)夜景可以增添生气，岩洞、暗河、钟乳石等大自然景观，采用夜景照明可增加神秘的色彩。

(5)艺术品和亭阁。艺术品是以各种原料或材质创造出来的物体，有纯粹装饰的作用，例如塑像、浮雕、门楼以及一些景观等。亭是一种小的建筑，用来装饰或点缀空间，例如凉亭、塔楼等。使用夜景照明后，这些艺术品和亭阁在夜间也能熠熠生辉。

(6)公园。为了欣赏或消遣，公园内的树木、花坛、甬道、小径也可设置夜景照明。

(7)水景。水景如喷水池、喷泉、静水和湖泊等，它们与照明的结合，创造出更加迷人的景色。

(8)城市广场。广场内有标示性的景观、树木、喷水池、露天剧场、草坪、花坛等，形成一定规模的景观。

4.4.2 夜景照明光源选择

1. 白炽灯

白炽灯的特点是显色性好，适应面宽，可以调光，可以经常开关，为动感照明提供了可能性。灯泡玻璃可以做成无色或彩色，适于装饰照明。白炽灯常用于轮廓照明、灯带、灯串、水下照明和壁灯等。

2. 卤钨灯

卤钨灯在夜景照明中常用于小功率投光灯。

3. 密封光束灯泡(PAR 灯)

此种灯的泡壳是由厚玻璃制成，内壁镀银，前面是平面或棱镜面的透明玻璃。采用这种光学系统可以取消装在外面的反射器。灯泡的光束角度在6°～12°,灯具有防雨和防水功能。彩色PAR灯用彩色(蓝、绿、黄、红)玻璃制造。灯的功率一般在150 W以下,国外也有大功率产品,寿命为2 000 h,此种灯用于室外投光照明。

4. 霓虹灯

这是一种冷阴极放电灯,有各种颜色,并可根据用户要求做成各种图案或文字。灯的光效低,但寿命长;能频繁开关、迅速点亮而不影响寿命,可做成动态装饰照明。霓虹灯可用做高大建筑物上的广告、轮廓照明和装饰图案等,也可用于卡拉OK歌舞厅、夜总会、厅堂、饭店、宾馆内装饰等。

5. 金属卤化物灯

此种灯内含有汞蒸气和不同的金属卤化物添加剂,灯泡发出白光,光效高,色温为3 000～6 000 K,显色指数65～90,寿命长可达10 000 h,灯泡功率范围为50～3 500 W。此灯启动和再启动都需要时间,所以不能用于动感照明。它被广泛用于室外泛光照明。除金属卤化物灯之外还有彩色金卤灯,如绿色(碘化铊灯)、蓝色(碘化钠灯)、红色(碘化锂灯)、紫色(碘化镓灯)等。彩色灯国产灯泡寿命较低,色纯度差,功率小于1 000 W。彩色金卤灯广泛用于泛光照明,一般作为装饰和点缀之用,不宜大面积采用。

6. 高压钠灯

高压钠灯是一种金黄色光的高强气体放电灯,色温为2 000 K,光效很高,显色性差,平均显色指数只有25。还有一种改善光色的高压钠灯(NGX型灯),它的显色性有所改善,可达60。钠灯寿命长达10 000 h。由于它是黄色光,在夜景照明中应用广泛,特别对于暖色调的建筑物十分适合,如用于黄色、褐色等建筑的立面照明。它不适用于绿色植物照明,也不能用于动感照明。

7. 低压钠灯

低压钠灯是单色光源,比高压钠灯还要黄,其色温为1 700 K,光效很高,寿命长。因是单色光,所以不宜用显色指数说明显色性。它只能用于特殊的光照场合,如黄色、橙色表面照明、轮廓照明,或用作重点照明,例如一些拱顶、桥、拱门之类的建筑物。

8. 发光二极管(LED)光带

将LED管子插在印刷电路板上,然后封装在用类似聚碳酸脂等材料做成的透明(半透明)的外壳内,组成横断面是圆形或长方形的条状光带,光带的长度可根据需要做成任意长度,此光带沿建筑物轮廓敷设,实现轮廓照明。

可以采用单色LED做成单一色光带,也可以采用三种颜色(三基色)的LED混光产生多种颜色,利用控制器可以进行动态照明。

LED光带体量可做得比霓虹灯灯管大很多,勾勒轮廓给人一种粗犷挺拔的感觉,而且采用的是安全电压(12 V,24 V),省电节能,基本上无需维护,亮度比光导纤维亮,是一种很有前途的产品。

9. 场致发光(EL)光带

EL是在玻璃上或塑料上涂荧光粉,在电场作用下发光。随着各种低压荧光粉的开发,EL已进入实用阶段。使用的薄膜厚度不断变薄(已达0.17 mm),亮度不断提高(达到1 000 cd/m^2)。它可以做成白色及各种颜色。它不仅具有LED的优点,还可以随意改变形状,将其制成光带沿建筑物轮廓敷设,实现轮廓照明。

10. 光纤照明系统

光纤照明系统由光发生器、光导纤维管(光纤)、光输出装置(仅用于端发光光纤)三部分组成。光纤照明系统有两种类型,一种是利用光纤的全反射特性,将光从发生器传输到光输出的装置,称为端发光;另一种是使入射光线方向与光纤轴线的夹角大于临界角,即入射光线方向不满足全反射条件,有一部分光线从光纤侧面透出来,做成侧发光光纤。侧发光光纤用于轮廓照明很合适,可以任意弯曲,外套透明抗紫外 PVC 套管,整条发光,类似霓虹灯效果,故有人称它为光纤霓虹。

对于侧发光的光纤,由于光线在传导过程中发生了折射,会产生衰减,传导距离较长时会造成亮度不均匀。可在末端装一个反射装置,使光线从末端反射回来,再在光纤中传导,也可采用在双端同时连接光发生器或采用链式连接发生器的方式,以改善光纤管表面亮底的不均匀。

侧发光光纤比霓虹灯暗,适合用在周围环境亮度不太高的地方,否则效果会不理想。

4.4.3　建筑物的立面照明

室外建筑物照明可使大型商业建筑、办公大楼、宾馆饭店、纪念馆等建筑物在夜间产生魅力动人、令人印象深刻的艺术效果,充分表现建筑作品的特征和建筑物的形象,使夜晚的城市显得生机勃勃,并为人们提供明亮舒适的生活空间。

室外建筑物照明采用下列几种方法。

1. 彩色串灯照明

一般适用于古建筑物或立面对称且较低的建筑,现在常用霓虹灯、导光管、光导纤维、发光管以及小功率彩灯管等现代新型灯具勾勒出建筑物轮廓。导光管外观为圆形管,管中安装有微小光学棱柱状结构的蚀刻镜照明薄膜,当灯光从一端入射时,蚀刻镜照明薄膜产生反射和透射使导光管发光。导光管具有光线柔和、美观耐用、省电、不发热、无污染、可弯曲、不怕水、不容易损坏等特点,提高了灯具的发光效率,大大减少了灯具的眩光和维修率,并且可独立方便安装和维修光源。使用时可多个导光管串接安装。

2. 室内泛光照明

常用于办公楼或采用大玻璃、玻璃幕墙设计的现代高大建筑物,通常是利用建筑物内部照明透光将窗户等照亮,使建筑物各部位通过透出的灯光,与外面夜色形成强烈的明暗反差,加强装饰效果,建筑物在夜色中显得富有生气和立体感。这种照明方式节约了一次性投资,便于维修。但长期运行费用较高,在国内较少采用。

3. 室外泛光照明

常用于有重要意义和观赏价值的现代化高楼大厦、商业建筑和塔式建筑物等。采用泛光照明应具有以下条件:被照建筑物的表面应具有一定的反射比,这样投光灯就把光照射在建筑物立面上,再通过它的反射,使人们能在远距离看到建筑物;被照建筑表面的反射性质最好为漫反射或扩散反射。

(1)泛光照明设计程序

①根据建筑物的性质和周围环境确定所要展现的艺术效果。

②依据有关规范及建筑物的表面材料、位置、环境等因素和艺术效果要求确定建筑物各个面的照度值和色表。

③根据建筑物的体形、周围条件确定灯的位置。

④依据确定的灯位确定灯具的类型和光源。

⑤依据灯具、光源的类型以及灯具至建筑物立面的距离和角度计算照度,以确定灯具的数量、功率及投射方向。

⑥做泛光照明的供配电控制以及线路敷设等设计。

(2)光源和照度选择

建筑物泛光照明一般选用钠灯和金属卤化物灯作为光源。

泛光照明所需照度的大小应视建筑物墙面材料的反射率和周围的亮度条件而定。相同光通量的照明灯光投射到不同反射率的墙面上所产生的亮度是不同的。如果建筑物的周围环境较亮,则需要较多的灯光才能获得所要求的对比效果。建筑物泛光照明的照度推荐值见表4-12。

表 4-12 建筑物泛光照明的照度推荐值

墙面色泽	墙面材料	反射系数/%	周围环境条件		
			明亮的	暗的	很暗的
			推荐平均照度/lx		
明	明亮的大理石、白色或奶油色瓷砖、白色粉刷	75~85	150	50	25
中	混凝土、着淡色油漆、明亮的灰色或褐黄色石灰石、面砖	45~70	200	100	50
暗	灰色石灰石、砂岩、普通黄褐色的砖块	20~45	300	150	75
暗	普通红砖、褐色砂岩、黑色或灰色的砖块	10~20	500	200	100

(3)灯具的安装位置

选择灯具的安装位置时,要尽量使被照建筑物表面有比较均匀的照度,能够形成适当的阴影和亮度对比效果。并注意建筑物本身所具有的特点,投光灯可以安装在建筑物下方、上方、远处等隐蔽的地方。一般有下列安装方法。

①在邻近建筑物上设置。注意隐蔽灯具,如图4-6所示。

②在靠近建筑物地面设置。一般设在花床、树丛等后面,如图4-7所示。

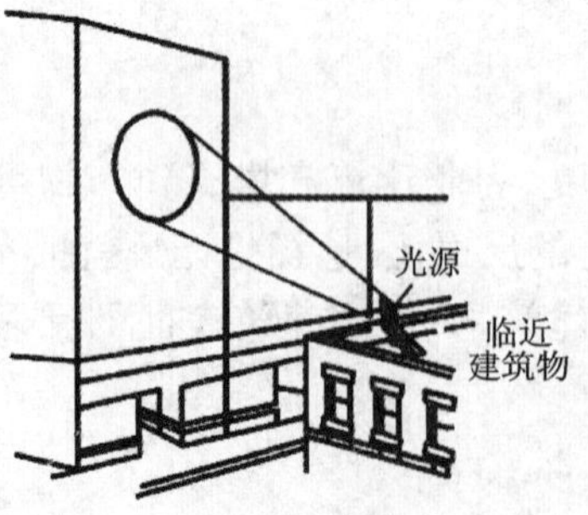

图 4-6 灯具在邻近建筑物上设置

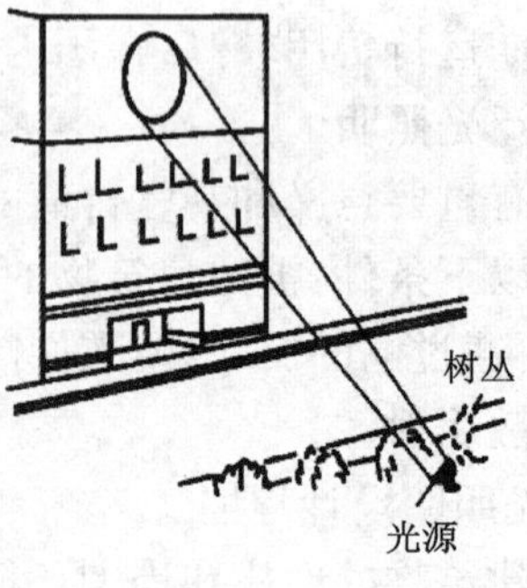

图 4-7 灯具在靠近建筑物地面设置

③在建筑物本体上设置。可设在建筑物凸出部分，但不要破坏建筑物的表面形象，如图4-8所示。

④在街道侧或建筑物前设置灯柱，设置时灯柱要与周围环境相协调，不能破坏建筑整体风格，如图4-9所示。这种方法的优点是：灯具装设高，避免了眩光对道路和行人的影响；灯具距建筑物不太远，节约了电能；设置灵活，安装方便，易于维修。

图4-8　灯具在建筑物本体上设置

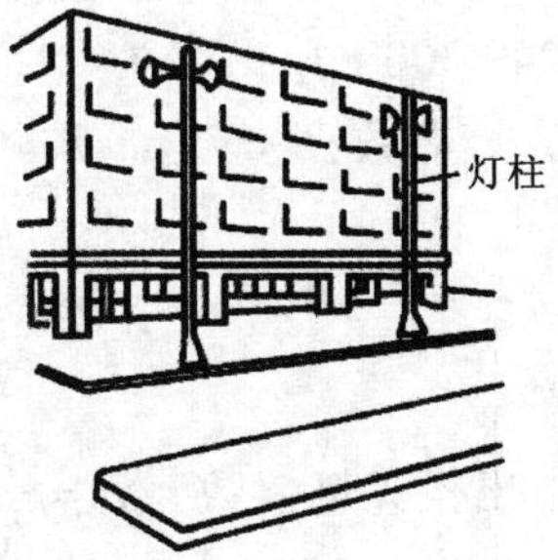

图4-9　灯具在灯柱上设置

在运用上述四种方法时，还应注意：在离开建筑物设置灯具时，其距离 D 与建筑物高度 H 之比不小于1/10，可得到较均匀的照明；在建筑物本体上安装灯具时，投光灯凸出长度取0.7～1.0 m，小于0.7 m时，会使被照建筑物照明均匀度变坏，超过1.0 m时，会在灯具的附近出现暗角，使建筑物周边形成阴影区。

(4)利用发光强度法计算投光灯盏数

发光强度为确定方向上光源辐射的光通量密度，建筑物立面所需的发光强度 I 用公式(4-4)和公式(4-5)计算，见图4-10。

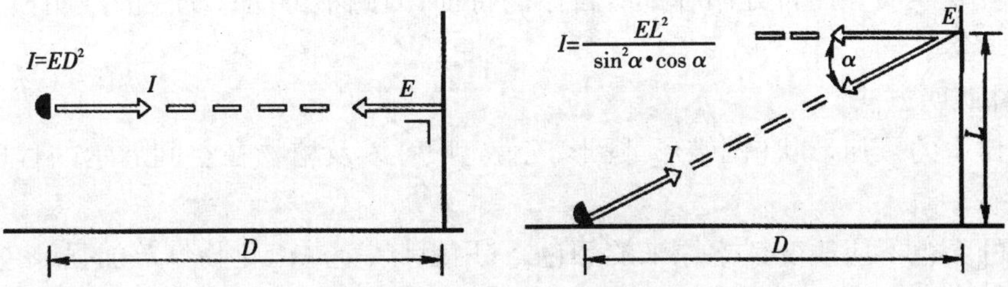

图4-10　发光强度计算示意图

(a)为正射；(b)为斜射

正射时：
$$I = ED^2 \tag{4-4}$$

斜射时：
$$I = \frac{EL^2}{\sin^2\alpha \times \cos\alpha} \tag{4-5}$$

式中　E——立面上的垂直照度；

L——投光灯投射高度，m；

D——投光灯距建筑物的距离，m；

α——光束在立面上的入射角，$\alpha = \tan^{-1} \times \dfrac{L}{D}$。

用计算出的 I 值除以单盏灯发光强度 I_0（从出厂数据中查出），就得到所需要的投光灯盏

数,即

$$N=\frac{I}{I_0} \tag{4-6}$$

例 4-2 某尖塔顶高度为 90 m。投光灯设置在距塔 75 m、高 20 m 的建筑物屋顶,试设计泛光照明。

解 (1)确定灯型和照度:选定照度为 50 lx。选用天津 812 型投光灯,光源为钪钠灯 400 W,光强 $I=249\ 300$ cd。

(2)确定投光灯盏数:$D=75$ m,$L=90-20=70$(m)

$$\alpha=\tan^{-1}\frac{L}{D}=\tan^{-1}\frac{70}{75}=43°$$

由式(4-5)求出 $I=720\ 000$ cd;

由式(4-6)求出投光灯盏数 $N=\frac{I}{I_0}=\frac{720\ 000}{249\ 300}\approx 3$(盏)

选用 3 盏投光灯就能满足要求了。

这种高塔建筑应从两个方向或三个方向投射,所以本例宜用 3 盏投光灯为一组,设置二至三组投射,就能达到预期效果。

4.4.4 景观照明

1. 园林景观照明

在公园、庭园、绿化带、住居小区等处种植树木、灌木、花草等,用它们的颜色、排列等来装饰环境,使环境美化并有生气。如果在夜间对这些花草树木施以照明,则能再现或重塑环境的美丽景象。但出于美学和经济的原因,照明整个绿色环境是不可能的。因此,要选择具有特色的景观进行夜晚照明。而每处园林都有自己的特征,因此不可能有统一的照明模式,要根据具体特征确定方案。

(1)园林照明方法

①按照树木的几何形状(圆锥形、圆形、分散型等)以及植物在空间展示的程度进行照明,照明与其形态一致。

②光源的颜色不应改变树木原来的颜色,宜用汞灯、金属卤化物灯等加强绿色。随着季节的变化灯光也应相应变化。

③在落叶树上装上灯串可起到装饰效果,但应避免烧坏树叶。

④灯具安装方法有三种:只有一个观察方向时,灯具固定在略高于水平面的混凝土基座上,但不得影响割草机的维护工作;在有多个观察点时,为了避免眩光可将灯具安装在低于水平面的沟内;另外,在投光灯的背后种植灌木丛用来遮挡灯具,或用圆石、花盆、土山、假山等遮挡灯具。

⑤灯具应选用水密型,并能防虫、防除草剂和杀虫剂等。

⑥一般情况下,园林中哪里树木多,就在哪里安装少量适宜的照明。

⑦对树木从下部向上照,即向树丛中投射光,使树叶形成光彩的图案,令枝叶有奇妙的外观。

⑧窄小的或树叶茂密的树木,可以用传统的方式从正面进行泛光照明。这样在暗背景下,

看起来更出色。

⑨若在亮背景上形成未被照亮的树木的剪影，会很引人注目。

⑩需要创造有趣的效果时，可以突出表现一棵树，把它独立出来，或对一组树中的一棵树，用特殊照明方式处理。当为一棵树照明时，不同的角度会有不同的效果，这样过路游人经过时可见不断变化的图案。

(2)投光灯的布置及安装方法

①成排树木和组合式树群照明的灯光布置见图 4-11。

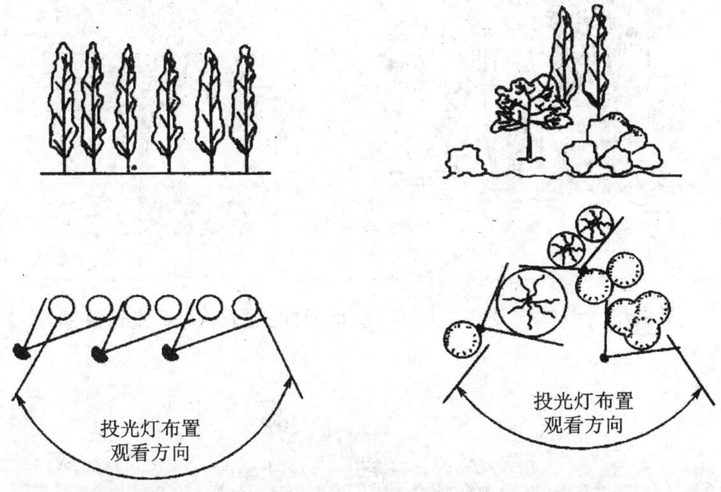

图 4-11　成排树木和组合式树群照明的灯光布置图

②单体树及成组树群（斜照式投光）照明的灯光布置见图 4-12。

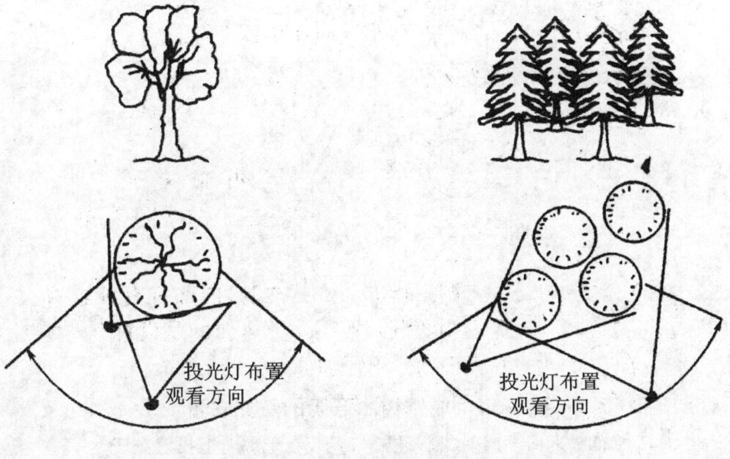

图 4-12　单体树及成组树群照明的灯光布置图

③单体树及成组树群照明（从地面向上投照）的灯光布置见图 4-13。

④成排树木照明的灯光布置见图 4-14。

⑤花坛夜间照明投射方法见图 4-15。

其布灯方法如下：将灯具装在花坛中央或侧边，灯的高度 0.5～1.0 m。灯有蘑菇式，光线只向下照射；也可采用灯向上照射。对低矮植物，用反射灯槽。由于花有各种颜色，因此要求使用显色指数高的光源，如白炽灯；也可采用小功率长寿的高显色高压钠灯（2 500 K，R_a 为80）或小功率金卤灯。

园林照明中的投光灯安装方式见图 4-16。

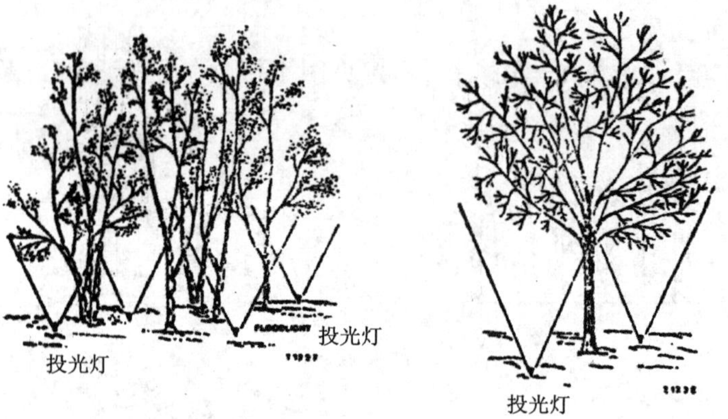

图 4-13 单体树及成组树群（从地面向上投照的灯光布置图）

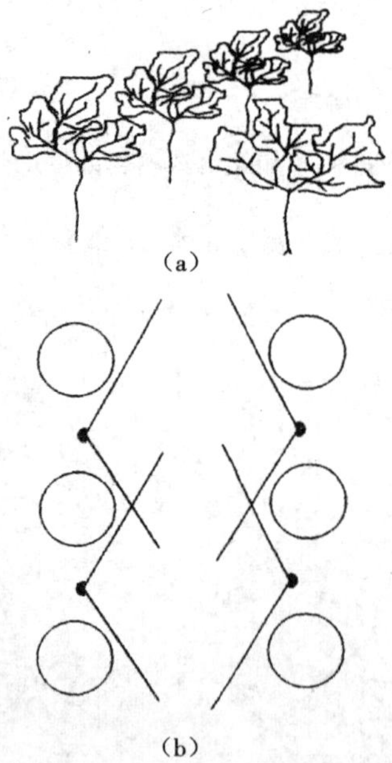

图 4-14 成排树木照明的灯光布置

(a)由上向下照射花坛；(b)灯具装在下部向上投射花坛

(3)园林中小径的照明

为确保公众的安全，园林中小径和步行道应予照明。照明的目的是指明障碍物、道路转弯处、台阶等。其处理方法如下：

①在小径上设置庭园柱灯，注重装饰性。

②在林荫道上使用部分隐蔽在树后分散布置的矮柱庭园照明。

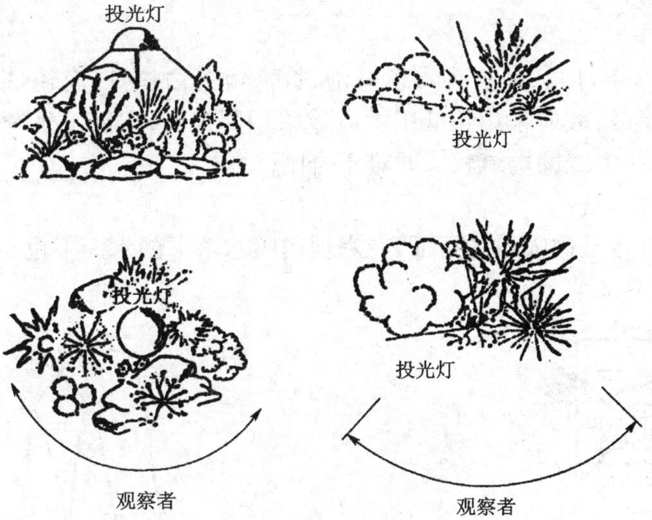

图 4-15　花坛夜间照明投射方法

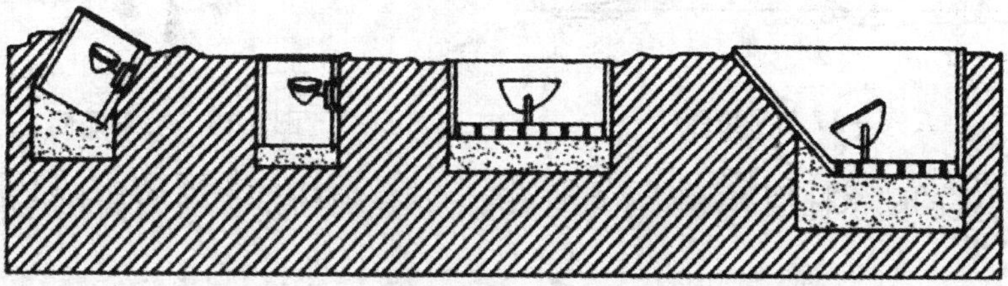

图 4-16　园林照明中的投光灯安装方式

③在树木枝干相互掩映的小路中,在树的主干及主干分叉处安装小型散射防水灯泡,以提供充分的间接照明。光线直接照射树叶,下面的小径会得到一种柔和的散射照明。

④在树脚下安装投射灯照亮树干,可以得到完善的景观。

2. 水景照明

水景分池塘、湖泊、河流、瀑布、喷水池等。

(1)静水池塘和湖泊照明

水面静止时形成镜面,可映出岸上的景物。对用泛光照明的建筑物、雕塑、树木等,尤其是桥梁,夜晚水面上的倒影增添宁静的气氛。

布置照明是应注意以下几点:

①光线不能照射水面,使水面保持黑暗。

②光源设置愈低愈好,光束平射或向上斜射。

③水面需洁净,如有污物或水生植物会使反射变弱或变形。

(2)河流照明(图 4-17)

处理方法如下:

①对于缓缓流淌的河面可用与湖面照明相类似的方法处理。

②如果河水是汹涌翻滚的水面,可以通过岸上的投光灯直接照射水面,反射光呈现不断变

化的动态光,引人入胜。

(3)喷泉照明

喷泉照明采用水下灯具,一般为彩色灯泡,灯泡可为白炽灯、卤钨灯、PAR 灯。灯具浸在水中容易发生触电事故,故应采用超低压供电或采用隔离变压器 IT 系统供电,也可采用漏电开关保护,但此种保护方式漏电流较大时难于合闸。

喷泉照明的处理方法:

①将投光灯设在水池内喷口的后面,在水池内喷水落下的水面下也装投光灯,灯具离水面不超过 10 cm,见图 4-18。

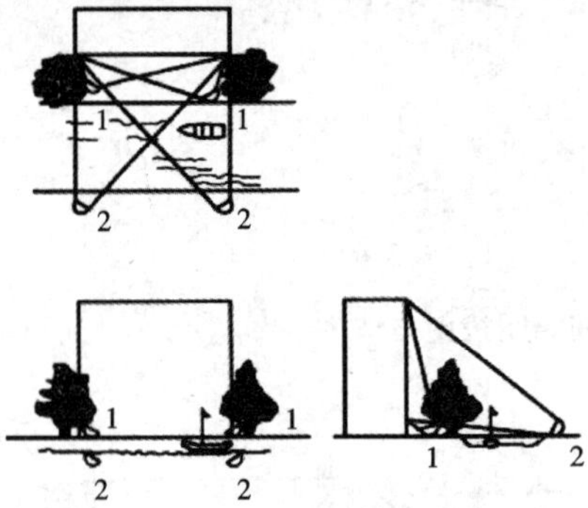

图 4-17 河流照明

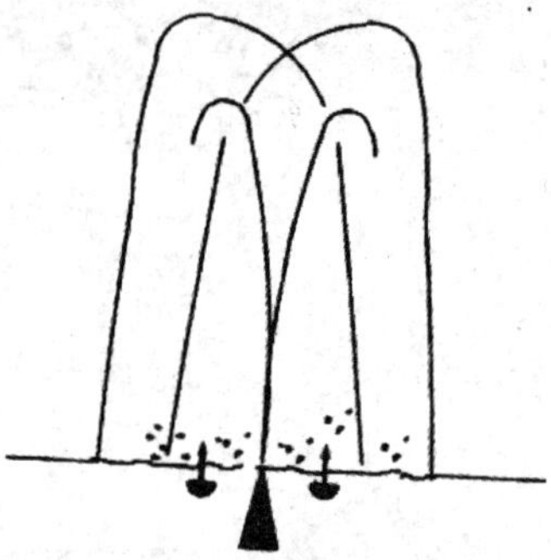

图 4-18 喷泉照明

②对又高又细的喷水柱应选用窄光束灯投射;对喷涌的泉水在始端和终端设置宽光束灯具照明。

③大型水晶芭蕾,随音乐声响改变光色与喷泉的喷射方案及水柱高度,通过方案的组合变换实现声、光、水柱结合的多种景观。

各类喷泉灯光的要求不同,简述如下:

①垂直喷泉(见图 4-19)要求:

喷射高度	窄光束投光灯
3m	3×150 W
3~6m	6×150 W
7~10m	6~9×150 W
12m	3×25 W(在中心)
	6×250 W(在同心环内)

②非垂直喷泉(见图 4-19)要求:

喷泉高度	喷水始端	喷水终端
1~3m	1×150 W(窄光束)	1×150 W(宽光束)
3~5m	2×150 W(窄光束)	3×150 W(宽光束)
5~10m	3×250 W(窄光束)	3×250 W(宽光束)
10~20m	3×250 W(窄光束)	6×500 W(宽光束)

灯具可布置成两排,每排3只。

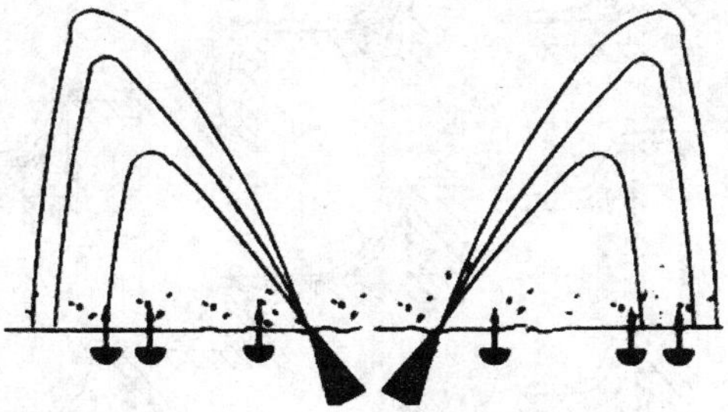

图4-19　非垂直喷泉照明

③倾斜喷泉(见图4-20)要求:

喷泉高度	喷水始端	喷水终端
1~3m	1×150 W(窄光束)	1×150 W(宽光束)
3~6m	2×150 W(窄光束)	2×250 W(宽光束)
6~10m	3×250 W(窄光束)	2×250 W(宽光束)

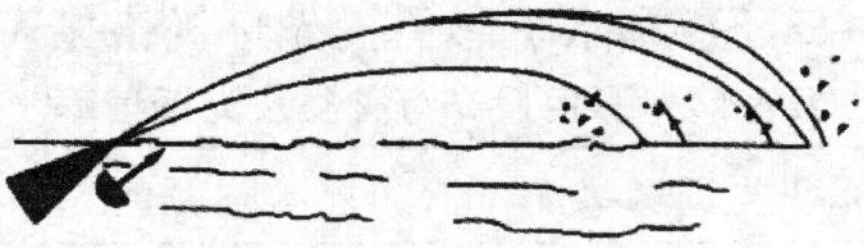

图4-20　倾斜喷泉照明

④圆形喷泉要求

这是喷泉的组合方案之一,中间设一个垂直喷泉,外围设喷涌喷泉,投光灯兼顾垂直喷泉和喷涌喷泉,在喷泉出口附近布置,见图4-21。

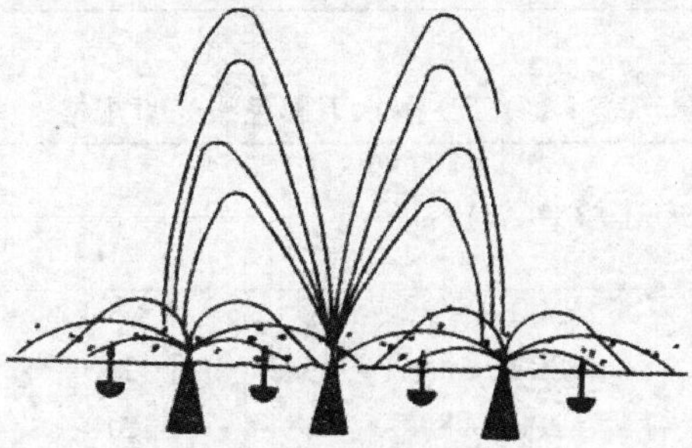

图4-21　圆形喷泉照明

(4)瀑布照明(见图4-22)

瀑布照明中的灯具固定在水槽的台阶上,注意灯具应能承受落水的冲击。

瀑布照明处理方法如下:

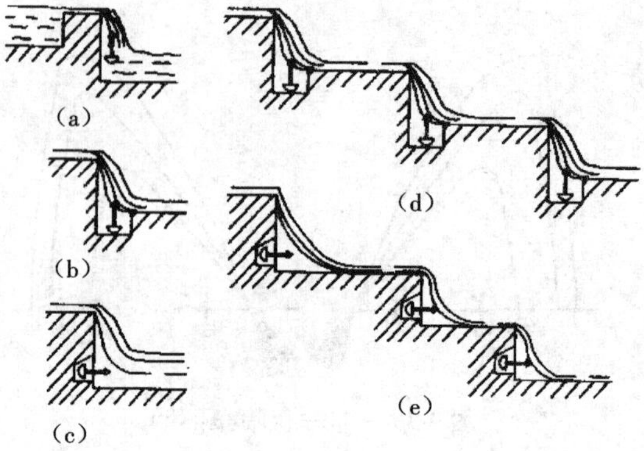

图 4-22 瀑布照明

①灯具应安装在水流下落处的底部。

②可以从水坝形成的水幕的后方照明,使水中折射出的光产生多彩的景色。使用混合的色光将会产生迷人的效果。颜色变化的灯应使用单独开关控制。

③灯的输出光通取决于瀑布的落差、水流量、有关的落水层厚度以及流出水口形状、水流散开的程度等。一般在瀑布宽的方向上每米装 3 只 500 W 灯泡,也可采用荧光灯。

④具有变色动感的照明可与水流的变化配合,实现艺术的水流、灯光、音响的自动控制。

(5)彩色投光灯种类

彩色投光灯的种类见表 4-13,SD 型水下彩色投光灯规格见表 4-14,灯具的结构见图 4-23。

表 4-13 彩色投光灯种类及光透射率

颜色	可见光透过率	颜色	可见光透过率
黄	0.5~0.55	玫瑰红	0.22~0.27
大红	0.16~0.21	深绿	0.05~0.10
孔雀蓝	0.06~0.10	淡紫	0.25~0.30
淡蓝	0.15~0.20	深紫	0.06~0.11
天蓝	0.13~0.18	无色	1.0

表 4-14 SD 型水下彩色投光灯规格

型号	功率(W)	尺寸(mm)	
		D	H
SDA1-500	500	210	350
SDA2-300	300	210	
SDA3-200	200	210	
SDB1-150	150	210	320
SDB2-100	100	210	
SDC1-200	200	210	
SDE-60	60	125	300

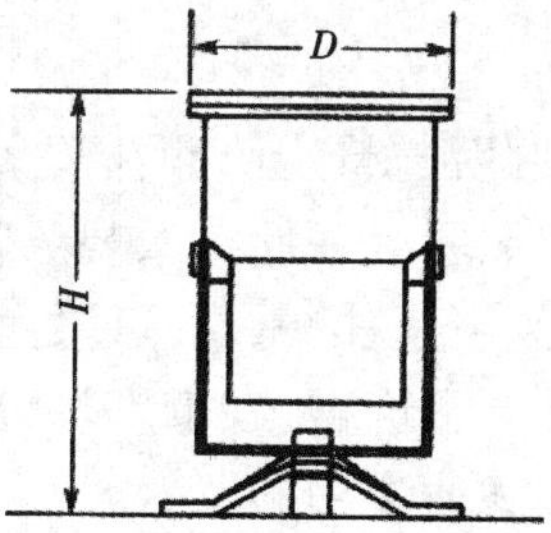

图 4-23　水下灯具图

4.4.5　夜景照明设计步骤

1. 方案的创意和构思

首先收集资料,确定被照对象所属类别,进一步确定要突出的重点。其次是进行试验,必要时,对重大建筑可进行局部照明试验,以便获得有价值的信息,利于方案的确定。最后是确定表现方法,通过效果分析,选定方案的表现方式和方法,如投光照明、轮廓照明、动感照明、内透光照明、局部照明、声光照明控制等。

2. 确定灯具安装的位置

投光灯具可以放在建筑物附近的地面上或附近建筑物上,安装在建筑物的本体上,也可设在电杆上、塔架上、专用灯架上。确定位置时要考虑的主要因素:符合所要求的照明效果;得到建筑物所有者以及周围建筑物所有者的准许;对附近的交通或航空、航海部门的航行有无影响;施工或电源供给是否方便。

3. 确定物体的亮度、照度标准及灯光的颜色

在确定被照物亮度时除依据照明效果、环境亮度、建筑物的材料颜色反射比以外,还应考虑使用频度。如果使用频度很高,就要特别注意节能。此外,还要考虑设计标准,要根据地区的重要性、建筑物本身的重要性以及地区的应用水平等确定方案的照度标准。确定灯光的颜色时,要考虑主光色是暖色还是冷色,主要应考虑被照建筑的颜色和要表现的主调。同时确定装饰彩色光的应用。

4. 灯具、光源的选型及方案的确定

选择光源主要考虑使之效率高、寿命长、颜色和显色性符合设计要求。对气体放电灯还应注意配套接线方式、功率因数高低等。选择灯具主要注重效率高低、光束角是否符合设计要求、灯具的防护等级是否符合室外应用,以及其造型、质量、安装方法等。

5. 参数计算

选定光源、灯具类型后,应通过计算验证,数据满足设计要求后才能最终确定。在确定以上各项后,还要对各种可能的方案进行技术经济比较,以确定最佳方案。最佳方案确定后,才能确定灯具的位置、灯架形式、防止眩光的措施等。

6. 设计电气线路,画施工图

对配电系统及其控制方式、保护方式等进行论证,并对电气线路进行设计计算,画出施工图。

4.4.6 景观照明灯具

LED景观照明的目标是使景观照明与景观协调，因“景”制宜，因建筑特色制宜，达到美化环境的目的，同时还注重自然环境与照明统一性。景观照明可以改变环境的外观，艺术性的照明灯光和色彩，构成动态和静态的光、声、色的景观，点缀大自然环境。景观照明为了提高可视性和观赏性。越来越多的LED应用于建筑物、城市广场、园林、步行街道中，其优异的节能特点和极长的使用寿命，被灯光设计师和业主们的青睐。

1. 地面灯具

地面灯具使用LED光源可以将尺寸小型化。一方面可以用于环境照明，另一方面可以用于发光装饰照明或引导性功能照明。依据具体的地面铺装结构灯具的出光口面积可大可小。嵌入式石灯、地砖灯以切边加工的方式与铺装的石材取得一致，达到环境与光源和谐统一的效果。目前部分产品已实现模数化设计，例如作为地面铺装层照明的发光地砖，产品的尺寸与地砖的尺寸相协调，产品规格有150 mm×150 mm，200 mm×200 mm，200 mm×100 mm，300 mm×300 mm，400 mm×200 mm等。

(1)LED地埋灯。地埋灯在照明领域应用很广泛，由于它是埋在地面供人照明而得名的，工作电压为DC 12 V或AC 220 V，单个LED功率为1～5 W，防护等级IP65，控制方式分为内控、外控、DMX512控制。光源有单色和由RGB组成的七彩两种，七彩地埋灯可以实现红、橙、黄、蓝、绿、白、紫，七色渐变、跳变等多种梦幻色彩组合，具有色彩绚丽、魅力四射的灯光效果。型号规格有ϕ320×Hl75，ϕ245×H245，ϕ250×H250，ϕ220×H180，ϕ185×H150，ϕ180×H160，ϕ150×H160，ϕ250×H250，ϕ290×H240，ϕ160×H140等。

LED地埋灯采用精密铸铝灯体、不锈钢抛光面板或铝合金面板、优质防水接头、硅胶橡胶密封圈、弧形多角度折射钢化玻璃、PC罩、防水、防尘、防漏电、耐腐蚀。造型简洁，外观小而精致。

LED地埋灯具有体积小，功耗低，寿命长，安装方便的特点。一次施工，数年使用。广泛应用于广场、酒楼、私人别墅、花园、会议室、展览厅、小区环境美化、舞台酒吧、商场、停车场、旅游景点等场所的灯光装饰。

(2)LED地砖灯、LED墙砖灯。LED地砖灯、LED墙砖灯系列产品是由纳米高分子材料及钢化磨砂玻璃制造而成的，该产品无毒、无害、防静电、新型环保节能，高强度，抗冲击，防水，防酸碱，新颖美观。发光源是采用进口LED芯片，产品正常使用寿命6～10年，耗电量低，安全可靠，所有产品防水等级可达IP67。产品广泛用于花园、广场、水池、游泳池、酒吧、歌厅、宾馆、高档店面等场所。通体发光和造型系列的可承重2 t左右，满天星可承重5 t左右。该产品可随客户要求定做，其电压为12 V/24 V/36 V，常规尺寸是：300 mm×300 mm(可加工成100 mm×100 mm，200 mm×200 mm，……)，任意定做各种造型，RGB色彩变化及内、外控制都由客户要求制作。

2. 线性发光灯具

LED线性发光灯具(管、带、幕墙灯等)，产生的轮廓照明效果可以替代传统的霓虹灯、镁氖发光管、彩色荧光灯。常用产品额定工作电压为DC12V、DC24V，AC220V；直流供电采用集中供电方式，电源采用大功率开盖电源或线性电源。控制方式分为内控和外控，照明工程中一般采用几十到几百个的单体组合。LED线性发光灯具以其良好的耐候性、寿命期内极低的光衰、多变的色彩,具有流动变幻的照明效果,在城市建筑的轮廓照明、桥梁的栏杆照明中得到了广泛的应用。以一幢建筑物勾画的轮廓灯为例,利用LED光源红、绿、蓝三基色组合原理,在微处理器控制下可以按不同模式加以变化,例如水波纹式连续变色、定时变色、渐变、瞬变等,形成夜晚的高楼大厦千姿百态的效果。

(1)LED灯带。LED灯带又分柔性LED灯带和LED硬灯条两种。柔性LED灯带是采用FPC做组装线路板,用贴片LED进行组装,使产品的厚度仅为一枚硬币的厚度,不占空间;普通规格有30cm长18颗LED、24颗LED以及50 cm长15颗LED、24颗LED、30颗LED等,还有60 cm、80 cm等,不同的用户有不同的规格。并且可以随意剪断、也可以任意延长而发光不受影响。而FPC材质柔软,可以任意弯曲、折叠、卷绕,可在三维空间随意移动及伸缩而不会折断。适合于不规则的地方和空间狭小的地方使用,也因其可以任意的弯曲和卷绕,适合于在广告装饰中任意组合各种图案。

LED硬灯条是用PCB硬扳做组装线路板。LED有用贴片LED进行组装的,也有用直插LED进行组装的,视需要不同而采用不同的元件,硬灯条的优点是比较容易固定,加工和安装都比较方便;缺点是不能随意弯曲,不适合不规则的地方。硬灯条用贴片LED的有18颗LED、24颗LED、30颗LED、36颗LED、40颗LED等多种规格;直插LED的有18颗、24颗、36颗、48颗等不同规格,有正面的也有侧面的,侧面发光的又叫长城灯条。

(2)LED彩虹管。LED彩虹管是采用高亮度LED制造的可塑性线形装饰灯饰,具有低功耗、高效能、寿命长、易安装、维修率低、不易碎、亮度高、冷光源、可长时间点亮、易弯曲、耐高温、防水性好、绿色环保、颜色丰富、发光效果好等特点,可用于建筑物、大厦轮廓,也可用于室内外装饰。

(3)LED柔性霓虹管。LED柔性灯带又称柔陆霓虹管,可以随意弯曲,可任意固定在凹凸不平的地方。体积小,颜色丰富,可按客户要求做成红色、黄色、蓝色、绿色、白色。每三个灯就可以组成一组回路,低电流、低功耗、节能美观。广泛应用于LED装饰灯、汽车装饰、照明指示标识、广告招牌、精品装饰等领域。该产品防水性能好,使用低电压直流供电,安全方便,多种发光颜色,色彩绚丽。

3. LED护栏灯(管)

LED护栏灯是采用优质超高亮LED组成的,主要用于城市景观照明。本产品具有耗电低、无热量、寿命长、耐冲击、可靠性高、节能环保,光色柔和,亮度高等特点。LED护栏灯(管)颜色纯正、超长寿命,平均寿命达8~10万小时。LED护栏灯一般为单色LED,抗紫外线照射、防水、防潮。

4. LED数码管

LED数码管由红绿蓝三基色混色实现七种颜色的变化,采用输出波形的脉宽调制,即调节LED灯导通的占空比,在扫描速度很快的情况下,利用人眼的视觉惰性达到渐变的效果。一根灯管配合控制器,能够分段变化出七种不同颜色,并产生渐变、闪变、扫描、追逐、流水等各种效果,灯管长度可任意选择(单位为m)。LED数码管具有抗紫外线照射、防水、防潮的优点。

全彩管可用于大楼、道路、河堤轮廓亮化,LED数码管可均匀排布形成大面积显示区域,可显示图案及文字,并可播放不同格式的视频文件。通过电脑上的flash软件设计、动画、文字等文件,或使用动画设计软件设计个性化动画,播放各种动感变色的图文文件。外壳采用阻燃

PC 塑料制作,强度高、抗冲击、抗老化、防紫外线、防尘、防潮。LED 数码管具有功耗小、无热量、耐冲击、长寿命等优点。如果应用于大面积工程中,连接电脑同步控制器,还可显示图案、动画视频。等效 LED 数码全彩灯管可以组成一个模拟 LED 显示屏,模拟显示屏可以提供各种全彩效果及动态显示图像字符,可以采用脱机控制或计算机连接实行同步控制;可以显示各式各样的全彩动态效果。控制系统采用专用灯光编程软件编辑,数码管控制花样更加方便,只需将编辑生成的花样格式文件复制进 CF 卡即可。数码管的信号线用标准公母插头连接,电源线采用 $2\times0.5\ mm^2$ 护套线连接。

5. LED 水下灯(水底灯)

LED 水底灯就是装在水下的灯,外观小而精致,美观大方一外形和有些地埋灯差不多,只是多了个安装底盘.底盘是用螺钉固定的。LED 水底灯一般为 LED 光源,具有节能、环保、寿命长、体积小等特点。LED 水下灯通电的时候,可以发出多种颜色,绚丽多彩,一般是装在公园或者喷泉水池里,具有很强的观赏性。

LED 水底灯一般为不锈钢面板,铝灯体具有很强防腐蚀、抗冲击力强的优点。水底灯有很好的防水设计,维修简单,安装方便,规格一般为 ϕ80 nm ~ 160 mm 之间,高度为 90 nm ~ 190 mm。广泛应用于大型游泳馆、喷泉、水族馆等场所作水下照明。LED 水底灯工作电压要在安全电压之内。

6. LED 草坪灯

草坪灯是指高度在 1.2 m 以下,为草坪或园区小路提供照明的灯具。LED 草坪灯的尺寸更小,表现得更为人性化。草坪灯应用于人行道,既必要又方便,可以大大提高安全程度。LED 草坪灯是用于草坪周边的照明设施,也是重要的持观设施。它以其独特的设计、柔和的灯光为城市绿地景观增添了安全与美丽,且安装方便、装饰性强,可用于公园、花园别墅等的草坪周边及步行街、停车场、广场等场所。使用 36 W 或 70 W LED 灯,间距在 6 ~ 10 m 为宜。还有一些草坪灯制成了别致的小动物或者植物等仿真造型,置于草坪中,仿佛雕塑一样美观。

7. LED 景观灯

LED 景观灯造型简洁,体现出流行的照明灯柱的设计概念;采用点对点控制模块,通过智能化数字控制器实现色彩的追逐、扫描、渐变与闪变等变化效果,具有强大的环境影响力。

灯体为铁/铝制品或优质不锈钢,或为钢体热镀锌后静电喷塑、表面喷户外漆、紧固件螺钉、螺母的材质为铁或者不锈钢。灯罩为亚克力罩或进口 PMMA 材料,光源为高亮度 LED 光源,防护等级为 IP54、IP55、IP65。经喷锌处理,不锈钢抛光处理。适用公共场所、广场、商业步行街、公园、别墅群、绿化带、酒店等。

8. LED 洗墙灯

LED 洗墙灯又叫作线型 LED 投光灯,主要用来做建筑装饰照明或勾勒大型建筑的轮廓,其技术参数与 LED 投光灯火体相似,相对于 LED 投光灯的圆形结构,LED 洗墙灯的条形结构的散热装置显得更加好处理。主要应用于单体建筑、历史建筑群外墙照明、大楼内光外透照明、室内局部照明、景观照明等。

9. LED 投光灯

LED 投光灯通过内置微芯片或外加控制器的控制,能实现渐变、跳变、色彩闪烁、随机闪烁、渐变交替等动态效果,也可以通过 DMX 的控制,实现追逐、扫描等效果。LED 投光灯主要运用于单体建筑、历史建筑群外墙照明,大楼内光外透照明,室内局部照明,绿化景观照明,广告牌照明。医疗文化等专门设施照明，酒吧、舞厅等娱乐场所气氛照明。

10. LED 庭院灯

庭院灯是指灯体在灯杆柱顶安装或柱侧吊装的灯具，安装高度通常在 2 ~6 m 之间，庭院灯通常具有坚固的结构和较大的尺寸，能够承受十分恶劣的环境。

太阳能庭院灯以太阳光为能源，光谱电子太阳能庭院灯主要是白天充电、晚上使用，无需复杂昂贵的管线铺设，可任意调整灯具的布局，安全节能无污染，充电及开/关过程采用智能控制，光控自动开关，无需人工操作，工作稳定可靠，免维护。

LED 庭院灯一般功率较小，典型灯头的功率是 6 W 和 9 W，通过加大电流的方式，可以得到 12 W 的功率。LED 庭院灯由采用单晶硅或多晶硅制作的太阳能电池板、支架、灯杆、灯头、专用灯泡、蓄电池、电瓶箱、地笼等组成。

4.5　体育场照明

4.5.1　体育场照明布灯方式

体育场的照明需要考虑的内容比较多，尤其现场直播比赛的电视拍摄对现场的要求极高，而且需要考虑很多问题并通过复杂的设计才能满足要求，这个难度远大于设计满足观众和运动员所需照明的要求。此外，体育场的照明设计还要符合建筑结构形式、便于设备维修、可以烘托气氛等，所以进行体育场照明设计的过程中一定要综合考虑问题，切忌单独考虑某项设计问题。

1. 体育场的布灯方式

(1)四角布置(布置在比赛场地四角)

四角布置是一种灯具以集中形式与灯杆相结合的布置方式，常用窄光束灯具。

优点：四个角的光源的光通量重叠使得照度较高，照明面积大。

缺点：照明利用率低、不同方向的视觉幅度变化大、维护困难、费用高。

适用类型：适用于无挑棚或挑棚高度低的足球场。

四角布置的方式，如图 4-24 所示。

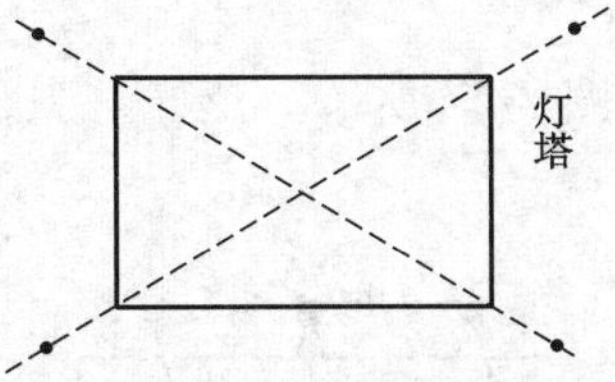

图 4-24　四角方式示意图

四角方式安装高度计算见式(4-7)。

$$H \geqslant a\tan 25° \tag{4-7}$$

式中　a——塔基距场地中心点的水平距离，m。

四角布置场地泛光灯的瞄准点是根据塔的高度、泛光灯的光束角及光强分布来确定的。如图 4-25 所示，A、B、C、D 区称为角隅区，$A+B$、$C+D$ 区称为两端区，$B+C$、$D+A$ 区称为边线区,$A+B+C+D$ 区称为中央区。灯塔 A 所分担 A 角区全部的照度,分担 $A+B$ 区和 $A+D$ 区 1/2 的照度,分担 $A+B+C+D$ 区 1/4 的照度。投射的四个区的实际照度之比应当是 4∶2∶2∶1。

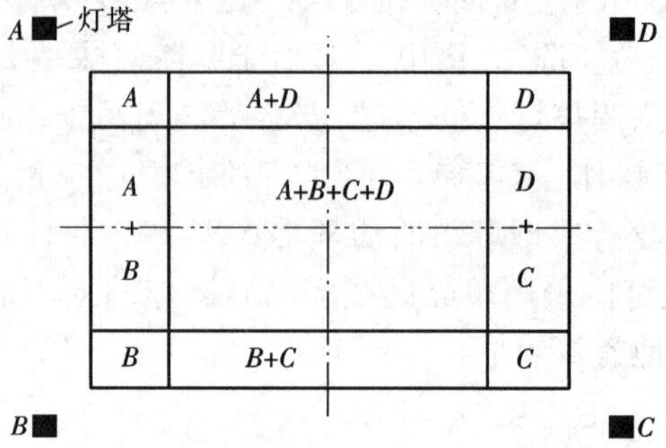

图 4-25 四塔方式泛光灯瞄准点的确定示意图

(2)两侧布置(布置在比赛场地两侧)

根据灯具设置形式不同,两册布置又分为多塔式和光带式两种。

①多塔式是一种在场地两侧设置多组灯塔的布灯形式。

优点:省电、垂直照度与水平照度之比较好,即立体感较好、花费少、利于维护。

缺点:会遮挡观众视线、消除阴影困难、不适合电视转播。

适用类型:足球、网球的练习场地。

多塔式布置方式如图 4-26 所示。

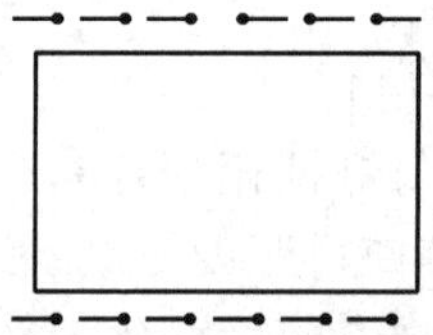

图 4-26 多塔方式示意图

多塔方式照明泛光灯瞄准点是根据场地的性质(练习场地、一般比赛场地、有彩电转播的重大比赛场地)来决定。

练习场地或一般比赛场地,如图 4-27 所示。泛光灯只需向本侧半场地投射,瞄准点距边线尺寸以 25 m 左右为宜。

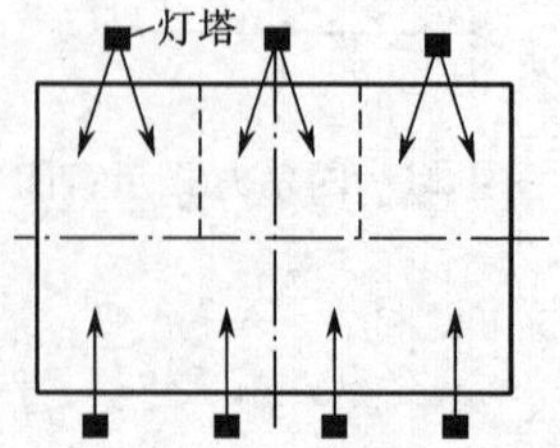

图 4-27 练习场地、一般比赛场地上多塔方式

有彩电转播的重大比赛场地,如图 4-28 所示。为加强垂直照度,应把一部分泛光灯的光

束投向对面半场内,瞄准点距本侧边线以 50 m 为宜。

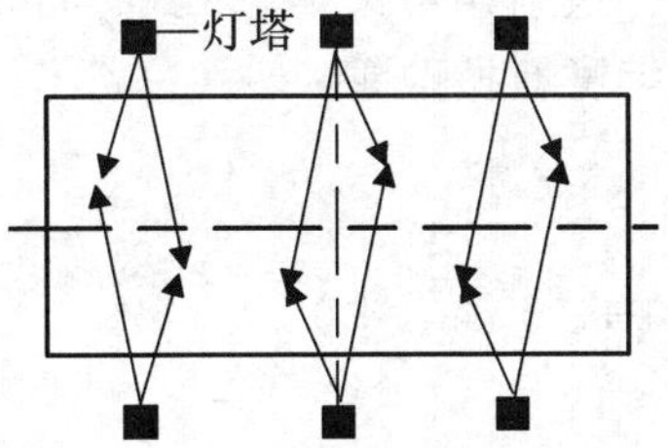

图 4-28　有彩电转播的重大比赛场地

②光带式是一种在场地两侧设置连续光带照明系统的布灯方式,它一般采用组合投射的方式,用窄光束远投,中光束近投。

优点:照明均匀度和亮度较好,可以满足彩色电视转播的各种要求。

缺点:控制眩光的技术较难实现,物体实体感较差。

适用类型:比赛场地、有电视转播场地。

光带式的布置方式,如图 4-29 所示。

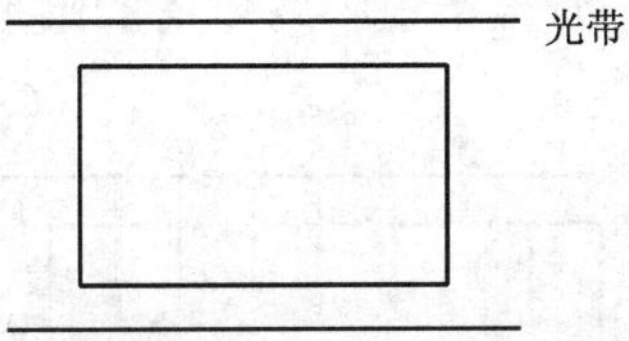

图 4-29　光带方式示意图

多塔方式和光带方式安装高度计算见式(4-8)。

$$H \geqslant \left(D + \frac{1}{3}W\right)\tan 30° \tag{4-8}$$

式中　D——灯塔距场地边缘的距离,m;

W——运动场地的整个宽度,m。

光带方式照明泛光灯瞄准点的确定,在某些方面与多塔式相同。如图 4-30 所示,光带上灯具最远的瞄准点应投向对面的边线附近,对于光带本侧的边线,泛光灯的投射俯角应小于 65°。为了提高场地两端的垂直照度,光带两端应尽量向外移,灯具向场内投射。

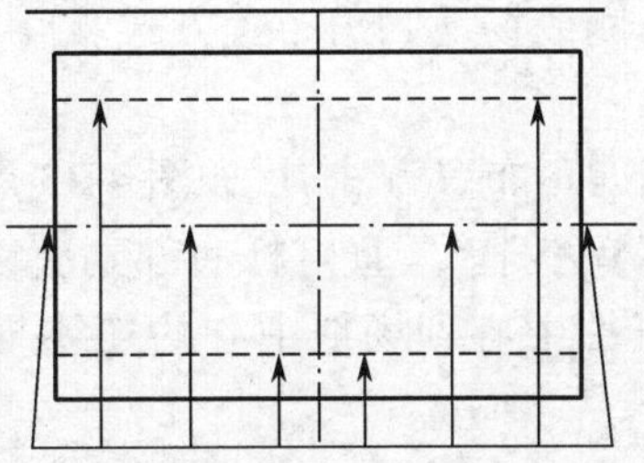

图 4-30　光带方式泛光灯瞄准点的确定示意

③混合布置(两侧布置和四角布置相结合的布置方式)

混合布置是采用两种布灯混合的方式,即利用四塔的窄光束解决远投问题,光带解决近投问题。这样使得四塔的布置位置和投射角可灵活的处理,而光带的长度也可以适当的缩短。

优点:实体感强、垂直度和均匀度有所改善。

缺点:眩光程度增加。

适用类型:各种体育场。

混合布置的方式,如图 4-31 所示。

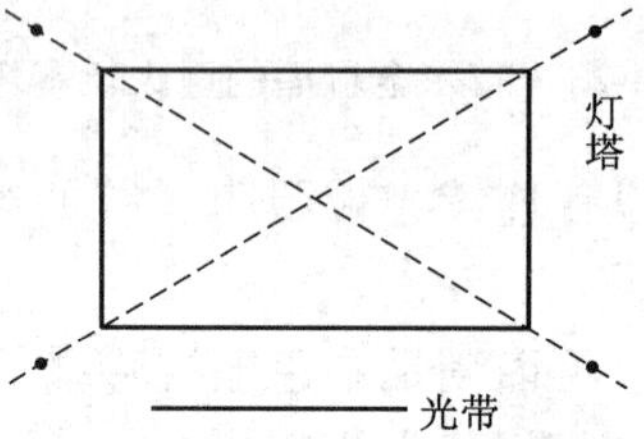

图 4-31 混合布置示意图

混合布置的照明的瞄准点位置,如图 4-32 所示。四塔的标准点主要参考四角式布置的瞄准点,再根据短光带瞄准情况确定,混合布置中的多塔的瞄准点主要在场地中心线以外。

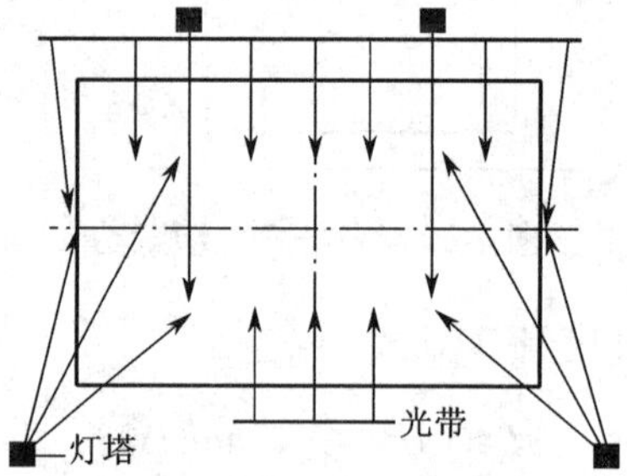

图 4-32 混合式泛光灯瞄准点的确定示意图

2. 各种体育场的布灯方式

根据 JCJ153—2007《体育场馆照明设计及检测标准(附条文说明)》规定,各种体育场的布灯应采用下列方式。

(1)无电视转播的体育场

无电视转播建议采用场地两侧或场地四角布置方式。

①采用场地四角布置方式。

无电视转播的体育场在采用四角布置方式时,如图 4-33 所示。灯杆底部到场地边线中点的连线与场地边线之间的夹角不宜小于 5°,且灯杆底部到底线中点的连线与底线之间的夹角不宜小于 10°,灯具高度宜满足灯拍中心到场地中心的连线与场地平面之间的夹角 φ 不宜小于 25°。

②采用两侧布置方式。

在采用两侧布置方式时,如图 4-34 所示。灯具不宜布置在球门中心点沿底线两侧 10°的范围内,灯杆底部与场地边线之间的距离不应小于 4 m,灯具高度宜满足灯具到场地中心线的

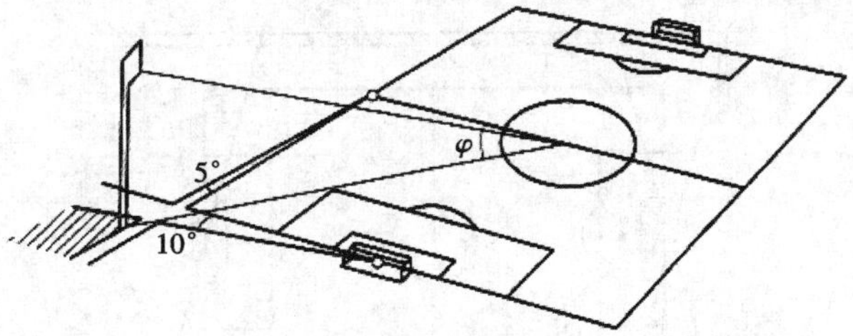

图 4-33　无电视转播时足球场四角布置灯具位置示意图

垂直连线与场地平面之间的夹角 φ 不宜小于 25°。

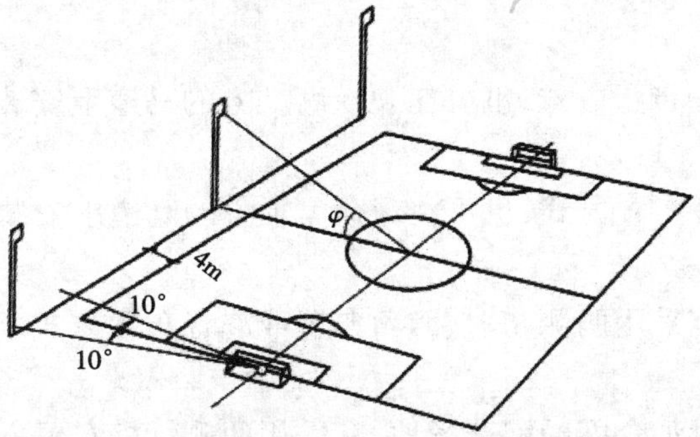

图 4-34　无电视转播时足球场两侧布置灯具位置示意图

(2)有电视转播的体育场

采用场地两侧、场地四角或混合布置方式。

①采用场地四角布置方式。

灯杆底部到场地边线中点的连线与场地边线之间的夹角不应小于 5°,且灯杆底部到底线中点的连线与底线之间的夹角不应小于 15°,灯具的高应满足灯拍中心到场地中心的连线与场地平面之间的夹角 φ 不宜小于 25°,如图 4-35 所示。

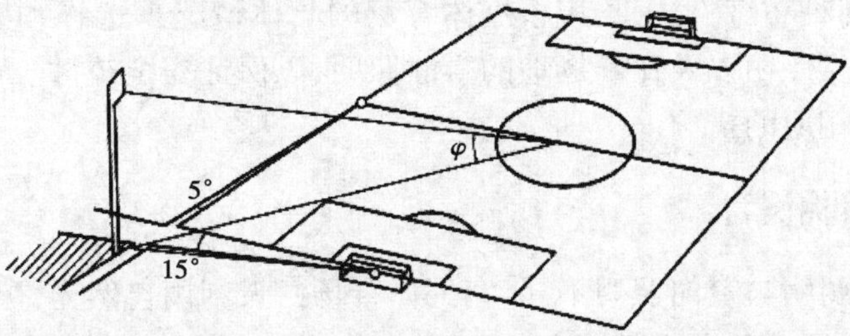

图 4-35　有电视转播时足球场四角布置灯具位置示意图

②采用场地两侧布置方式。

灯具不宜布置在球门中心点沿底线两侧 15°的范围内,如图 4-36 所示。

采用混合布置时,灯具的位置及高度应同时满足两侧布置和四角布置的要求。

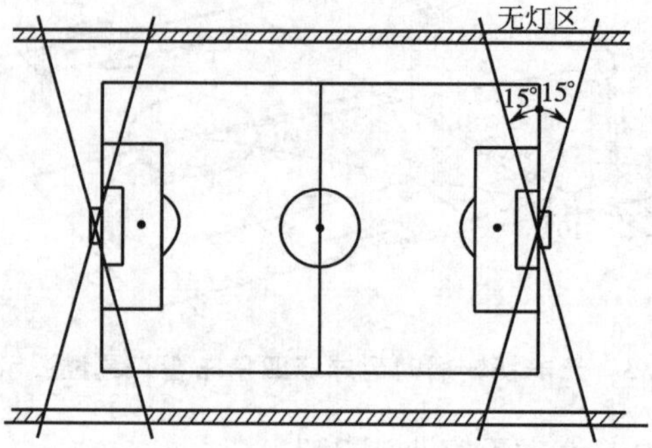

图 4-36 有电视转播时足球场两侧布置灯具位置示意图

(3)类球场

采用不少于 4 根灯杆布置方式,也可在观众席上方的马道上安装灯具。

(4)棒球场

采用 6 根或 8 根灯杆布置方式,也可在观众席上方的马道上安装灯具。

(5)田径场

田径场的灯具布置宜采用两侧布置、四角布置或混合布置方式。

(6)网球场

①对没有或只有少量观众席的网球场地,宜采用两侧灯杆布置方式,灯杆应布置在观众席的后侧;对有较多观众席、有较高挑棚且灯杆无法布置的网球场地,宜采用两侧光带布置方式。

②采用两侧灯杆布置方式时,灯杆的位置应满足图 4-34 的要求。

③场地两侧应采用对称的灯具布置方式,提供相同的照明。

④比赛场地灯具高度不应低于 12 m,训练场地灯具高度不应低于 8 m。

(7)曲棍球场

①无电视转播时宜采用多杆布置方式,灯杆底部与场地边线之间的距离不应小于 4 m,灯杆底部与底线之间的距离不应小于 5 m。

②有电视转播时宜采用四角布置、两侧布置或混合布置方式。

以上无论采用何种布灯方式,均应根据体育场的具体情况来选择和变化。在照明灯具布置中,还应考虑观众席照明以及比赛场地的事故照明,以保证安全疏散。对灯塔的防雷保护和护航照明,也要采取相应的措施。

4.5.2 体育场照明设计

照明要求:室外照明与室内照明不同,室外体育场白天利用自然光,黑天才利用人工照明。室外照明设施采用光源的色温应适当高一些,一般在 5 000 K 左右为宜,这样运动员能很快适应。室外照明主要是限制泛光照明所致的眩光。

1. 对照度均匀度的要求

照度均匀度应满足电视摄像机的要求,这样可以使运动员和观众在视觉上感到舒适。一般建议和镜头轴线的主要方向相垂直的比赛场地上 1.0 ~ 1.5 m 高的范围内测得的平均照度不应低于 1 400 lx。

2. 对亮度和眩光的要求

为了满足电视摄像的要求应控制好画面对比和画面的背景，为了避免背景过暗，要求光线应部分射向看台，观众席的平均水平照度不应小于100 lx，主席台的照度不应低于200 lx。为了减少看台上观众的眩光，建议适当采用中等光束或窄光束来解决眩光问题。

3. 对光的要求

为取得良好的立体感，要使所拍摄物体的每一侧都有光，不是均匀的光。要解决阴影生硬的问题，可以把光散射得宽一些。

4. 对灯具的要求

为减少频闪效应，建议使用数量较多的宽光束灯具或使用三个相位的组合方式投射的窄光束。

4.5.3　体育建筑光源灯具的选择

体育场照明光源的选择要从光效、寿命、色温、显色性、投资和运行等方面综合考虑。JCJ153—2007《体育场馆照明设计及检测标准（附条文说明）》建议体育场选用金属卤化物灯，因为它能满足彩色电视转播的照明要求，且具有体积小、控制光束操作方便、光效高（50～110 lm/W）、显色性好（R_a = 80～94）等优点。

体育场地使用投光灯的情况较多，投光灯的技术参数主要有灯具总光通量、灯具效率、灯具有效光通量、灯具有效效率、峰值光强、溢光及灯具遮光角。

选择灯具，首先要考虑光束的宽度和光斑的形状。投光灯按光学性能可分为圆形投光灯、长方形投光灯及蜗牛形投光灯三种。

1. 圆形投光灯

圆形投光灯主要用于远距离投光，必须使用高强度光束。将抛物线弧形反光器和小体积高亮度的光源结合起来，容易得到高强度的光束。这种方法形成的光束是锥形，在场地上投射的光斑呈椭圆形。椭圆形光斑面积大小可以通过灯具的调焦旋钮来调节。

2. 长方形投光灯

长方形投光灯主要用于近距离投光。近距离投射场地时最好用水平方向宽光束灯具，可以用槽形的抛物线弧形坡面的反射器，配以线状光源，光束是扇形的。

3. 蜗牛形投光灯

蜗牛形投光灯主要用于中距离投光。可以用圆形或槽形反射器使光束漫射，以获得中距离投光的覆盖能力。投光灯到被照面的距离近时用宽光束灯较经济，距离愈远采用光束愈窄，其利用程度较高。

4.5.4　照明装置的供配电

1. 供电电源

（1）负荷等级及电源要求。体育场负荷等级及电源要求，如表4-15。

表 4-15 体育场负荷等级及电源要求

等级	负荷名称	负荷等级	电源要求
特级体育场	比赛场、主席台、贵宾室、接待室、新闻发布厅、广场及主要通道照明、计时计分装置、计算机房、电话机房、广播机房、电台和电视转播、新闻摄影及应急照明灯用电设备电源	特别重要一级负荷	双市电+应急电源
甲级体育场	比赛场(厅)、主席台、贵宾室、接待室、新闻发布厅、广场及主要通道照明、计时计分装置、计算机房、电话机房、广播机房、电台和电视转播、新闻摄影及应急照明灯用电设备电源	一级负荷	应双电源
乙级或乙级以下体育场	体育建筑的用电设备	二级	宜双电源

甲级及以下等级体育场，一般宜采用双路电源供电。正常情况下，两路电源同时供电，当一路发生故障时，可自动切换到另一路电源上，以保证重要负荷继续供电。特级体育场除要有双路电源供电外，应备有柴油发电机组设备，供一级负荷中特别重要负荷使用。

(2)有些地方由于条件所限，只能提供一路市电，另一路为柴油发电机供电。当市电发生故障时，其柴油发电机组仅能供疏散照明用电而不供比赛照明用电。

(3)对于举行重要国际比赛的体育场，建议将永久负荷及其供配电系统与临时负荷及其供配电系统分开设置，永久供配电系统为永久负荷服务，赛事临时性负荷由临时供配电系统提供保证。这样设计既经济又合理，在奥运会、世界杯足球赛等体育场的临时供配电系统得到广泛应用。

(4)仅在比赛中才使用的大型用电设备宜设置单独的变压器供电。当电源偏差不能满足要求时，宜设置有载调压变压器。

(5)常用的体育场高压配电系统。体育比赛照明装置的供配电系统见图 4-37。

(6)常用的应急电源系统。体育场应急电源通常采用柴油发电机组或燃气发电机组，通常为低压配电，也有大型体育中心统一采用 10 kV 应急供配电系统。

低压应急系统中，通常设置一段应急母线段，应急母线段分别由市电和应急电源(通常为柴油发电机组)通过双电源转换装置向其供电，平时由市电向应急母线供电，当市电均停电时，启动柴油发电机组，由发电机组继续向应急母线提供电源。用于国际重大比赛的大型体育场也可设置两段应急母线，一段用于赛事重要负荷，另一段用于体育场固有的特别重要负荷(这部分负荷与是否有重要比赛无关，例如消防类负荷)。设置独立的应急母线段便于重要负荷的管理、安全可靠运行，便于在有重要赛事时接入临时柴油发电机组。

2. 灯光控制

体育场一般设置一个灯光控制室，其位置最好设在主席台斜对面的一层，操作者能看到主席台又能看到计时计分牌，总之能观察到大半个体育场的灯光和场地情况。灯光控制室也有设在主席台一侧的上部，还有何计时计分牌控制室合一的。控制室内设灯光控制台，控制台上设有全场灯光布置模拟盘和灯光(手动/自动)单控和总控按钮。近来有的体育场采用计算机控制的控制台。计算机照明控制系统技术可靠、成熟，只要选用合适的系统、设计、施工、安装

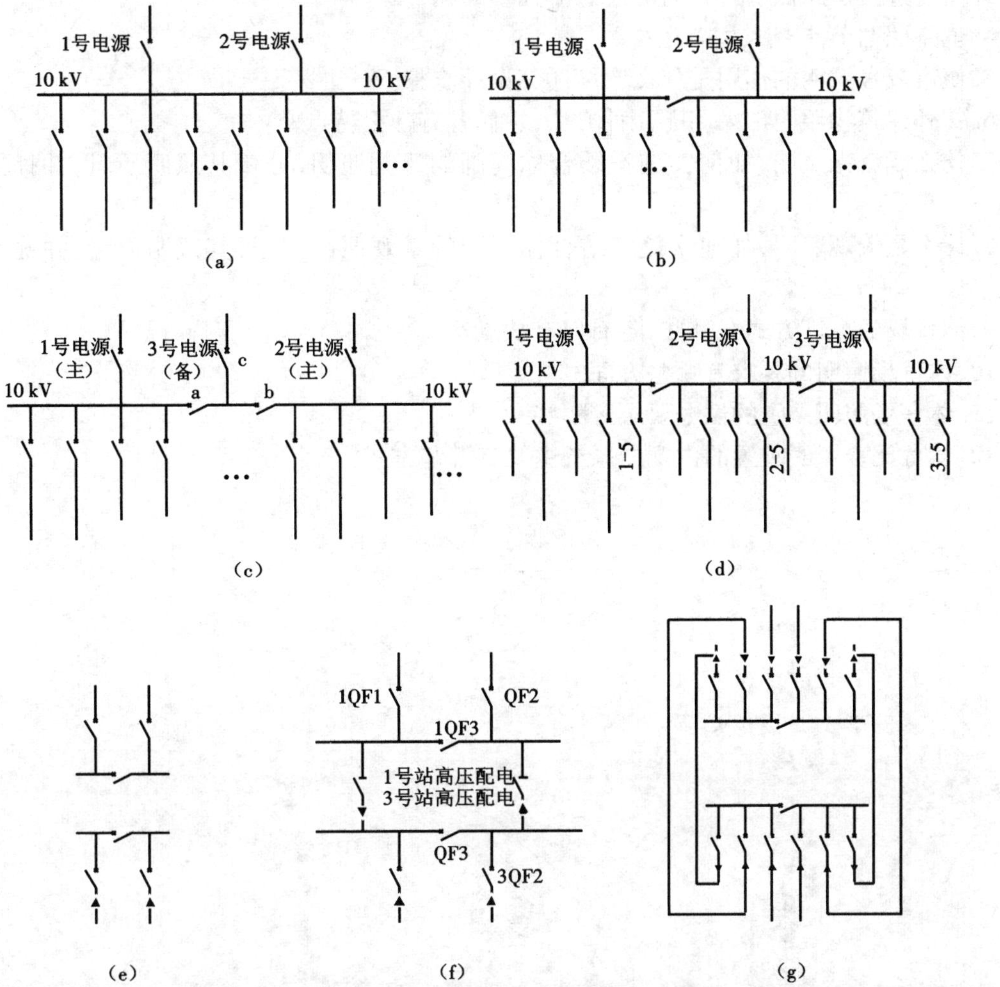

图4-37　体育场照明装置的供配电系统

(a)双电源供电,一用一备系统;(b)双电源供电,两路同时工作,互为备用系统;(c)三电源供电,两用一备系统;(d)三电源供电,三路同时工作,互为备用系统;(e)四路电源,同时工作,两两一组;(f)四路电源,同时工作,站联单向联络;(g)四路电源,同时共作,站联双向联络

维护管理,就可以保证安全使用。

一般体育场照明灯光的控制方法应按1/4、1/2、3/4、4/4四挡进行集中控制(即清扫—练习——般比赛—正是比赛),也有的体育场按五、六挡进行照明灯光控制,即加一、二挡田径比赛。为适应临时性文娱演出,再加三、四挡,上述体育场灯光控制的不同功能,都要求保持场地照明的均匀度。

思　考　题

1. 道路照明的照明质量应符合哪些要求?
2. CIE对道路照明的照明水平为什么建议“亮度值”而不是“照度值”?

3. 简述选择道路照明灯具时应注意哪几个问题?

4. 道路照明节能有哪些措施?

5. 城市夜景照明的作用是什么? 简述其设计步骤。

6. 室外建筑物照明常采用哪几种方法,它们各有什么特点?

7. 什么是泛光照明,如何实施? 结合你周围的泛光照明,分析其照明质量,并提出改进意见。

8. 什么是景观照明,如何实施? 结合你周围的景观照明,分析其照明质量,并提出改进意见。

9. 体育场的布灯方式有哪些,各有何有缺点?

10. 体育场照明的要求有哪些方面?

11. 体育场照明装置的供电要求有哪些?

12. 体育比赛照明装置的供配电系统主要有哪些方式?

第5章　照明电气设计

目前在照明装置中采用的都是电光源,为保证电光源正常、安全、可靠地工作,同时便于管理维护,又利于节约电能,就必须有合理的供配电系统和控制方式给予保证。为此,照明电气设计就成了照明设计中不可缺少的一部分。

5.1　概述

5.1.1　照明电气设计的任务

(1)正确选择供电电压、配电方式,满足照明设备对电能质量的要求,以保证照明质量和电光源的寿命。

(2)选择合理、方便的控制方式,以便照明系统进行管理、维护和节能。

(3)保证人身和照明装置的电气安全。

(4)尽量减少电气部分的投资和年运行费用。

5.1.2　照明电气设计步骤

(1)收集原始资料　电源情况、照明负荷对供电连续性的要求,以及具体房间功能。

(2)根据照明负荷的性质确定供电电源形式。

(3)确定照明配电系统　包括配电分区的划分,配电箱的安装位置及方式,电源至配电箱之间的接线方式以及灯具的开关控制方式等。

(4)线路计算　负荷计算、电压损失计算、无功功率补偿计算、保护装置整定计算和照明功率密度(LPD)计算。

(5)确定导线型号、规格及其敷设方式,并选择供电、控制设备及其安装位置。

(6)绘制照明设计施工图　绘制照明供电系统图和照明平面布置图。列出主要设备、材料清单,编制概算、预算(在没有专职概预算人员的情况)。

5.2　照明供电系统结构

建筑电气照明的电气系统分为供电系统和配电系统两部分。供电系统包括供电电源和主接线,配电系统一般由配电装置及配电线路组成。电气照明的电气系统应满足用电设备对供电可靠性和对供电质量的要求,接线方式应力求简单可靠、操作安全、运行灵活和检修方便并能适应用电系统的改建与扩展。

5.2.1　照明的供电质量

照明的供电质量主要包括供电电压的质量和供电可靠性两方面内容。

1. 照明对电压质量的要求

(1)允许的电压偏移

电压偏移 δ_u 是指光源两端实际电压 U 偏离额定电压 U_n 的程度。电压偏移计算公式为

$$\delta_u = \frac{U - U_n}{U_n} \times 100\% \tag{5-1}$$

照明光源只有在额定电压下工作才有最好的照明效果。照明设备所受的实际电压如与其额定电压有偏移,其运行特性将恶化。如白炽灯在低于额定值 10% 电压下运行,其使用寿命大大增长,但其光通量却较额定电压时降低 30% 左右。反之,升高电压 10%,则其光通量增加 30%,但其使用期限会迅速缩短。

在供电网络的所有运行方式中,维持用电设备的端电压始终等于额定值是很困难的,因此在网络设计和运行时,必须规定用电设备端电压的容许偏移值。一般来说,各类灯泡(管)的端电压偏移,不宜高于其额定电压的 105%,亦不宜低于其额定电压的下列数值:

①一般工作场所的室内照明为 95%;

②远离变电所的小面积工作场所难于满足 95% 时,可降低到 90%;

③应急照明和用安全特低电压供电的照明为 90%。

(2)电压波动

电压波动是指电压在某一时间段内快速变化而偏离额定值的现象。当系统中具有冲击性负载在工作时(炼钢电弧炉、轧机、电焊机等),会引起配电网络电压时高时低或周期性变动,电压在变化过程中所出现的电压有效值的最大值 U_{max} 与最小值 U_{min} 之差称为电压波动,通常用相对值表示:

$$\Delta u_f = \frac{U_{max} - U_{min}}{U_n} \times 100\% \tag{5-2}$$

电压变化速度不低于每秒 0.2% 的称为电压波动。

电压波动会引起电光源光通量的波动,光通量的波动使物体被照面的照度、亮度都随时间而波动,会使人眼有一种闪烁感。轻者使眼睛感到不舒适,严重者会造成眼睛受损,甚至影响工作,所以对电压波动必须进行限制。

(3)改善照明供电质量的措施

①照明负荷宜与带有冲击性负荷(如大功率接触焊机、大型吊车的电动机等)的变压器分开供电。

②无窗厂房或工艺设备对电压质量要求较高的场所,宜采用有载自动调压变压器。

③在照明负荷容量较大的场所,在技术经济合理的情况下,宜采用照明专用变压器。

④采用共用变压器的场所,正常照明线路宜与电力线路分开。

⑤合理减少系统阻抗,如尽量缩短线路长度,适当加大导线和电缆的截面等。

2. 负荷等级的划分

按照供电的可靠性、中断供电所造成的损失或影响程度,将照明负荷分为三级,即一级负荷、二级负荷、三级负荷。

符合下述情况之一即为一级负荷:

①中断供电将造成人身伤亡;

②中断供电将在政治、经济上造成重大损失;

③中断供电将影响有重大政治、经济意义的用电单位的正常工作。

在一级负荷中，当中断供电将发生中毒、爆炸和火灾等情况的负荷，以及特别重要场所的不允许中断供电的负荷，应视为特别重要的负荷。

符合下述情况之一即为二级负荷：

①中断供电将在政治、经济上造成较大损失；

②中断供电将影响重要用电单位的正常工作。

不属于一级负荷和二级负荷者为三级负荷。民用建筑常用照明负荷分级如表5-1所示。

表5-1　民用建筑常用照明负荷的分级

序号	建筑物名称	用电负荷名称	负荷等级
1	国家级大会堂、国宾馆、国家级国际会议中心	主会场、接见厅、宴会厅照明	一级*
		总值班室、会议室、主要办公室、档案馆照明	一级
2	国家及省部级政府办公建筑	主要办公室、会议室、总值班室、档案室及主要道路照明	一级
3	地、市级办公建筑	主要办公室、会议室、总值班室、档案室及主要道路照明	二级
4	地、市级及以上气象台	气象绘图及预报照明	一级
5	电视台、广播电台	直播电视演播厅、中心机房、录像室、微波设备及发射机房用电	一级*
		语音播音室、控制室的电力和照明	一级
		洗印室、电视电影室、审听室、楼梯照明	二级
6	剧场	特甲等剧场的舞台照明、贵宾室、演员化妆室照明	一级
		甲等剧场的观众厅照明、空调机房及锅炉房电力和照明、乙等丙等剧场火灾应急照明及疏散指示标志	二级
7	电影院	甲等电影院的照明与放映用电	二级
8	博物馆、展览馆	珍贵展品展示照明	一级*
9	图书馆	藏书超过100万册及重要图书馆照明	二级
10	体育建筑	特级体育场(馆)及游泳馆的比赛场(厅)、主席台、贵宾室、接待室、新闻发布厅、广场及主要通道照明	一级*
		甲级体育场(馆)及游泳馆的比赛场(厅)、主席台、贵宾室、接待室、新闻发布厅、广场及主要通道照明	一级
		特级及甲级体育场(馆)及游泳馆中非比赛用电、乙级以下体育建筑比赛用电	二级
11	商场、超市	大型商场及超市应急照明、门厅及营业厅部分照明	一级
		中型商场及超市营业厅、门厅部分照明	二级
12	银行、金融中心、证交中心	大型银行营业厅及门厅照明、安全照明	一级
		小型银行营业厅及门厅照明	二级

表 5-1(续)

序号	建筑物名称	用电负荷名称	负荷等级
13	民用航空港	助航灯光系统设施和台站用电;为飞行及旅客服务的办公场所用电;旅客活动场所的应急照明	一级*
		候机楼、外航驻机场办事处、机场宾馆及旅客过夜用房、站坪照明、站坪机务用电	一级
		其他用电	
14	铁路旅客站	大型站和国境站的旅客站房、站台、天桥、地道照明	一级
15	水运客运站	港口重要作业区、一级客运站照明	二级
16	汽车客运站	一、二级客运站照明	二级
17	旅游饭店	四星级及以上旅游饭店的宴会厅、餐厅、厨房、康乐设施、门厅及高级客房、主要通道等场所的照明	一级
		三星级旅游饭店的宴会厅、厨房、康乐设施、门厅及高级客房、主要通道等场所的照明用电,除上栏所述之外的四星级及以上旅游饭店的其他用电	二级
18	科研院所、高等院校	四级生物安全实验室等供电连续性要求极高的国家重点实验室用电	一级
		除上栏所述之外的其他重要实验室用电	一级
		主要通道照明用电	二级
19	二级及以上医院	重要手术室、重症监护等涉及患者生命安全的设备(如呼吸机等)及照明	一级*
		急诊部、监护病房、手术室、分娩室、婴儿室、血液病房的净化室、血液透析室、病理切片分析、磁共振、介入治疗用CT及X光机扫描室、血库、高压氧舱、加速器机房、治疗室及配血室的电力照明用电,走道照明	一级
		除上栏所述之外的其他手术室、高级病房、肢体伤残康复病房照明	二级
20	一类高层建筑	走道照明、值班照明、警卫照明、障碍照明	一级
21	二类高层建筑	主要通道及楼梯间照明	二级

注:1. * 为一级负荷中特别重要负荷。
2. 各类建筑物的分级见现行的有关设计规范。
3. 各类建筑物中应急照明负荷等级应为该建筑中最高负荷等级。

5.2.2 照明供电系统结构

1. 照明负荷的供电方式

(1)一级负荷电源

一级负荷应由两个电源供电,当一个电源发生故障时,另一个电源可以照常供电。照明一级负荷与电力一级负荷应结合在一起考虑。如果一级负荷功率较大,应采用两路高压供电;如果一级负荷功率不大,应优先从电力系统或从临近单位取得第二路电源,也可采用应急发电机组;如果一级负荷仅为照明负荷时,宜采用蓄电池组作备用电源。

对一级负荷中的特别重要负荷,除上述两个电源外,还必须增设应急电源,以保证对特别重要负荷的供电。严禁将其他负荷接入应急供电系统。常用的应急电源有独立于正常电源的发电机组,供电网络中有效独立于正常电源的专门馈电线路,蓄电池。

根据允许中断供电时间,选择应急电源如下:静态交流不间断电源装置适用于允许中断供电时间为毫秒级的供电;带有自动投入装置的独立于正常电源的专门馈电线路,适用于允许中断供电时间为1.5 s以上的供电;快捷自启动的柴油发电机组适用于允许中断供电时间为15 s以上的供电。

一级负荷照明电源供电方式如图5-1至图5-4所示。

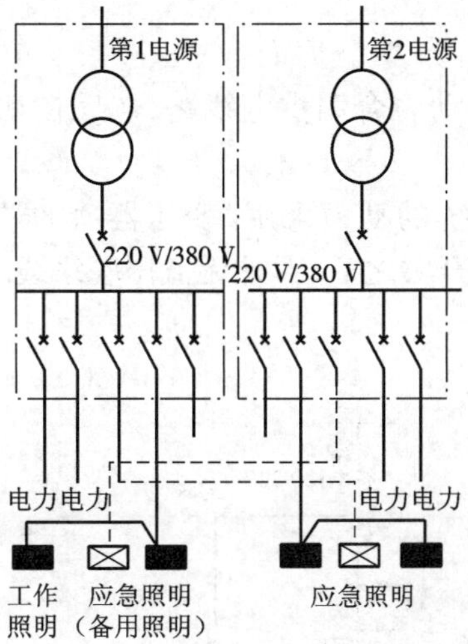

图5-1　单变压器变电所供电

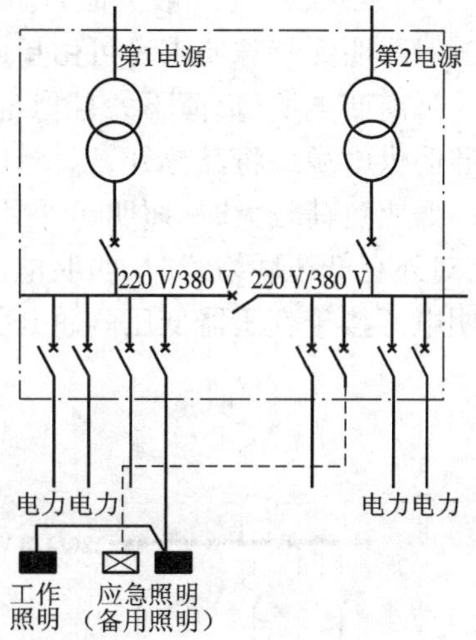

图5-2　双变压器变电所供电

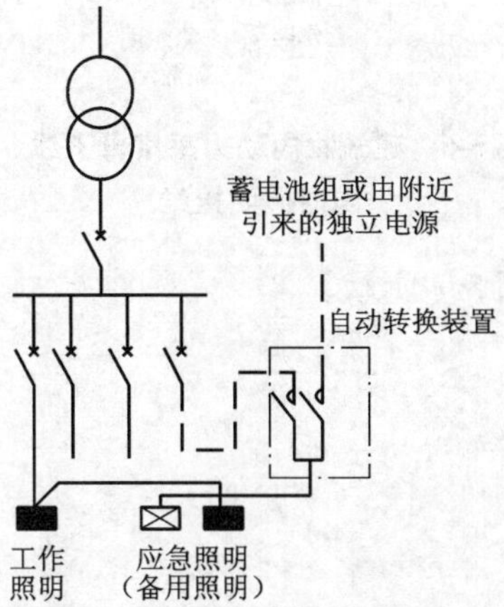

图5-3　负荷容量小时供电方式

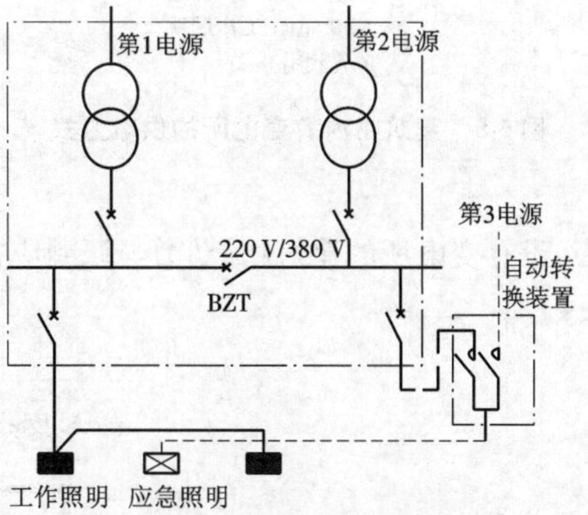

图5-4　特别重要负荷供电方式

图5-1电源来自两个单变压器变电所,并且两个变压器电源是互相独立的高压电源。图5-2电源来自双变压器变电所,两台变压器的电源是独立的,设有联络开关。如图5-3所示,当负荷不是很大时,可用一路高压进线作为工作电源,应急照明电源可引自蓄电池组、柴油发电

机组或临近单位的第二路电源以满足不间断供电的要求。图 5-4 是特别重要负荷的供电方式,它由两个独立电源的变压器供电,低压母线设联络开关并可自动投入,工作照明与应急照明分别接在不同低压母线上,并应设第三独立电源。此电源可引自备用发电机组、在电网中有效地独立于正常电源的专门馈电线路或蓄电池,主要取决于用电负荷允许的中断供电时间。应急照明电源应能自动投入。

(2)二级负荷电源

对二级负荷供电的要求是:当电力变压器或线路发生故障时不致中断供电,或中断后能迅速恢复。与一级负荷供电的差别在于二级负荷的高压电源可以是同一变电站的不同段母线,应做到变压器和线路均有备份。二级照明负荷的供电方式同图 5-1、图 5-2 所示。

(3)三级负荷(一般负荷)电源

对照明无特殊要求者可由单电源供电。

远离变电所、负荷不大且稳定的建筑或厂房,可将照明和动力合用供电线路,然后在动力与照明供电源头将其分开,以便计量和控制,如图 5-5 所示。

照明负荷较大时,照明可采用单独的变压器供电。当系统的动力采用“变压器-干线”供电,对外有低压联络线时,照明电源直接接于变压器低压侧总开关之后;对外无低压联络线时,照明电源接于变压器低压侧总开关之前,如图 5-6 所示。

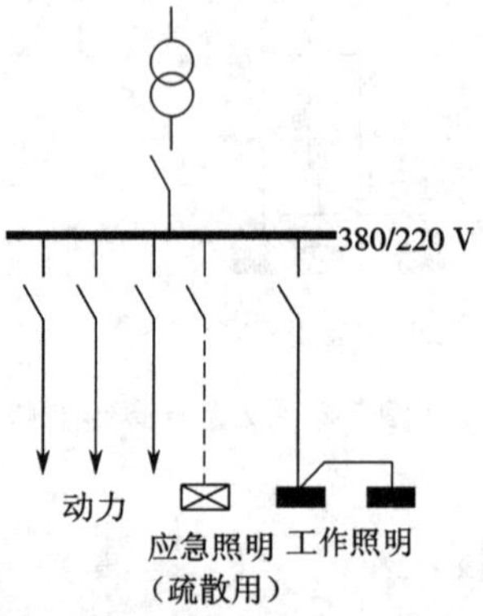

图 5-5　建筑物内有变电所的供电方式

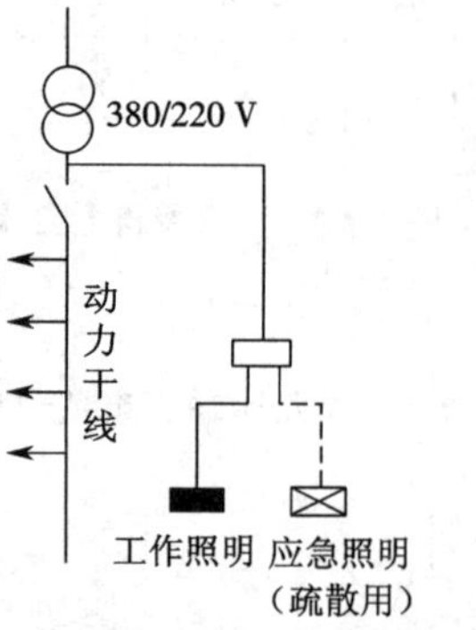

图 5-6　建筑物内动力采用母干线供电时照明接线

没有变电所的建筑物,动力与照明应在进户线处分开如图 5-7 所示。

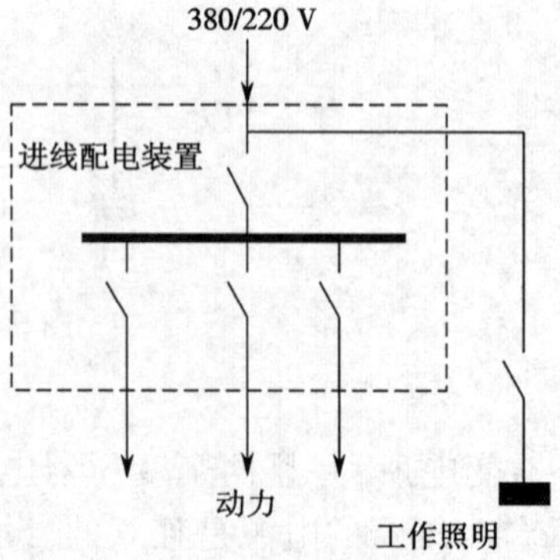

图 5-7　建筑物内没有变电所时动力、照明混合供电

5.3 低压配电系统及配电室设计

5.3.1 低压配电系统

低压系统是指电压等级为交流电压 220/380 V、50 Hz 的低压配电系统。

在民用建筑中,按接地形式不同而多采用 TN-S 和 TN-C-S 两类低压配电系统,TN-S 为低压 PE 母排与变压器中性点分别接地,如图 5-8 所示;TN-C-S 为变压器中性点一点接地,进入建筑物后再重复接地分出 PE 线,如图 5-9 所示。此外,还有 TT 系统和 IT 系统,TT 系统为电源端有一点直接接地,电气装置的外露可导电部分直接接地,此接地点在电气上独立于电源端的接地点,如图 5-10 所;IT 系统为电源端的带电部分不接地或有一点通过阻抗接地。电气装置的外露可导电部分直接接地,如图 5-11 所示。

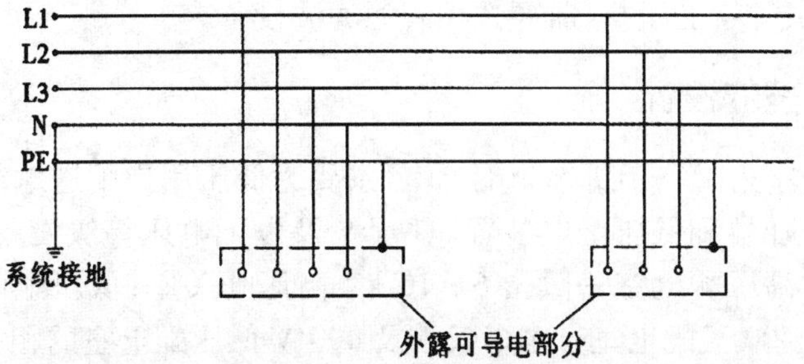

图 5-8 TN-S 系统示意图

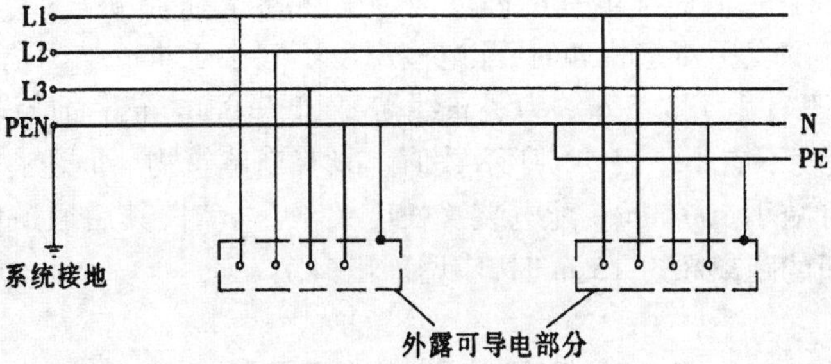

图 5-9 TN-C-S 系统示意图

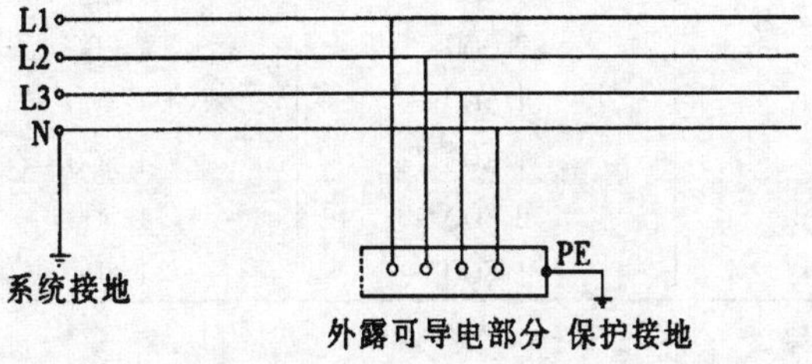

图 5-10 TT 系统示意图

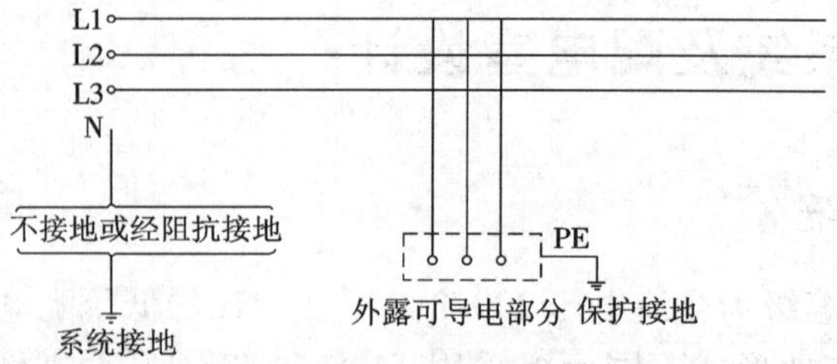

图 5-11 IT 系统示意图

常见的低压配电系统如图 5-12 所示。在设计过程中需进行补偿电容的选择、低压断路器的选择、低压母线的选择、电流互感器的选择、低压避雷器等低压设备的选择,以及剩余电流火灾监控系统的设置。当系统中有医疗设备,如核磁共振仪、CT 机、X 光机等,或有智能调光照明、变频空调、变频电梯、舞台机械、大量计算机时,这些设备在运行过程中会产生大量的高次谐波,对配电系统造成一定的干扰,需要选用有源滤波设备。

5.3.2 低压配电室的设计

带有低压负荷的室内配电场所称为配电室,主要为低压用户配送电能,设有中压进线(可有少量出线)、配电变压器和低压配电装置。10 kV 及以下电压等级设备的设施,分为高压配电室和低压配电室。高压配电室一般指 6~10 kV 高压开关室;低压配电室一般指 10 kV 或 35 kV 站用变出线的 400 V 配电室。本书仅涉及 400 V 低压配电室的相关内容。

1. 布置原则

(1)布置应便于安装、操作、运输、试验和监测,低压配电室的耐火等级不应低于三级。

(2)若存在变压器室,低压配电室的高度应与变压器室综合考虑,方便变压器低压出线。当配电室与抬高地坪的变压器室相邻时,配电室高度不宜小于 4 m;与不抬高地坪的变压器室相邻时,配电室高度不宜小于 3.5 m。为了布线需要,低压配电屏下面应设电缆沟。

(3)各种通道宽度不应小于表 5-2 所示数值。只有当建筑物墙面遇有柱类局部凸出时,突出部分的通道宽度可减小 200 mm。配电装置长度大于 6 m 时,其后通道应设两个出口,低压配电装置 2 个出口间的距离超过 15 m 时,应增加出口。

表 5-2 低压配电室内各种通道最小宽度 单位:mm

布置方式	柜前操作通道	柜后操作通道	柜后维护通道
固定式柜单排布置	1 500	1 200	1 000
固定式柜双排面对面布置	2 000	1 200	1 000
固定式柜双排背对背布置	1 500	1 500	1 000
抽屉式柜单排布置	1 800	1 500	1 000
抽屉式柜双排面对面布置	2 300	1 500	1 000
抽屉式柜双排背对背布置	1 800	1 500	1 000

2. 方案实例

图 5-13(a)所示为低压配电屏双列对排,离墙安装。屏后为维护通道,屏前为运行、维护

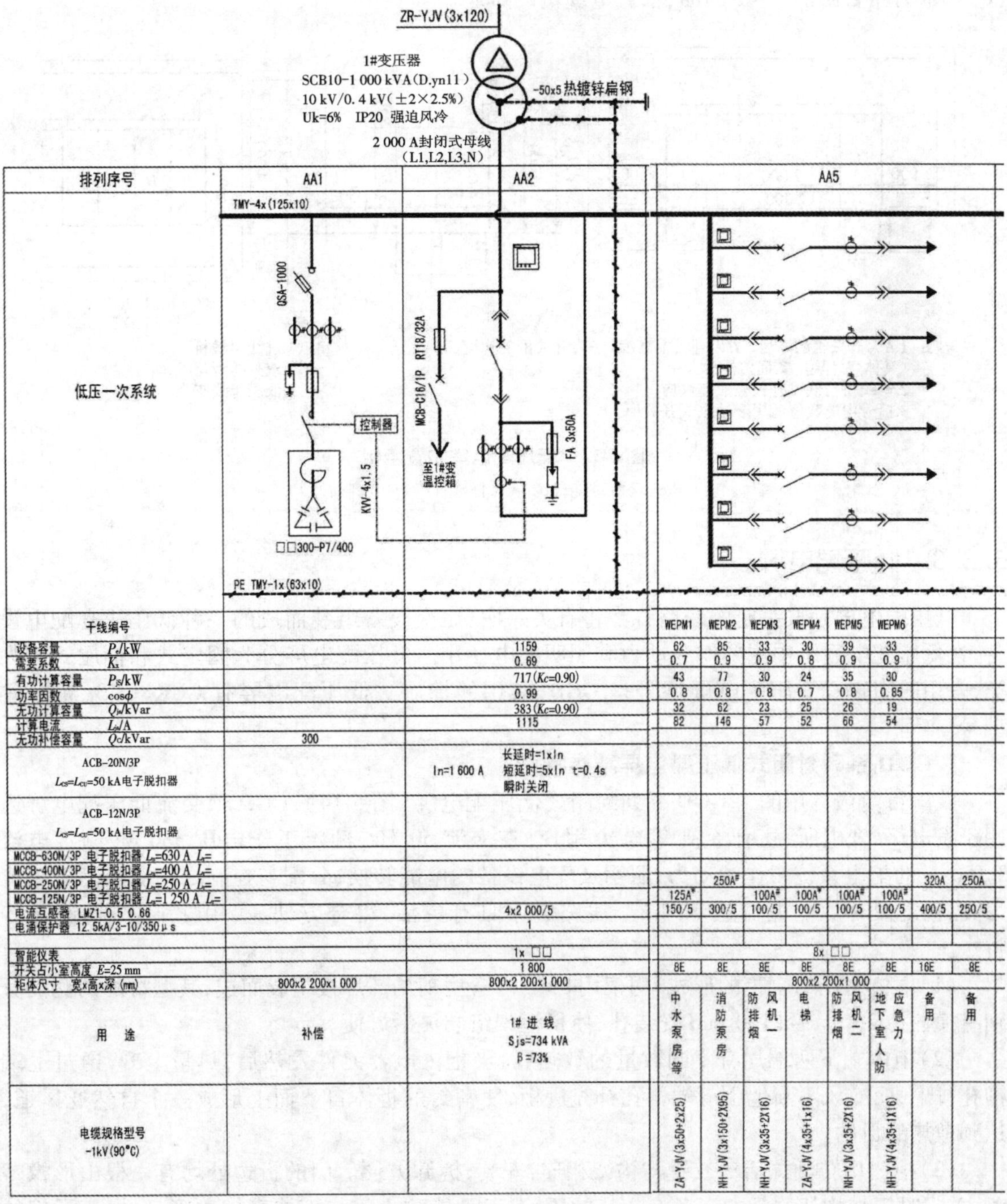

排列序号	AA1	AA2	AA5							
干线编号			WEPM1	WEPM2	WEPM3	WEPM4	WEPM5	WEPM6		
设备容量　P_e/kW		1159	62	85	33	30	39	33		
需要系数　K_x		0.69	0.7	0.9	0.9	0.8	0.9	0.9		
有功计算容量　P_{js}/kW		717(K_c=0.90)	43	77	30	24	35	30		
功率因数　cosϕ		0.99	0.8	0.8	0.8	0.7	0.8	0.85		
无功计算容量　Q_{js}/kVar		383(K_c=0.90)	32	62	23	25	26	19		
计算电流　I_{js}/A		1115	82	146	57	52	66	54		
无功补偿容量　Q_C/kVar	300									
ACB-20N/3P $I_{CS}=I_{CU}$=50 kA电子脱扣器		In=1 600 A　长延时=1xIn 短延时=5xIn　t=0.4s 瞬时关闭								
ACB-12N/3P $I_{CS}=I_{CU}$=50 kA电子脱扣器										
MCCB-630N/3P 电子脱扣器 I_n=630 A I_r=										
MCCB-400N/3P 电子脱扣器 I_n=400 A I_r=										
MCCB-250N/3P 电子脱口器 I_n=250 A I_r=				250A#					320A	250A
MCCB-125N/3P 电子脱扣器 I_n=1 250 A I_r=			125A*		100A#	100A*	100A#	100A#		
电流互感器 LMZ1-0.5 0.66		4x2 000/5	150/5	300/5	100/5	100/5	100/5	100/5	400/5	250/5
电涌保护器 12.5kA/3-10/350μs		1								
智能仪表		1x □□	8x □□							
开关占小室高度 E=25 mm		1 800	8E	8E	8E	8E	8E	8E	16E	8E
柜体尺寸　宽x高x深(mm)	800x2 200x1 000	800x2 200x1 000	800x2 200x1 000							
用　途	补偿	1# 进 线 Sjs=734 kVA β=73%	中水泵房等	消防泵房	防排烟风机一	电梯	防排烟风机二	地下室人防应急力	备用	备用
电缆规格型号 -1kV(90°C)			ZA-YJV(3x50+2x25)	NH-YJV(3x150+2X95)	NH-YJV(3x35+2X16)	ZA-YJV(4x35+1x16)	NH-YJV(3x35+2X16)	NH-YJV(4x35+1X16)		

图 5-12　低压配电系统图(局部)

通道。屏下为一二次电路沟,屏上为双列屏间联络的母线桥架。配电室的门应向外打开,相邻配电室之间有门时,其门应能双向开启。顶棚、墙面及地面的建筑装修应少积灰或不起灰,顶棚不应抹灰。

图 5-13(b)所示为低压屏单列直排,离墙安装、以金属封闭式母线电缆桥架出线。图 5-13

(c)所示为布置图的1－1剖面,示意电缆沟的做法。

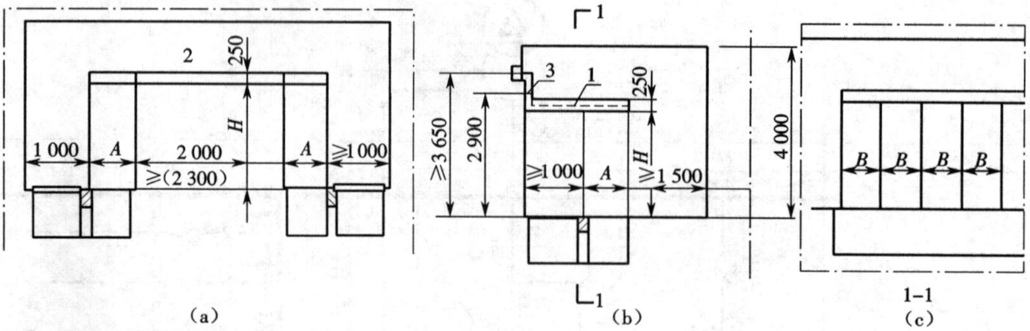

说明:1.A为开关柜的厚度,H为开关柜高度,B为开关柜的宽度,具体尺寸视厂家而定;
2.母线桥与低压开关柜成套供应;
3.括号内的数值适用于抽屉式开关柜。

材料:1.进线母线桥;
2.双列排列母线桥;
3.低压母线支架。

图5-13 低压配电室布置示例

(a)双列对排;(b)单列直排;(c)1－1剖面

5.3.3 低压配电屏

低压配电屏是按一定的线路方案将有关一次、二次设备组装而成的一种低压成套配电设备,在低压配电系统中主要作为动力和照明配电使用。低压配电屏分为固定式和抽屉式两大类,常用的固定式低压配电屏型号是GGD,常用的抽屉式低压配电屏有GCK、GCS、MNS等型号。

1. GGD系列封闭式低压配电屏结构特点

我国目前最常用的为GGD系列封闭式低压配电屏(图5-14),GGD型交流低压配电屏适用于发电厂、变电所、工业企业等电力用户,在交流50 Hz,额定工作电压380 V,额定电流3 150 A的配电系统中作为动力、照明及配电设备的电能转换、分配与控制之用。产品分断能力高,额定短时耐受电流达50 kA。线路方案具有灵活、组合方便、实用性强、结构新颖等特点。

(1)柜体采用组合柜的形式,构架用8MF冷弯型钢局部焊接组装而成,其型材的两侧面分别有模数为20 mm和100 mm安装孔,使得框架组装灵活方便。

(2)柜体上下两端均有不同数量的散热孔,当柜内电器元件发热后,热量上升,通过上端槽孔排出,而冷风不断地由下端槽孔补充进柜,使密封的柜体自下而上形成一个自然通风道,达到散热的目的。

(3)柜门用转轴式活动铰链与构架相连,安装、拆卸方便。门的折边处均有一根山形橡塑条,关门时门与构架之间的嵌条有一定的压缩行程,能防止门与柜体直接碰撞,也提高了门的防护等级。

(4)柜体的顶盖在需要时可拆卸,便于现场主母线的装配和调整,柜顶的四角装有吊环,用于起吊和装运。

(5)柜体的防护等级为IP30,用户也可根据使用环境的要求在IP20～IP40之间选择。

2. GGD系列封闭式低压配电屏主要技术性能

(1)额定绝缘电压 交流660 V(1 000 V)

(2)额定工作电压　主电路:交流 380 V(660 V);辅助电流:交流 380 V(220 V);直流 220 V(110 V)。

(3)额定频率　50 Hz。

(4)额定电流　不大于 4 000 A;水平母线系统 1 600 ~ 3 150 A;垂直母线系统 400 ~ 800 A。

(5)额定峰值电流　水平母线 175 kA;垂直母线 110 kA。

(6)功能单元分断能力　50 kA。

(7)外设防护等级　IP40。

(8)控制电动机容量　0.4 ~ 155 kW。

3. GGD 系列封闭式低压配电屏的安装

GGD 系列封闭式低压配电屏落地式安装时,底部应抬高,室内宜高出地面 50 mm 以上,室外应高出地面 200 mm 以上。底座周围应采取封闭措施,并应能防止鼠、蛇类等小动物进入箱内,见图 5-15。

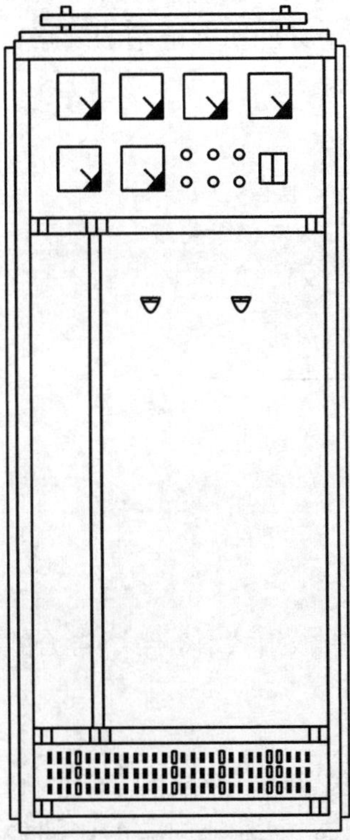

图 5-14　GGD 型低压配电屏

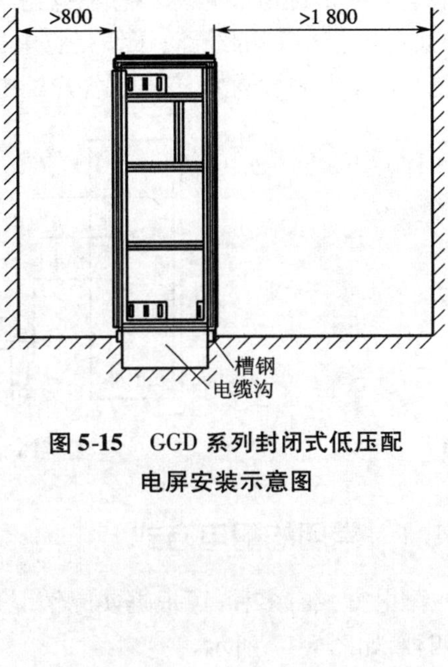

图 5-15　GGD 系列封闭式低压配电屏安装示意图

4. GCS 型低压抽出式开关柜

(1)用途及适用范围

GCS 型低压抽出式开关柜适用于三相交流频率为 50(60)Hz,额定工作电压为 380(660) V,额定电流为 4 000 A 及以下的电力网络中的受电、馈电、电动机集中控制,无功功率补偿等使用的低压成套配电设备,可广泛用于发电厂、石油、化工、纺织等行业以及高层建筑的配电系统。

(2)结构特点

主构架设计为全组装式和部分(侧柜和横梁)焊接式两种结构形式以适应用户不同的需要。各功能室相互隔离,如功能单元室、母线室、电缆室,各室的作用相对独立,互不影响。水平主母线采用柜后平置排列方式,以增强母线额定峰值耐受电流的能力。每个抽屉为一个独立功能单元,抽屉分 1/2 单元、1 单元、3/2 单元、2 单元、3 单元等五个尺寸系列。每台开关柜内最多可以配置 11 个 1 单元抽屉或 22 个 1/2 单元抽屉。抽屉具有合、分、试验、隔离和抽出等五个位置,并有明显标志。抽屉设有机械连锁装置和紧急解锁装置。

5.4 照明配电系统

照明配电系统主要是指照明电源从低压配电屏到用户配电箱之间的接线方式。主要由馈电线、干线、分支线及配电盘组成。汇集支线接入干线的配电装置称为分配电箱,汇集干线接入总进户线的配电装置称为总配电箱。馈电线是将电能从变电所低压配电屏送到区域(或用户)总配电柜(箱)的线路;干线是将电能从总配电柜(箱)送至各个分照明配电箱的线路;分支线是将电能从各分配电箱送至各户配电箱的线路,如图 5-16 所示。

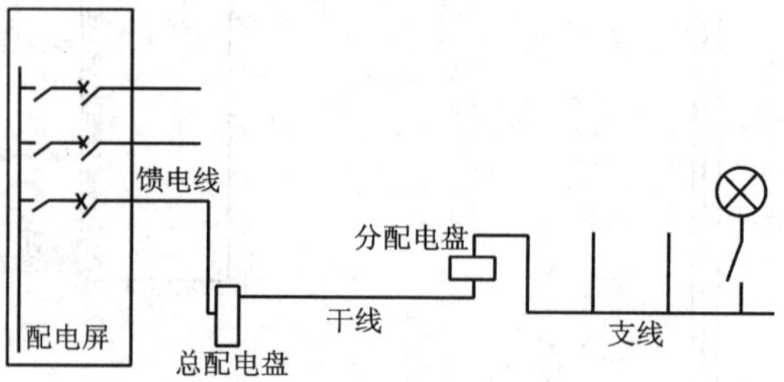

图 5-16　照明供电网络的组成形式

5.4.1 常用的配电方式

配电方式有多种,可根据实际情况选定。而基本的配电方式有放射式、树干式、混合式、链式四种,如图 5-17 所示。

1. 放射式

图 5-17(a)是放射式配电系统,其优点是各负荷独立受电,线路发生故障时,不影响其他回路继续供电,故可靠性较高;回路中电动机启动引起的电压波动,对其他回路的影响较小。但建设费用较高,有色金属耗量较大。放射式配电一般用于重要的负荷。

2. 树干式

图 5-17(b)是树干式配电系统,与放射式相比,其优点是建设费用低。但干线出现故障时影响范围大,可靠性差。

3. 混合式

图 5-17(c)是混合式配电系统。它是放射式和树干式的综合运用,具有两者的优点,所以在实际工程中应用最为广泛。

4. 链式

图5-17(d)是链式配电系统。它与树干式相似,适用于距离配电所较远,而彼此之间相距又较近的不重要的小容量设备,链接的设备一般不超过3~4台。

照明配电宜采用混合式系统。

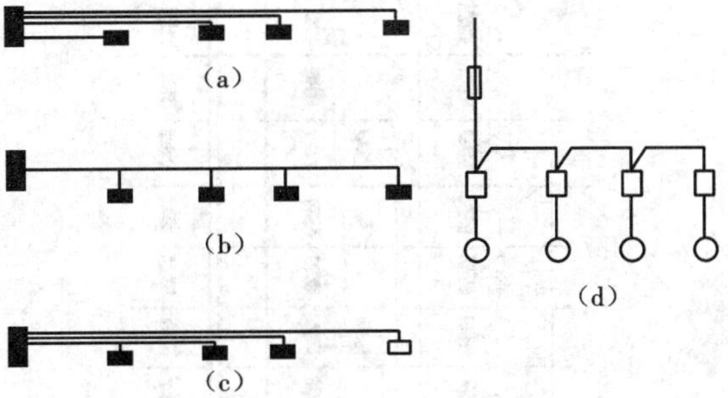

图5-17　基本的配电方式

(a)放射式 ;(b)树干式;(c)混合式;(d)链式

5.4.2　典型的配电系统

在实际应用中,各类建筑的照明配电系统都是上述四种基本方式的综合。下面介绍几种典型的照明配电系统。

1. 多层公共建筑的照明配电系统

如图5-18所示是多层公共建筑(如办公楼、教学楼等)的配电系统。其进户线直接进入大楼的配电间的总配电箱,由总配电箱采取干线立管式向各层分配电箱馈电,再经分配电箱引出支线向各房间的照明器和用电设备供电。

2. 住宅的照明配电系统

如图5-19所示是典型的住宅照明配电系统。它以每一楼梯间作为一单元,进户线引至楼的总配电箱,再由干线引至每一单元的配电箱,各单元配电箱采用树干式(或放射式)向各层用户的分配电箱馈电。为了便于管理,住宅楼的总配电箱和单元配电箱一般装在楼梯公共过道的墙面上。分配电箱装设电度表,以便用户单独计算电费。

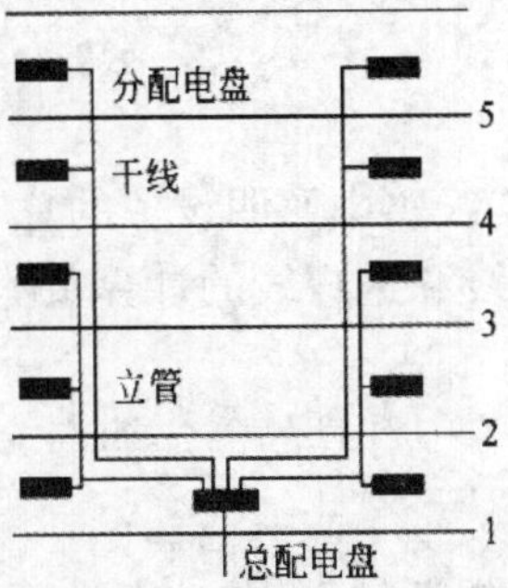

图5-18　多层公共建筑的照明配电系统

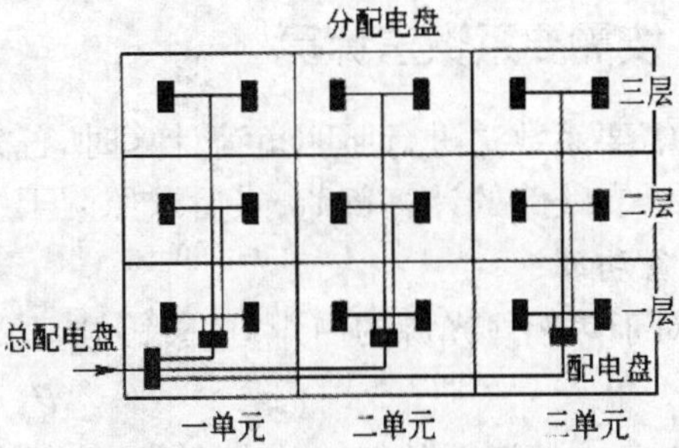

图5-19　住宅的照明配电系统

3. 高层建筑的照明配电系统

如图5-20所示是高层建筑照明配电系统常用的三种方案。其中方案(a)(b)为混合式,它们先将整幢楼按层分为若干供电区,每区的层数为 2 ~6 层。每路干线向一个供电区配电,故又称为分区树干式配电系统。方案(a)与(b)基本相同,但方案(b)增加了一个分区配电箱,它与方案(a)比较,其可靠性较高。方案(c)采用大树干配电方式,从而大大减少了低压配电屏的数量,安装、维护方便,适用于楼层楼量多,负荷较大的大型建筑物。

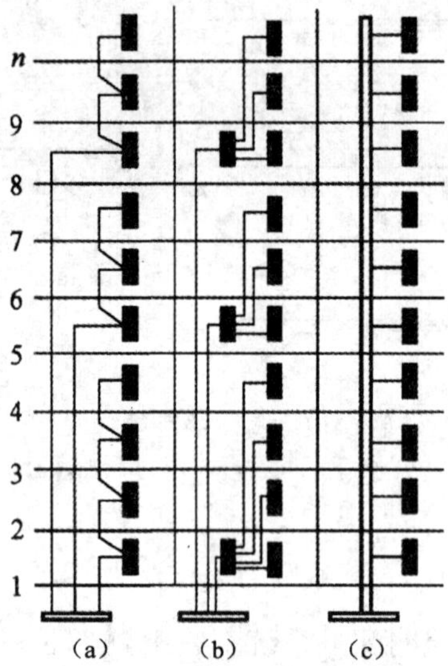

图 5-20　高层建筑的照明配电系统

(a)混合式;(b)混合式;(c)大树干式

5.5　照明负荷计算

照明用电负荷计算的目的,是为了合理地选择供电导线和开关设备等元件,使电气设备和材料得到充分的利用,同时也是确定电能消耗量的依据。计算结果的准确性,对选择供电系统的设备、有色金属材料的消耗,以及一次投资费用有着重要的影响。

照明供配电系统的负荷计算,通常采用需要系数法。需要系数是有关部门通过长期实践和调查研究,统计计算得出的。随着技术和经济的发展,需要系数也不断地修改。

5.5.1　按需要系数法计算

采用需要系数法进行照明负荷计算时,首先应算出分支线路中照明设备的总安装容量,然后再求各分支线路的计算负荷,最后求照明干线、低压总干线和进户线的计算负荷。

1. 设备功率

(1)对于热辐射光源的白炽灯、卤钨灯,其设备功率 P_e 等于灯具的额定功率 P_N,即

$$P_e = P_N \tag{5-3}$$

(2)对于有镇流器的气体放电光源,考虑镇流器的功率损耗,其设备功率计算应为

$$P_e = (1+\alpha)P_N \tag{5-4}$$

式中　P_e——气体放电光源照明设备安装容量,kW;

P_N——气体放电光源的额定功率,kW;

α——镇流器的功率损耗系数。

气体放电光源镇流器的功率损耗系数见表5-3。

表5-3　气体放电光源镇流器的功率损耗系数

光源种类	损耗系数 α	光源种类	损耗系数 α
荧光灯	0.2	金属卤化物灯	0.14 ~ 0.22
荧光高压汞灯	0.07 ~ 0.3	涂荧光物质的金属卤化物灯	0.14
自镇流荧光高压汞灯	—	低压钠灯	0.2 ~ 0.8
高压钠灯	0.12 ~ 0.2		

2. 分支线路的计算负荷

(1)照明分支线路

照明分支线路的计算负荷就等于该条线路上所有照明设备的总容量(总设备功率),即

$$P_{\mathrm{j}} = \sum_{i=1}^{n} P_{ei} \tag{5-5}$$

(2)插座分支线路

$$P_{\mathrm{j}} = K_x \sum_{i=1}^{n} P_{ei} \tag{5-6}$$

式中　P_{j}——分支线路的计算负荷,kW;

P_{ei}——各设备安装容量,kW;

n——设备的数量;

K_x——插座回路的需要系数。

3. 干线计算负荷

$$P_{\mathrm{jsL}} = K_{x\mathrm{L}} \sum_{i=1}^{n} P_{\mathrm{j}i} \tag{5-7}$$

式中　P_{jsL}——干线回路的计算负荷,kW;

$P_{\mathrm{j}i}$——各分支回路的计算负荷,kW;

n——分支回路的数量;

$K_{x\mathrm{L}}$——照明干线回路的需要系数,如表5-4所示。

4. 进户线、低压总干线的计算负荷

$$\mathrm{P}_{\mathrm{js}} = K_{x\mathrm{L}} \sum_{i=1}^{n} P_{\mathrm{jsL}i} \tag{5-8}$$

式中　P_{js}——进户线、低压总干线的计算负荷,kW;

$P_{\mathrm{jsL}i}$——干线的计算负荷,kW;

n——干线的数量;

K_{xL}——进户线、低压总干线回路的需要系数,如表5-5所示。

表 5-4 照明干线需要系数

建筑类型	K_x	建筑类别	K_x
住宅区、住宅	0.6~0.8	由小房间组成的车间或厂房	0.85
医院	0.5~0.8	辅助小型车间、商业场所	1.0
办公楼、实验室	0.7~0.9	仓库、变电所	0.5~0.6
科研楼、教学楼	0.8~0.9	应急照明、室外照明	1.0
大型厂房(由几个大跨度组成)	0.8~1.0	厂区照明	0.8

表 5-5 民用建筑照明负荷需要系数

建筑物名称		需要系数 K_x	备 注
一般住宅楼	20 户以下	0.6	单元式住宅,多数为每户两室,两室户内插座为 6~8 个,装户表
	20~50 户	0.5~0.6	
	50~100 户	0.4~0.5	
	100 户以上	0.4	
高级住宅楼		0.6~0.7	
集体宿舍楼		0.6~0.7	一开间内 1~2 盏灯,2~3 个插座
一般办公楼		0.7~0.8	一开间内 2 盏灯,2~3 个插座
高级办公楼		0.6~0.7	
科研楼		0.8~0.9	一开间内 2 盏灯,2~3 个插座
发展与交流中心盏灯		0.6~0.7	
教学楼		0.8~0.9	三开间内 6~11 盏灯,1~2 个插座
图书馆		0.6~0.7	
托儿所、幼儿园		0.8~0.9	
小型商业、服务业用房		0.85~0.9	
综合商业、服务楼		0.75~0.85	
食堂、餐厅		0.8~0.9	
高级餐厅		0.7~0.8	
一般旅馆、招待所		0.7~0.8	一开间一盏灯,2~3 个插座,集中卫生间带卫生间
高级旅馆、招待所		0.6~0.7	
旅游宾馆		0.35~0.45	单间客房 4~5 盏灯,4~6 个插座
电影院、文化馆		0.7~0.8	
剧场		0.6~0.7	
礼堂		0.5~0.7	
体育练习馆		0.7~0.8	
体育馆		0.65~0.75	
展览馆		0.5~0.7	
门诊楼		0.6~0.7	
一般病房楼		0.65~0.75	
高级病房楼		0.5~0.6	
锅炉房		0.9~1	

5.5.2 照明负荷的估算

在初步设计时,为计算用电量和规划用电方案,需估算照明负荷,估算公式为

$$P_{\mathrm{j}} = P_{\mathrm{D}} \times A \tag{5-9}$$

式中 P_{D}——单位建筑面积照明负荷,$\mathrm{W/m^2}$,可参考表 5-6 所列的单位建筑面积照明负荷指标;

A——被照建筑面积,$\mathrm{m^2}$。

表 5-6 单位建筑面积照明负荷

建筑物名称	计算负荷/($\mathrm{W/m^2}$)		建筑物名称	计算负荷/($\mathrm{W/m^2}$)	
	白炽灯	荧光灯		白炽灯	荧光灯
一般住宅楼	6~12		餐厅	8~16	
单身宿舍		5~7	高级餐厅	15~30	
一般办公楼		8~10	旅馆、招待所	11~18	
高级办公楼	15~23		高级宾馆、招待所	20~35	
科研楼	20~25		文化馆	15~18	
技术交流中心	15~20	20~25	电影院	12~20	
图书馆	15~25		剧场	12~27	
托儿所、幼儿园	6~10		体育练习馆	12~24	
大、中型商场	13~20		门诊楼	12~15	
综合服务楼	10~15		病房楼	12~25	
照相馆	8~10		服装生产车间	20~25	
服装店	5~10		工艺品生产车间	15~20	
书店	6~12		库房	5~7	
理发店	5~10		车房	5~7	
浴室	10~15		锅炉房	5~8	
粮店、副食店、邮政所、洗染店、综合修理店		8~12			

5.5.3 照明线路的电流计算

计算电流是选择导线截面的直接依据,也是计算电压损失的主要参数之一。在进行照明供电设计时,要注意照明设备多数都是单相设备。若采用三相四线 380 V/220 V 供电,按建筑电气设计技术规范规定:单相负载应逐相均匀分配。当回路中单相负荷的总容量小于该网络三相对称负荷总容量的 15% 时,全部按三相对称负荷计算,超过三相负荷平均值 15% 时应将单相负荷换算为等效三相负荷。等效三相负荷为最大单相负荷的 3 倍。

(1)当采用一种光源时,线路计算电流可按以下两式计算。

三相线路电流计算

$$I_j = \frac{P_j}{\sqrt{3} U_L \cos \varphi} \tag{5-10}$$

式中 P_j——三相照明线路计算负荷,W;

U_L——照明线路的额定线电压,V;

$\cos \varphi$——光源的功率因数。

单相线路电流计算

$$I_j = \frac{P_{单}}{U_P \cos \varphi} \tag{5-11}$$

式中 $P_{单}$——单相照明线路计算负荷,W;

U_P——照明线路的额定相电压,V;

$\cos \varphi$——光源的功率因数。

(2)对于白炽灯、卤钨灯与气体放电灯混合的线路,其电流可由下式计算

$$I_j = \sqrt{(I_{j1} + I_{j2} \cos \varphi)^2 + (I_{j2} \sin \varphi)^2} \tag{5-12}$$

式中 I_{j1}——混合照明线路中,白炽灯、卤钨灯的计算电流,A;

I_{j2}——混合照明线路中,气体放电灯的计算电流,A;

φ——气体放电灯的功率因数角。

例 5-1 某厂房的 220 V/380 V 三相四线制照明供电线路上接有 250 W 高压汞灯和白炽灯两种光源,各相负荷的分配情况如下。

A 相:250 W 高压汞灯 4 盏,白炽灯 2 kW;

B 相:250 W 高压汞灯 8 盏,白炽灯 1 kW;

C 相:250 W 高压汞灯 2 盏,白炽灯 3 kW。

试求线路的电流和功率因数。

解 查表 5-3 可知高压汞灯镇流器的损耗系数 $\alpha = 0.15$,各相支线的需要系数 $k_x = 1$,查表 5-3 可知厂房照明干线的需要系数 $k_x = 0.85$,高压汞灯的功率因数取为 0.6,A 相白炽灯组的计算负荷和计算电流为

$$P_{j1} = k_x \times P_{\Sigma} = 1 \times 2\ 000 = 2\ 000 \text{ W}$$

$$I_{j1} = \frac{P_{j1}}{U_p} = \frac{2\ 000}{220} = 9.1 \text{ A}$$

A 相高压汞灯的计算负荷及计算电流为

$$P_{j2} = k_x \times P_{\Sigma 2}(1 + \alpha) = 1 \times 4 \times 250 \times (1 + 0.15) = 1\ 150 \text{ W}$$

$$I_{j2} = \frac{P_{j2}}{U_p \cos \varphi} = \frac{1\ 150}{220 \times 0.6} = 8.71 \text{ A}$$

则 A 相的计算电流为

$$\begin{aligned} I_{jA} &= \sqrt{(I_{j1} + I_{j2} \cos \varphi)^2 + (I_{j2} \sin \varphi)^2} \\ &= \sqrt{(9.1 + 8.71 \times 0.6)^2 + (8.71 \times 0.8)^2} = 15.93 \text{ A} \end{aligned}$$

$$\cos \varphi_A = \frac{I_{j1} + I_{j2} \cos \varphi}{I_{jA}} = 0.9$$

同理,可计算出 B 相和 C 相的计算电流和功率因数如下:

$$I_{jB}=20.26\ \text{A},\cos\varphi_B=0.74;I_{jC}=16.61\ \text{A},\cos\varphi_C=0.98;$$

因 B 相的计算电流(负荷)最大,故在干线的计算中以它为基准,则干线的计算电流为

$$I_j=\frac{3K_xP_{jB}}{\sqrt{3}U_L\cos\varphi_B}=\frac{3\times0.85\times[1\,000+250\times8\times(1+0.15)]}{\sqrt{3}\times380\times0.74}=17.28\ \text{A}$$

5.6 导线的选择与敷设

5.6.1 照明线路导线的选择

照明线路一般具有距离长、负荷相对比较分散的特点,所以配电网络导线和电缆的选择一般按照下列原则进行。按使用环境和敷设方法选择导线和电缆的类型;按线缆敷设的环境条件来选择线缆和绝缘材质;按机械强度选择导线的最小允许截面;按允许载流量选择导线和电缆的截面;按电压损失校验导线和电缆的截面。按上述条件选择的导线和电缆具有几种规格的截面时,应取其中较大的一种。

1. 导线类型的选择

(1)导体材料选择

导线一般可采用铜芯或铝芯的线,照明配电干线和分支线,应采用铜芯绝缘电线或电缆;分支线截面不应小于 2.5 mm^2。

(2)电缆芯数的选择

对于 TN-S 系统,三相应选五芯电缆,单相应选用三芯电缆;室外干线采用 TT 系统时,应选用四芯电缆。

(3)绝缘及护套的选择

塑料绝缘线(绝缘材料为聚氯乙烯、聚乙烯、交联聚乙烯)的绝缘性能良好,价格较低,无论明设或穿管敷设均可代替橡皮绝缘线。由于不能耐高温,绝缘容易老化,所以塑料绝缘线不宜在室外敷设。

橡皮绝缘线根据玻璃丝或棉纱原料的货源情况选配编织层材料,其型号不再区分而统一用 BX 及 BLX 表示。

氯丁橡皮绝缘线的特点是耐油性能好,不易霉,不延燃,光老化过程缓慢,因此可以在室外敷设。

在各类导线中,氯丁橡皮线耐气候老化性能和不延燃性能良好,并且有一定的耐油、耐腐蚀性能。聚氯乙烯绝缘导线价格较低,但易于老化而变硬;橡皮绝缘线耐老化性能良好,但价格较高。

照明线路常用的导线型号及用途见表 5-7。

表 5-7 照明线路常用的导线型号及用途

导线型号	名　称	主要用途
BX(BLX)	铜(铝)芯橡皮绝缘线	固定明、暗敷

表 5-7(续)

导线型号	名　称	主要用途
BXF(BLXF)	铜(铝)芯氯丁橡皮绝缘线	固定明、暗敷,尤其适用于户外
BV(BLV)	铜(铝)芯聚氯乙烯绝缘线	固定明、暗敷
BV-105(BLV-105)	耐热 105 ℃铜(铝)芯聚氯乙烯绝缘线	用于温度较高的场所
BVV(BLVV)	铜(铝)芯聚氯乙烯绝缘、聚氯乙烯护套线	用于直贴墙壁敷设
BXR	铜芯橡皮绝缘软线	用于 250 V 以下的移动电器
RV	铜芯聚氯乙烯软线	用于 250 V 以下的移动电器
RVB	铜芯聚氯乙烯绝缘扁平线	用于 250 V 以下的移动电器
RVS	铜芯聚乙烯软线	用于 250 V 以下的移动电器
RVV	铜芯聚氯乙烯绝缘、聚氯乙烯护套软线	用于 250 V 以下的移动电器
RVX-105	铜芯耐热聚氯乙烯绝缘软线	同上,耐热 105 ℃

2. 按机械强度要求选择导线截面

在正常的工作状态下,导线应有足够的机械强度,以防断线保证安全可靠运行。绝缘导线架空或室内明敷时,应满足敷设对截面积的最小机械强度的要求。绝缘导线线芯的最小截面积,如表 5-8 所示。

表 5-8　按机械强度要求的导线允许最小截面

导线敷设方式	最小截面/mm^2		
	铜芯软线	铜线	铝线
照明用灯头线			
(1)室内	0. 5	0. 8	2. 5
(2)室外	1	1	2. 5
穿管敷设的绝缘导线	1	1	2. 5
塑料护套线沿墙明敷线		1	2. 5
敷设在支持件上的绝缘导线			
(1)室内,支持点间距为 2 m 及以下		1	2,5
(2)室外,支持点间距为 2 m 及以下		1. 5	2. 5
(3)室外,支持点间距为 6 m 及以下		2. 5	4
(4)室外,支持点间距为 12 m 及以下		2. 5	6
电杆架空线路 380 V 低压		16	25
架空引入线 380 V 低压(绝缘导线长度不大于 25 m)		6	10(绞线)
电缆在沟内敷设、埋地敷设、明敷设 380 V 低压		2. 5	4

3. 按允许载流量选择导线截面

电流在导线中通过时会产生热量而使导线温度升高，温度过高会使绝缘老化或损坏。为了使导线具有一定的使用寿命，各种电线根据其绝缘材料特性规定最高允许工作温度。导线在持续电流的作用下，其温升不得超过允许值。

为了确保正常运行中的导线温度不会超过允许值，生产厂家往往通过计算或实验的方法，将不同材料、不同截面的绝缘导线在不同环境温度和敷设方式时的允许载流量列成表格，供实际工程设计时进行选用。表5-9至表5-12列出部分常用导线的载流量，表中导线最高允许工作温度65 ℃，环境温度25 ℃。

表5-9　BV、BLV、BVR型单芯电线单根敷设载流量（在空气中敷设）

导线截面/mm²	长期连续负荷允许载流量/A		相应电缆表面温度/℃	导线截面/mm²	长期连续负荷允许载流量/A		相应电缆表面温度/℃
	铜芯	铝芯			铜芯	铝芯	
0.75	16		60	25	138	105	60
1.0	19		60	35	170	130	60
1.5	24	18	60	50	215	165	60
2.5	32	25	60	70	265	205	60
4	42	32	60	95	325	250	60
6	55	52	60	120	375	285	60
10	75	59	60	150	430	325	60
16	105	80	60	185	490	380	60

表5-10　RV、RVV、RVB、RVS、RFB、RFS、BVV、BLVV型塑料软线和护套线单根敷设载流量

导线截面/mm²	长期连续负荷允许载流量/A					
	一芯		二芯		三芯	
	铜芯	铝芯	铜芯	铝芯	铜芯	铝芯
0.12	5		4		3	
0.2	7		5.5		4	
0.3	9		7		5	
0.4	11		8.5		6	
0.5	12.5		9.5		7	
0.75	16		12.5		9	
1.0	19		15		11	
1.5	24		19		12	

表 5-10(续)

导线截面/mm²	长期连续负荷允许载流量/A					
	一芯		二芯		三芯	
	铜芯	铝芯	铜芯	铝芯	铜芯	铝芯
2	28		22		17	
2. 5	32	25	26	20	20	16
4	42	34	36	26	26	22
6	55	42	47	33	32	25
10	75	50	65	51	52	40

表 5-11　BV、BLV 型单芯电线穿钢管敷设载流量

导线截面/mm²	长期连续负荷允许载流量/A					
	穿二根		穿三根		穿四根	
	铜芯	铝芯	铜芯	铝芯	铜芯	铝芯
1. 0	14		13		11	
1. 5	19	15	17	12	16	12
2. 5	26	20	24	18	22	15
4	35	27	31	24	28	22
6	47	35	41	32	37	28
10	65	49	57	44	50	38
16	82	63	73	56	65	50
25	107	80	95	70	85	65
35	133	100	115	90	105	80
50	165	125	140	110	130	100
70	205	155	183	143	165	127
95	250	190	225	170	200	152
120	300	220	260	195	230	172
150	350	250	300	225	265	200
185	380	285	340	255	300	230

表 5-12　BV、BLV 型单芯电线穿塑料管敷设载流量

导线截面/mm²	长期连续负荷允许载流量/A					
	穿二根		穿三根		穿四根	
	铜芯	铝芯	铜芯	铝芯	铜芯	铝芯
1. 0	12		11		10	
1. 5	16	13	15	11. 5	13	10

表 5-12(续)

导线截面/mm^2	长期连续负荷允许载流量/A					
	穿二根		穿三根		穿四根	
	铜芯	铝芯	铜芯	铝芯	铜芯	铝芯
2.5	24	18	21	16	19	14
4	31	24	28	22	25	19
6	41	31	36	27	32	25
10	56	42	49	38	44	33
16	72	55	65	49	57	44
25	95	73	85	65	75	57
35	120	90	105	80	93	70
50	150	114	132	102	117	90
70	185	145	167	130	148	115
95	230	175	205	158	185	140
120	270	200	240	180	215	160
150	305	230	275	207	250	185
185	355	265	310	235	280	212

按允许载流量选择导线截面,就是要求导线截面满足实际运行电流的要求,即线路的计算电流不超过导线长期允许的电流,按下列关系式根据导线允许温升选择导线截面

$$I \geqslant I_{js} \tag{5-13}$$

式中 I_{js}——照明配电线路计算电流,A;

I——导线允许载流量,A。

表5-13 至表5-15 给出了不同环境温度和敷设条件下导体载流量的校正系数,当环境温度和敷设条件不同时,所列载流量均应乘以相应的校正系数。

表 5-13 不同环境温度时载流量的校正系数

线芯最高允许工作温度/℃	环境温度/℃								
	5	10	15	20	25	30	35	40	45
90	1.14	1.11	1.08	1.03	1.0	0.960	0.920	0.875	0.830
80	1.17	1.13	1.09	1.04	1.0	0.954	0.905	0.853	0.798
70	1.20	1.15	1.10	1.05	1.0	0.940	0.880	0.815	0.745
65	1.22	1.17	1.12	1.06	1.0	0.935	0.865	0.791	0.707
60	1.25	1.20	1.13	1.07	1.0	0.926	0.845	0.756	0.655
50	1.34	126	1.18	1.08	1.0	0.895	0.775	0.633	0.447

表 5-14　电缆在空气中并列敷设时载流量校正系数

电缆中心距离 S /mm	根数及排列方式						
	1	2	3	4	5	4	6
	○	○○	○○○	○○○○	○○○○○	○○○○	○○○ ○○○
d	1.0	0.9	0.85	0.82	0.80	0.8	0.75
2d	1.0	1.0	0.98	0.95	0.90	0.9	0.90
3d	1.0	1.0	1.0	0.98	0.96	1.0	0.96

表 5-15　土壤热阻系数不同时的载流量校正系数

电缆线芯截面 /mm^2	土壤热阻系数/(℃·cm/W)				
	60	80	120	160	200
2.5 ~16	1.06	1.0	0.90	0.83	0.77
25 ~95	1.08	1.0	0.88	0.80	0.73
120 ~240	1.09	1.0	0.86	0.78	0.71
土壤情况	潮湿地区:沿海、湖、河畔地带,雨量多的地区,如华东地区等		普通土壤:如东北大平原夹杂的黑土或黄土,华北大平原黄土、黄黏土砂土等	干燥土壤:如高原地区,雨量少的地区、丘陵、干燥地带	

(1)环境温度校正

导线或电缆的允许载流量与环境温度有关,若实际运行时的环境温度与载流量表中给出的环境温度不同时,应对导线的载流量进行修正,即

$$K_t I > I_{js} \tag{5-14}$$

式中　I_{js}——照明配电线路计算电流,A;

I——导线允许载流量,A。

K_t——环境温度修正系数,见表 5-13。

(2)并列敷设校正系数

当电缆在空气中多根并列敷设时,由于散热条件不同,允许载流量也将不同,因此当多根电缆并列敷设时,表列载流量应乘以表 5-14 所列的校正系数,即

$$K_t I > I_{js} \tag{5-15}$$

式中　K_t——并列敷设修正系数。

(3)土壤热阻系数不同的校正系数

“直接埋地”是指电缆在土壤中直埋,埋深大于 0.7 m,并非地下穿管敷设。土壤温度采用一年中最热月份地下 0.8 m 的土壤平均温度;土壤热阻系数取 80 ℃·cm/W。当土壤热阻系

数不同时，应乘以表5-15所列的土壤热阻系数不同时载流量校正系数。

例5-2　有一个混凝土加工场，环境温度为25 ℃，负载总功率为176 kW，平均功率因数 $\cos\varphi=0.8$，需要系数 $k_x=0.5$，电源线电压为380 V，用BV线，请用安全载流量求导线的截面。

解　根据照明负荷的需要系数法，三相线路中每相负载的计算电流为

$$I_j=\frac{P_j}{\sqrt{3}U_L\cos\varphi}=\frac{K_xP_\Sigma}{\sqrt{3}U_L\cos\varphi}=\frac{0.5\times176\times1\ 000}{\sqrt{3}\times380\times0.8}=166\ \text{A}$$

查表5-9可知，25 ℃时导线明敷设可得截面为35 mm²，它的安全截流量为170 A，大于实际电流166 A。

4.按线路电压损失选择

任何导线都存在着阻抗，当导线中有电流通过时，就会在线路上产生电压降，当线路压降较大时，就会使照明设备电压偏离额定电压。为了保证用电设备运行，用电设备的端电压必须在要求的范围内，所以对线路的电压损失也必须限定在允许值内。

(1)照明线路允许电压损失

电压损失是指线路的始端电压与终端电压有效值的差，即

$$\Delta U=U_1-U_2 \tag{5-16}$$

式中　U_1——线路始端电压，V；

U_2——线路终端电压，V。

ΔU 是电压损失的绝对值表示法，在实际应用中，常用相对值来表示电压损失，工程上通常用与线路额定电压的百分比来表示电压损失，即

$$\Delta u\%=\frac{\Delta U}{U_L}\times100\% \tag{5-17}$$

式中　U_L 为线路（电网）额定电压（V）。

控制电压损失就是为了使线路末端灯具的电压偏移符合要求。照明线路电压的允许损耗值如表5-16所示。

表5-16　照明线路电压的允许损耗值

照明线路	允许电压损耗
对视觉作业要求高的场所，白炽灯、卤钨灯及钠灯的线路	2.5
一般作业场所的室内照明，气体放电灯的线路	5
露天照明、道路照明、应急照明、36 V及以下照明线路	10

(2)照明线路电压损失的计算

①三相平衡的照明负荷线路

对于三相负荷平衡的三相四线制照明线路，中性线没有电流通过，所以其电压损失计算与无中性线的三相线路相同。考虑线路电抗时其线路电压损失计算公式为

$$\Delta u\%=\frac{\sqrt{3}}{10U_L}(R\cos\varphi+X\sin\varphi)IL=\Delta u_L\%IL \tag{5-18}$$

不考虑线路电抗,即 $\cos\varphi=1$ 时线路电压损失计算公式为

$$\Delta u\%=\frac{\sqrt{3}}{100U_{\mathrm{L}}}R\sum IL \tag{5-19}$$

当 $\cos\varphi=1$,且负荷分布均匀时,上述公式可简化为

$$\Delta u\%=\frac{1}{10U_{\mathrm{L}}^{2}\gamma S}\sum PL=\frac{\sum M}{CS} \tag{5-20}$$

式中 $\Delta u_{\mathrm{L}}\%$——三相线路每安培千米的电压损失百分数,%/(A·km);

I——照明负荷计算电流,A;

R——三相线路单位长度的电阻,Ω/km;

X——三相线路单位长度的电抗,Ω/km;

L——各段线路的长度,km;

U_{L}——标称额定线电压,kV;

$\cos\varphi$——照明负荷功率因数;

M——总负荷矩为负荷 P 与线路长度 L 的乘积,kW·m。

S——导线截面,mm^2;

γ——导线的导电率;

C——功率因数为 1 时的计算系数,$C=10U_{\mathrm{L}}^{2}\gamma$,如表 5-17 所示。

表 5-17 计算系数 C 值

线路额定电压/V	供电系统	C 值计算公式	C 值	
			铜	铝
380/220	三相四线	$10\gamma U_{\mathrm{n}}^{2}$	77	46.2
380/220	二相三线	$\frac{10\gamma U_{\mathrm{n}}^{2}}{2.25}$	34.0	20.5
220	单相或直流	$5\gamma U_{\mathrm{n}\varphi}^{2}$	12.8	7.75
110			3.2	1.9
36			0.34	0.21
24			0.153	0.092
12			0.038	0.023

②单相负荷线路

在单相线路中,负荷电流流过相线和中性线,中性线上的电阻和电抗也引起电压损失。线路的电压损失等于相线电压损失和中性线电压损失之和。在单相线路中,中性线的材料和截面与相线相同。考虑线路电抗时,单相线路电压损失计算公式为

$$\Delta u\%=\frac{2}{10U_{\mathrm{L}\varphi}}(R\cos\varphi+X\sin\varphi)IL\approx\Delta u_{\mathrm{L}}\%IL \tag{5-21}$$

不考虑线路电抗,即 $\cos\varphi=1$ 时,线路电压损失简化计算公式为

$$\Delta u\%=\frac{2}{10U_{\mathrm{L}\varphi}^{2}\gamma S}\sum PL=\frac{\sum M}{CS} \tag{5-22}$$

式中，$U_{L\varphi}$为标称额定相电压(kV)，其他各个符号意义同上。

例5-3　试计算图5-21所示照明网络的电压损失。图中AB段(三相)长20 m，导线截面为6 mm²，分支线均为单相，导线截面为4 mm²；分支线所接的各个照明灯具负荷为750 W(白炽灯)，由各个负荷分成的线段长度如图5-21所示；网络电压为220 V/380 V，所有导线均为铜芯导线。

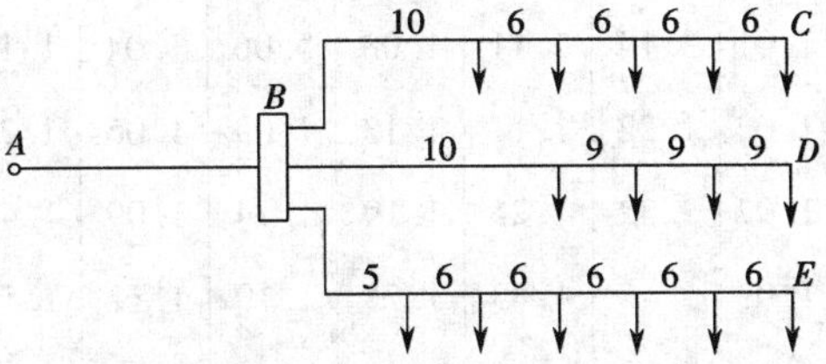

图5-21　例5-3电压损失计算图

解　AB段的电压损失。查表5-17，$C=77$，由式(5-22)得

$$\Delta u\% = \frac{\sum M}{CS} = \frac{15\times 0.75\times 20}{77\times 6}\% = 0.49\%$$

线段BC、BD、BE的电压损失，查表5-17，$C=12.8$，由式(5-22)得

$$\Delta u\% = \frac{\sum M}{CS} = \frac{5\times 0.75\times (10+12)}{12.8\times 4}\% = 1.61\%$$

$$\Delta u\% = \frac{\sum M}{CS} = \frac{4\times 0.75\times (10+13.5)}{12.8\times 4}\% = 1.38\%$$

$$\Delta u\% = \frac{\sum M}{CS} = \frac{6\times 0.75\times (5+15)}{12.8\times 4}\% = 1.76\%$$

至线路末段的电压损失等于干线AB段上的电压损失与分支线上的电压损失之和。如支线BE(电压损失最大)末端的总电压损失为

$$\Delta u_{AE}\% = \Delta u_{AB}\% + \Delta u_{BE}\% = 0.49\% + 1.76\% = 2.25\%$$

③当$\cos\varphi \neq 1$时，线路电压损失的计算

由于气体放电灯的大量采用，实际照明负载$\cos\varphi \neq 1$，照明网络每一段线路的全部电压损失可用下式计算

$$\Delta U_f\% = \Delta U\% R_c \tag{5-23}$$

式中，R_c为计入"由无功负荷及电抗引起的电压损失"的修正系数，查表5-18。

表5-18　计算电压损失的修正系数R_c数值表

截面/mm²	电缆、穿管导线当 cos φ =					明敷导线当 cos φ =									
						0.5	0.6	0.7	0.8	0.9	0.5	0.6	0.7	0.8	0.9
	0.5	0.6	0.7	0.8	0.9	室内线间距离150 mm					室外线间距离400 mm				
铝芯															
2.5	1.01	1.01	1.01	1.01	1.00	1.04	1.03	1.02	1.02	1.01	—	—	—	—	—
4	1.02	1.01	1.01	1.01	1.01	1.06	1.05	1.04	1.03	1.02	—	—	—	—	—

表 5-18(续)

截面/mm²	电缆、穿管导线当 cos φ =					明敷导线当 cos φ =									
						0.5	0.6	0.7	0.8	0.9	0.5	0.6	0.7	0.8	0.9
	0.5	0.6	0.7	0.8	0.9	室内线间距离 150 mm					室外线间距离 400 mm				
6	1.03	1.02	1.02	1.01	1.01	1.09	1.07	1.05	1.04	1.03	—	—	—	—	—
10	1.04	1.03	1.02	1.02	1.01	1.14	1.11	1.08	1.06	1.04	1.18	1.14	1.11	1.08	1.05
16	1.05	1.04	1.03	1.02	1.02	1.22	1.17	1.13	1.09	1.06	1.29	1.22	1.17	1.12	1.08
25	1.08	1.06	1.05	1.04	1.02	1.32	1.25	1.19	1.14	1.09	1.43	1.33	1.25	1.19	1.12
35	1.11	1.09	1.07	1.05	1.03	1.43	1.33	1.25	1.19	1.12	1.59	1.45	1.34	1.25	1.16
50	1.16	1.12	1.09	1.07	1.04	1.59	1.45	1.34	1.25	1.16	1.81	1.62	1.48	1.35	1.23
70	1.21	1.16	1.13	1.09	1.06	1.78	1.60	1.46	1.34	1.22	2.10	1.85	1.65	1.48	1.31
95	1.29	1.22	1.17	1.12	1.08	2.02	1.78	1.60	1.44	1.29	2.44	2.11	1.85	1.62	1.40
120	1.36	1.28	1.21	1.16	1.10	2.25	1.90	1.73	1.54	1.35	2.79	2.37	2.10	1.78	1.50
150	1.45	1.34	1.26	1.19	1.12	2.51	2.16	1.89	1.65	1.42	3.18	2.67	2.28	1.94	1.61
185	1.55	1.42	1.32	1.24	1.15	2.79	2.37	2.05	1.77	1.50	3.62	3.01	2.54	2.13	1.73
铜芯															
1.5	1.01	1.01	1.01	1.01	1.00	—	—	—	—	—	—	—	—	—	—
2.5	1.02	1.02	1.01	1,01	1.01	1.07	1.05	1.04	1.03	1.02	—	—	—	—	—
4	1.03	1.02	1.02	1.01	1.01	1.11	1.08	1.06	1.05	1.03	—	—	—	—	—
6	1.05	1.03	1.03	1.02	1.01	1.16	1.12	1.09	1.07	1.04	—	—	—	—	—
10	1.06	1.05	1.04	1.03	1.02	1.24	1.18	1.14	1.10	1.07	1.31	1.24	1.18	1.13	1.09
16	1.09	1.07	1.05	1.04	1.03	1.36	1.28	1.21	1.16	1.10	1.48	1.37	1.28	1.21	1.14
25	1.14	1.11	1.08	1.06	1.04	1.54	1.41	1.32	1.23	1.15	1.73	1.56	1.43	1.32	1.20
35	1.19	1.14	1.11	1.08	1.05	1.72	1.56	1.43	1.31	1.20	1.99	1.76	1.58	1.43	1.28
50	1.26	1.20	1.15	1.11	1.07	1.99	1.76	1.58	1.43	1.28	2.37	2.05	1.80	1.59	1.38
70	1.36	1.28	1.21	1.16	1.10	2.32	2.01	1.78	1.57	1.37	2.85	2.42	2.08	1.80	1.51
95	1.48	1.37	1.28	1.21	1.13	2.72	2.32	2.01	1.74	1.48	3.43	2.87	2.43	2.05	1.68
120	1.61	1.47	1.36	1.26	1.17	3.09	2.61	2.23	1.91	1.59	4.00	3.30	2.76	2.29	1.84
150	1.75	1.58	1.44	1.33	1.21	3.54	2.95	2.49	2.10	1.71	4.65	3.81	3.15	2.58	2.02

5. 中性线(N)和保护线(PE)截面的选择

中性线截面可按下列条件选定:在单相或二相的线路中,中性线截面应与相线相等;在三相四线制的平衡线路中(如负荷均为白炽灯、卤钨灯),其中性线截面应不小于相线载流量的50%,但当相线截面为10 mm²及以下时,中性线截面宜与相线相同;三相四线制配电线路符合下列情况之一时,其中性线的截面积应不小于相线的截面积:①以气体放电灯为主的配电线路;②单相配电回路;③晶闸管调光回路;④计算机电源回路。

保护线(PE)截面选择,按规定其电导不得小于相线电导的50%,且要满足单相接地故障保护的要求。

对于兼有保护线(PE)和中性线(N)双重功能的PEN线,其截面选择应同时满足上述保护线和中性线的截面要求,即按它们的最大者选取。采用单芯导线作PEN线干线时,铜芯导线不应小于10 mm^2,铝芯导线不应小于16 mm^2。采用多芯导线或电缆作PEN线干线时,其截面不应小于4 mm^2。

5.6.2 照明线路的敷设

照明线路可以明敷,也可以暗敷。配线方式有线夹配线、瓷瓶配线、槽板配线、钢管配线、塑料管配线等。线夹、瓷瓶、槽板配线方式用于线路的明敷设,这些方式主要用于原有建筑物的照明设备改装或因土建无条件采用暗敷设线路的建筑物。室内暗配线是民用建筑工程广泛采用的配线方式,尤其是装修要求较高的场所,更要采用暗线敷设,暗敷设可采用钢管配线或塑料管配线。

1. 进户线的敷设

照明进户线的引入方式有两种:一种是架空引入,另一种是电缆进线。架空引入是将室外电线杆上的电线引至建筑物外墙横担的绝缘子上,这段线称为接户线;横担固定在外墙上。绝缘子固定在横担上,接户线从绝缘子上引出,经防水弯头穿入钢管内,再引至总配电箱内,这段线路称为进户线。它一般采用带有保护层的橡胶绝缘线。架空引入方式投资少、施工方便、便于检修,但不美观,有时妨碍交通。

电缆进线方式是由室外埋地穿过基础进入室内总配电箱,电缆进入建筑物时要穿钢管保护。电缆进线方式比较美观,不妨碍交通,但造价高,施工麻烦,其结构如图5-22。

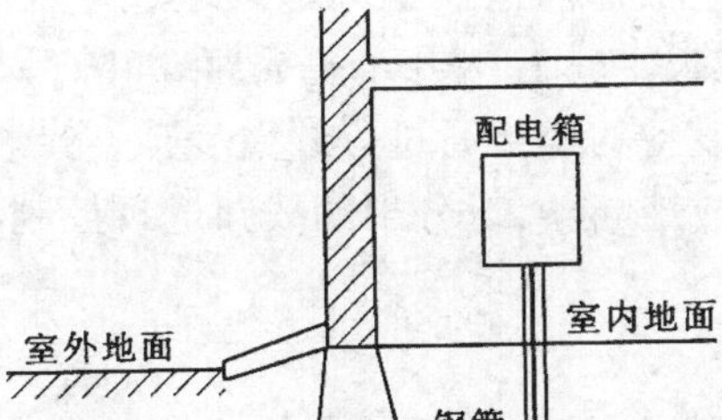

图5-22 电缆进户线示意图

2. 钢管配线

把电线穿在钢管内称为钢管配线。若钢管在建筑结构外表敷设叫作明敷设,埋设在建筑结构内部叫作暗敷设。如果是明敷设可用卡子或支架把钢管固定住,若是暗敷设可将钢管随土建施工敷设于墙壁、楼板内。钢管的规格有15 mm,20 mm,25 mm,32 mm,40 mm,50 mm,70 mm,80 mm,100 mm等,敷设时要焊接成整体,并统一接地。跨接线的规格及焊接应符合规范要求,如图5-23所示。

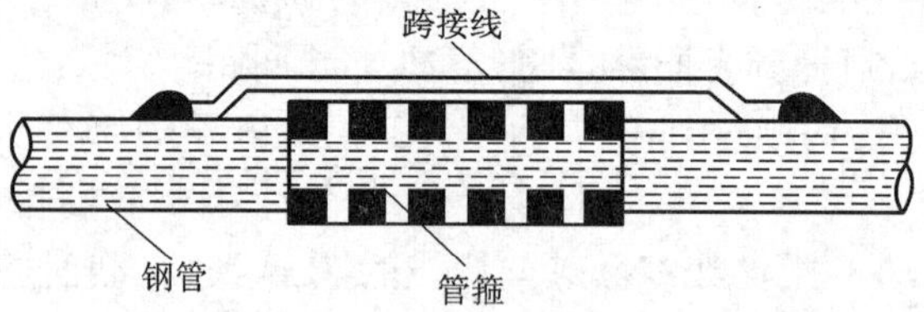

图 5-23 钢管配线

电线穿钢管时,不同电源、不同电压、不同回路的导线不得穿入同一管内,工作照明与事故照明导线不得穿入同一管内,互为备用的导线不得穿入同一管内,每根管中所穿导线不得超过 8 根。

电线穿管前应将管中积水及杂物清除干净,然后在管中穿一根钢线作引线,将导线绑扎在引线的一端,一人在一端送线,另一人在另一端拉线。

钢管配线的优点是可保护导线不受机械损伤,不受潮湿的影响,常用于多尘、易燃、易爆的场所。因钢管是良好的导体,若接地及跨接线做得好,还可作为保护接地,以减少触电危险。钢管暗敷时美观,接线方便;缺点是造价较高,施工困难。

3. 塑料管线配线

将电线穿在塑料管中即为塑料管配线,也有明敷设和暗敷设两种,但暗敷设较多。塑料管的种类有硬塑料管和非自燃塑料管,其施工方法与钢管类似,但不需要焊接,造价较低,在电气照明工程中广泛采用。

4. 母线槽配线

在低压配电系统中,母线槽广泛用于高层建筑的配电干线中,它适用于大电流的配电干线,一般安装于干燥、无腐蚀性气体的室内。用于电压在 500 V 以下、电流在 1 000 A 以下、用电设备较密集的场所。

母线槽一般由金属外壳、绝缘瓷插座及金属母线组成。金属外壳用 1 mm 厚的钢板压成槽后,对合成封闭型,每段母线长 3 m、内装 8 个瓷插座,如图 5-24 所示。母线槽与电源线的连接通过进线盒完成,母线槽与设备的连接通过分线盒完成,分线盒装在母线槽上,把电源引至用电设备上,分线盒内有开关或熔断器,对分出的线路进行控制和保护。母线槽一般水平安装或垂直安装。

5.7 照明线路的保护

沿导线流过的电流过大时,由于导线温升过高,会对其绝缘、接头、端子或导体周围的物质造成损害。温升过高时,还可能引起着火,因此照明线路应具有过电流保护装置。过电流的原因主要是短路或过负荷(过载),因此过电流保护又分为短路保护和过载保护两种。

照明线路还应装设能防止人身间接电击及电气火灾、线路损坏等事故的接地故障保护装置。间接电击是指电气设备或线路的外壳,在正常情况下它们是不带电的,在故障情况下由于绝缘损坏导致电气设备外壳带电,当人身触及时,会造成伤亡事故。

短路保护、过载保护和接地故障保护均作用于切断供电电源或发出报警信号。

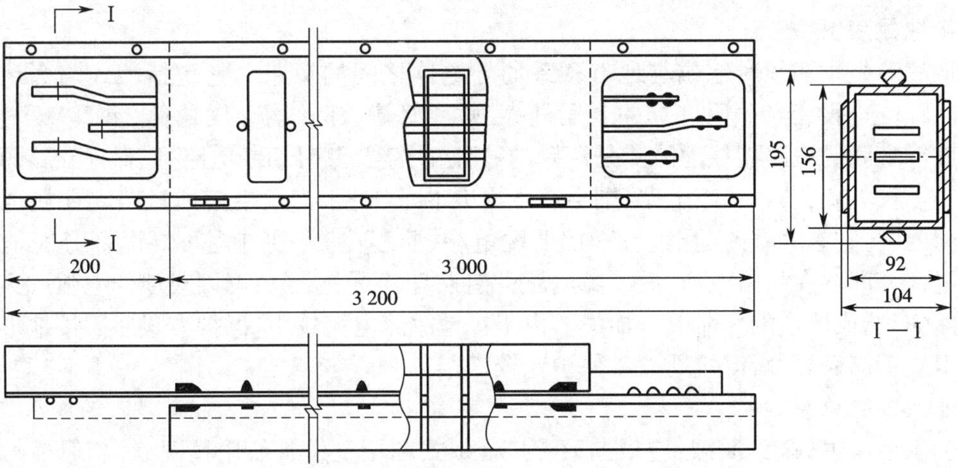

图 5-24　母线槽结构

5.7.1　保护装置的选择

1. 短路保护

线路的短路保护是在短路电流对导体和连接件产生的热作用和机械作用造成危害前切断短路电流。

所有照明配电线路均应设短路保护，通常用熔断器或低压断路器的瞬时脱扣器作短路保护。

对于持续时间不大于 5 s 的短路，绝缘导线或电缆的热稳定应按下式校验：

$$S \geqslant \frac{I}{K}\sqrt{t} \tag{5-24}$$

式中　S——绝缘导线或电缆的线芯截面，mm^2；

I——短路电流有效值，A；

t——在已达允许最高工作温度的导体内短路电流作用的时间，s；

K——计算系数，不同绝缘材料的 K 值，如表 5-19 所示。

表 5-19　不同绝缘材料的计算系数 K 值

绝缘材料		聚氯乙烯	普通橡胶	乙丙橡胶	油浸纸
不同线芯材料的 K 植	铜芯	115	131	143	107
	铝芯	76	87	94	71

当短路持续时间小于 0.1 s 时，应考虑短路电流非周期分量的影响。此时按以下条件校验，导线或电缆的 K^2S^2 值应大于保护电器的焦耳积分（I^2t）值（由产品标准或制造厂提供）。

2. 过载保护

照明配电线路除不可能增加负荷或因电源容量限制而不会导致过载者外，均应装过载保护。通常田断路器的长延时过流脱扣器或熔断器作过载保护。

3. 接地故障保护

接地故障是指相线对地或与地有联系的导电体之间的短路。它包括相线与大地，及 PE 线、PEN 线、配电设备和照明灯具的金属外壳、敷线管槽、建筑物金属构件、水管、暖气管以及金属屋面等之间的短路。接地故障是短路的一种，仍需要及时切断电路，以保证线路短路时的热稳定。不仅如此，若不切断电路，则会产生更大的危害性，当发生接地短路时在接地故障持续的时间内，与它有联系的配电设备(照明配电箱、插座箱等)和外露可导电部分对地和对装置外导电部分间存在故障电压，此故障电压可使人身遭受电击，也可因对地的电弧或火花引起火灾或爆炸，造成严重的生命财产损失。由于接地故障电流较小，保护方式还因接地形式和故障回路阻抗不同而异，所以接地故障保护比较复杂。

接地保护的总原则：

(1)切断接地故障的时限，应根据系统接地形式和用电设备使用情况确定，但最长不宜超过 5 s。

在正常环境下，人身触电时安全电压限值 U_L 为 50 V。当接触电压不超过 50 V 时，人体可长期承受此电压而不受伤害。允许切断接地故障电路的时间最大值不得超过 5 s。

(2)应设置总等电位联结，将电气线路的 PE 干线或 PEN 干线与建筑物金属构件和金属管道等导电体联结。

单一的切断故障保护措施因保护电器产品的质量、电器参数的选择和其使用过程中性能变化以及施工质量、维护管理水平等原因，其动作并非完全可靠。采用接地故障保护时，还应采用等电位联结措施，以降低电气装置或建筑物内人身触电时的接触电压，提高电气安全水平。

5.7.2 保护电器的选择

常用的照明线路的保护电器主要是熔断器、自动空气断路器(自动开关)和剩余电流动作保护器。

1. 熔断器

熔断器主要用于线路的短路保护、过负荷保护和接地故障保护，由熔断体和熔断体支持件组成。熔断器的保护作用是靠熔体来完成的，一定截面的熔体只能承受一定值的电流，当通过的电流超过规定值时，熔体将熔断，从而起到保护的作用。熔体熔断所需时间与电流的大小有关，当通过熔体的电流越大，熔断的时间越短。

最常用的低压熔断器的系列产品设备有 RC 系列瓷插式熔断器，用于负载较小的照明电路；RL 系列螺旋式熔断器，适用于配电线路的过载和短路保护，也常作为电动机的短路保护电器；RM 无填料密封管式熔断器；RT 系列有填料密封闭管式熔断器，灭弧能力强，分断能力高，并有限流作用。

(1)熔断体额定电流的确定。选择熔断器应满足正常工作时不动作，故障时在规定时限内可靠切断电源，在线路允许温升内保护线路，上、下级能够实现选择性切断电源。

①按正常工作电流选择，

$$I_n \geq I_j \tag{5-25}$$

②按启动尖峰电流选择，

$$I_n \geqslant K_m I_j \tag{5-26}$$

式中 I_n——熔体额定电流,A;

I_j——线路计算电流,A;

K_m——熔体选择计算系数,见表5-20;

表5-20 K_m 值

熔断器型号	熔体额定电流/A	K_m		
		白炽灯、卤钨灯、荧光灯	高压钠灯、金属卤化物灯	LED灯
RL7、NT	≤63	1.0	1.2	1.1
RL6	≤63	1.0	1.5	1.1

③为使熔断器迅速切断故障电路,其接地故障电流 I_k 与熔体额定电流 I_n 下式要求

$$I_k / I_n \geqslant K_i \tag{5-27}$$

K_i值见表5-21。

表5-21 *TN*系统故障防护采用熔断器切断故障回路时 K_i 最小允许值

切断时间/s	I_n/A							
	16	20	25	32	40	50	63	80
5	4.0	4.0	4.2	4.2	4.3	4.4	4.5	5.3
0.4	5.5	6.5	6.8	6.9	7.4	7.6	8.3	9.4
切断时间/s	I_n/A							
	100	125	160	200	250	315	400	500
5	5.4	5.5	5.5	5.9	6.0	6.3	6.5	7.0
0.4	9.8	10.0	10.8	11.0	11.2	—	—	—

(2)熔断体支持件额定电流的确定。熔断体电流确定后,根据熔断体电流和产品样本可确定熔断体支持件的额定电流及规格、型号,但应按短路电流校验熔断器的分断能力。熔断器最大开断电流应大于被保护线路最大三相短路电流的有效值。

2.低压断路器

低压断路器又称自动空气开关,属于一种能自动切断电路故障的控制兼保护的电器,可用于照明线路的过负荷、短路和接地故障保护。

按其用途可分为配电用断路器、电动机保护用断路器、照明用断路器。按其结构可分为塑料外壳式、框架式、快速式、限流式等。但基本类型主要有万能式和装置式两系列,分别用W和Z表示。

为了满足保护动作的选择性,过电流脱扣器的保护方式有过载和短路均瞬时动作;过载具有延时,而短路瞬时动作;过载和短路均为长延时动作;过载和短路均为短延时动作。

3. 剩余电流动作保护器

剩余电流动作保护器最显著的功能是接地故障保护，其漏电动作电流一般有 30 mA，50 mA，100 mA，300 mA，500 mA 等，带有过负荷和短路保护功能的剩余电流动作保护器称为有剩余电流动作保护功能的断路器。如果剩余电流动作保护器无短路保护功能，则应另行考虑短路保护，如加装熔断器配合使用。

剩余电流动作保护器应符合如下选用原则：

（1）剩余电流动作保护器应能迅速切断故障电流，在导致人身伤亡及火灾事故之前切断电路。

（2）有剩余电流动作保护功能的断路器的分断能力应能满足过负荷及短路保护的要求。当不能满足分断能力的要求时，应另行增设短路保护电器。

（3）对电压偏差较大的配电回路、电磁干扰强烈地区、雷电活动频繁地区以及高温或低温环境中的电气设备，应优先选用电磁型剩余电流动作保护器。

（4）安装在电源进线处及雷电活动频繁地区的电气设备，应选用耐冲击型的剩余电流动作保护器。

（5）在恶劣环境中装设的剩余电流动作保护器，应具有特殊防护条件。

（6）有强烈振动的场所宜选用电子型剩余电流动作保护器。

（7）为防止因接地故障引起的火灾而设置的剩余电流动作保护器，其动作电流宜为 0.3～0.5 A，动作时间为 0.15～0.5 s，并为现场可调型。

4. 各级保护的配合

为了使故障限制在一定的范围内，各级保护装置之间必须能够配合，使保护电器动作具有选择性，配合的措施如下。

（1）熔断器与熔断器间的级间配合

在一般配电线路过负荷和短路电流较小的情况下，可按熔断器的时间－电流特性不相交，或按上下级熔体的额定电流选择比来实现。当弧前时间大于 0.01 s 时，额定电流大于 12 A 的熔断体电流选择比（即熔体额定电流之比）不小于 1.6∶1，即认为满足选择性要求。

当短路电流很大，弧前时间小于 0.01 s 时，除满足上述条件外，还需要用 I^2t 值进行校验，只有上一级熔断器弧前 I^2t 值大于下一级熔断器熔断 I^2t 值时，才能满足选择性要求。

（2）自动开关与自动开关之间的配合

要求上一级自动开关脱扣器的额定电流一定要大于下一级自动开关脱扣器的额定电流；上一级自动开关脱扣器瞬时动作的整定电流一定要大于下一级自动开关脱扣器瞬时动作的整定电流。

（3）熔断器与自动开关之间的配合

当上一级自动开关与下一级熔断器配合时，熔断器的熔断时间一定要小于自动开关脱扣器动作所要求的时间；当下一级自动开关与上一级熔断器配合时，自动开关脱扣器动作时间一定要小于熔断器的最小熔断时间。

（4）剩余电流动作保护器的级间配合

分级安装的剩余电流动作保护器的动作特性，上下级的电流值一般可取 3∶1，以保证上下级间的选择性，见表 5-22。

表 5-22　剩余电流动作保护器的配合表

保护级别	第一级($I_{\Delta n1}$)	第二级($I_{\Delta n2}$)	
	干线	分干线	线路末端
动作电流($I_{\Delta n}$)	$2.5 \leqslant I_{\Delta n} \leqslant 3$ 倍线路与设备漏电流总和或 $\geqslant 3I_{\Delta n2}$	$2.5 \leqslant I_{\Delta n} \leqslant 3$ 倍线路与设备漏电流总和	$3 \leqslant I_{\Delta n} \leqslant 4$ 倍设备漏电流

一般情况，末端线路剩余电流动作保护器的动作电流不大于 30 mA，上一级的动作电流不宜大于 300 mA，配电干线的动作电流不大于 500 mA，并有适当延时。

5.7.3　保护装置的装设位置

保护电器(熔断器和自动空气断路器)是装在照明配电箱或配电屏内的。箱或屏装设在操作维护方便、不易受机械损伤、不靠近可燃物的地方，并避免保护电器运行时意外损坏对周围人员造成伤害，如大楼各层的配电间内等。

保护电器装设在被保护线路与电源线路的连接处，但为了操作与维护方便可设置在离开连接点的地方，并应符合下列规定：

(1)线路长度不超过 3 m；

(2)采取将短路危险减至最小的措施；

(3)不靠近可燃物。

当将从高处的干线向下引接分支线路的保护电器装设在连接点的线路长度大于 3 m 的地方时，应满足下列要求：

(1)在分支线装设保护电器前的那一段线路发生短路或接地故障时，离短路点最近的上一级保护电器应能保证符合规定的要求动作；

(2)该段分支线应敷设于不燃或难燃材料的管或槽内。

在 TT 或 TN-S 系统中，当 N 线的截面与相线相同，或虽小于相线但已能为相线上的保护电器所保护时，N 线上可不装设保护，当 N 线不能被相线保护电器所保护时，应另在 N 线上装设保护电器，将相应相线电路断开。但不必断开 N 线。

在 TT 或 TN-S 系统中，N 线上不宜装设电器将 N 线断开，当需要断开 N 线时，应装设相线和 N 线一起切断的保护电器；当装设剩余电流动作保护电器时，应能将其所保护的回路所有带电导线断开。在 TN 系统中，当能可靠地保持 N 线为地电位时，N 线可不断开。在 TN-C 系统中，严禁断开 PEN 线，不得装设断开 PEN 线的任何电器；当需要在 PEN 线装设电器时，只能相应断开相线回路。

5.8　照明设计施工图

5.8.1　照明施工图

电气照明施工图的主要作用是用来说明建筑电气工程中照明系统的构成和功能，描述系统的工作原理，提供设备的安装技术数据和实用维护数据等。

1．电气照明施工图的符号及标注

(1)图形符号

照明施工图中常用的图形符号如表5-23所示。

表5-23　照明施工图中常用的图形符号

图例	名称	图例	名称	图例	名称	图例	名称
	灯具一般符号		深照灯		双联单控防水开关		单相三极防水插座
	天棚灯		墙上座灯		双联单控防爆开关		单相三极防爆插座
	四火装饰灯		疏散指示灯		三联单控暗装开关		三相四极暗装插座
	六火装饰灯		疏散指示灯		三联单控防水开关		三相四极防水插座
	壁灯		出口标志灯		三联单控防爆开关		三相四极防爆插座
	单管荧光灯		应急照明灯		声光控延时开关		双电源切换箱
	双管荧光灯		应急照明灯		单联暗装拉线开关		明装配电箱
	三管荧光灯		换气扇		单联双控暗装开关		暗装配电箱
	防水防尘灯		吊扇		吊扇调速开关		漏电断路器
	防爆灯		单联单控暗装开关		单相两极暗装插座		低压断路器
	泛光灯		单联单控防水开关		单相两极防水插座		弯灯
	单联单控防爆开关		单相两极防爆插座		广照灯		双联单控暗装开关
	单相三极暗装插座						

(2)文字符号

照明工程中常用导线敷设方式的标注符号如表5-24所示;导线敷设部位标注符号如表5-25所示;照明灯具安装方式标注符号如表5-26所示。

表5-24　导线敷设方式的标注符号

名　称	旧代号	新代号
穿焊接(水煤气)钢管敷设	G	SC
穿电线管敷设	DG	TC
穿硬聚氯乙烯管敷设	VG	PC
穿阻燃半硬聚氯乙烯管敷设	ZVG	PPC
用绝缘子(瓷瓶或瓷柱)敷设	CP	K
用塑料线槽敷设	XC	PR
用钢线槽敷设	CC	SR
用电缆桥架敷设		CT
用瓷夹板敷设	CJ	PL
用塑料夹板敷设	VJ	PCL
穿蛇皮管敷设	SPG	CP
穿阻燃塑料管敷设	—	PVC

表 5-25 导线敷设部位标注符号

名 称	旧代号	新代号
沿钢索敷设	S	SR
沿屋架或跨屋架敷设	LM	BE
沿柱或跨柱敷设	ZM	CLE
沿墙面敷设	QM	WE
沿天棚面或顶板面敷设	PM	CE
在能进入的吊顶内敷设	PNM	ACE
暗敷设在梁内	LA	BC
暗敷设在柱内	ZA	CLC
暗敷设在墙内	QA	WC
暗敷设在地面或地板内	DA	FC
暗敷设在屋面或顶板内	PA	CC
暗敷设在不能进入的吊顶内	PNA	ACC

表 5-26 照明灯具安装方式标注符号

名 称	旧代号	新代号
线吊式	X	CP
自在器线吊式	X	CP
固定线吊式	X1	CP1
防水线吊式	X2	CP2
吊线器式	X3	CP3
链吊式	L	CH
管吊式	G	P
吸顶式或直附式	D	S
嵌入式(嵌入不可进人的顶棚)	R	R
顶棚内安装(嵌入可进人的顶棚)	DR	CR
墙壁内安装	BR	WR
台上安装	T	T
支架上安装	J	SP
壁装式	B	W
柱上安装	Z	CL
座装	ZH	HM

(3)照明配电线路的标注

照明配电线路的标注一般为

$$a-b(c\times d)e-f$$

若导线截面不同,应分别标注,如两种芯线截面的配电线路可标注为

$$a-b(c\times d+n\times h)e-f$$

式中 a——线路的编号(亦可不标);

b——导线或电缆的型号;

c——导线的根数;

d,h——导线或电缆截面,mm^2;

e——敷设方式及管径;

f——严敷设部位。

例如,某照明系统图中标注有 BLV(3×50+2×35)SC50-FC,表示该线路采用的导线型号是铝芯塑料绝缘导线,三根 50 mm^2,两根 35 mm^2,穿管径为 50 mm 的焊接钢管沿地面暗装敷设。

(4)照明灯具的标注

照明灯具的一般标注方法为

$$a-b\frac{c\times d\times L}{e}f$$

若灯具为吸顶安装,可标注为

$$a-b\frac{c\times d\times L}{-}f$$

式中 a——灯具数量;

b——灯具型号或编号;

c——每套照明灯具的灯泡(管)数量;

d——每个灯泡(管)容量,W;

e——灯具的安装高度;

f——安装方式;

L——光源种类。

例如照明灯具标注为 10-YZ40RR $\frac{2\times 30}{2.8}$P,则表示这个房间或某个区域安装 10 套型号为 YZ40RR 的荧光灯(Z 为直管型;RR 为日光色),每套灯具装有 2 根 30 W 灯管,管吊式安装,安装高度 2.8 m。

标注为 6-JXD6 $\frac{2\times 60}{-}$S,则表示这个房间装有 6 套型号为 JXD6 的灯具,每套灯具装有 2 个 60 W 的白炽灯,吸顶安装。

(5)开关及熔断器的标注

一般的标注方法为

$$a\frac{b}{c/i}\text{或}\ a-b-c/i$$

当需标注引入线的规格时为

$$a\frac{b-c/i}{d(e\times f)-g}$$

式中 a——设备编号;

b——设备型号；

c——额定电流，A；

i——整定电流，A；

d——导线型号；

e——导线根数；

f——导线截面，mm^2；

g——敷设方式。

进行照明工程设计时，若将灯具、开关及熔断器的型号随图例标注在材料表中，则这部分内容可不在图上标出。

2. 电气照明施工图的种类及绘制

(1)电气照明施工图的种类

当工程规模大小不同时，图纸数量相差可能很大，但图纸种类却大致相同。电气照明施工图一般由首页、照明系统图、照明平面图等组成。

(2)各种图纸的内容及绘制

①首页

a. 图纸目录　主要说明电气照明施工图纸的名称、编号、数量等，便于查找图纸。

b. 图例　主要说明图纸中的图形符号所代表的内容和意义，以便于阅读。

c. 设计说明　对图纸中尚未表达清楚或表达不清楚的问题进行说明。主要包括工程设计依据，建筑特点及等级，图纸设计范围，照明电源及进户线安装方式、负荷等级、工作制、供电电压和负荷容量，配电系统线路的敷设方式、采用导线、敷设管材规格和型号，照度标准、光源及照明器的选择、安装方式、安装高度和控制方法，配电设备中配电箱的选择和安装方式、安装高度与注意事项，设备金属外壳的接地、漏电保护和等电位连接等保护措施。

d. 设备材料表　列出该项工程所需主要设备和材料的名称、型号、规格、单位和数量等有关的重要数据。设备材料表一般与图例一同按序号进行编写，并要求与图纸一致，以便于施工单位计算材料、采购电气设备、编制工程概(预)算和编制施工组织计划等。

②照明系统图

系统图是电气施工图中最重要的部分，它表示整体供电系统的配电关系或方案。在三相系统中，通常用单线表示。从图中能够看到工程配电的规模、各级控制关系、控制设备和保护设备的规格容量、各路负荷用电容量和导线规格等。

系统图上需要表达的内容主要有以下三个部分：

a. 电源进线回路数、导线或电缆的型号规格、敷设方式及穿管管径；

b. 总开关及熔断器、各分支回路开关及熔断器的规格型号，各照明支路分相情况(用A，B，C或L1，L2，L3标注)，出线回路数量及编号(用文字符号WL标注)，各支路用途及照明设备容量(用kW标注)，其中也包括电风扇、插座和其他用电器具的容量；

c. 系统总的设备容量、需要系数、计算容量、计算电流、配电方式等用电参数。

如图5-25所示为一照明系统图示例。

③照明平面图　某楼层照明平面局部图如图5-26所示。

照明平面图是表示建筑物照明配电箱、照明器、开关、插座、配电线路等平面布置位置和线路走向，它是安装电器和敷设支路管线的依据。需要表达的内容主要有电源进线的位置，导线

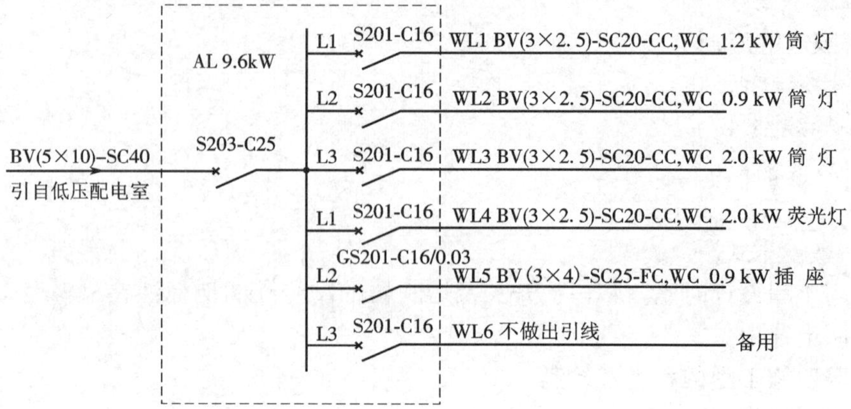

图 5-25 照明系统图示例

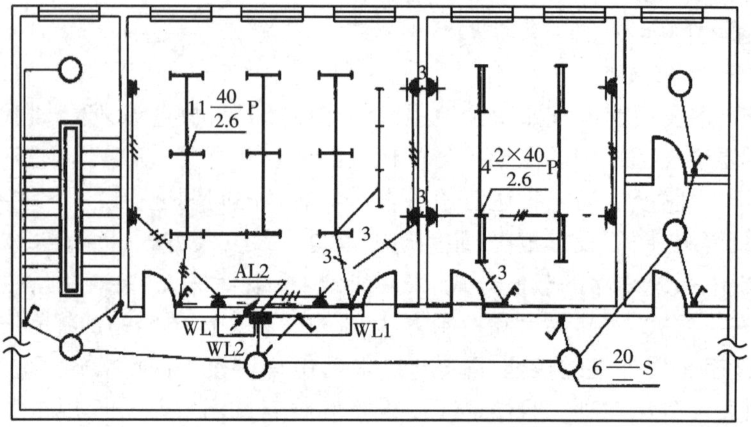

图 5-26 照明平面局部图

的根数及敷设方式,灯具及各种用电和配电设备的安装位置、安装方式、规格型号及数量。

照明平面图的一般绘制步骤如下。

a. 照明平面图应按建筑物不同标高的楼层分别在其建筑平面轮廓图上进行设计 为了强调设计主题,建筑平面轮廓图采用细线条绘制,电气照明部分采用中粗线条绘制。

b. 布置灯具和设备 应遵循既保证灯具和设备的合理使用又方便施工的原则,在建筑平面图的相应位置上,按国家标准图形符号画出配电箱(盘)、灯具、开关、插座及其他用电设备。在照明配电箱旁应用文字符号标出其编号(AL),必要时还应标注其进线;在照明灯具旁标注出灯具的数量、型号、灯泡的功率、安装方式及高度。

c. 绘制线路 灯具和设备的布置完成后,就可以绘制线路了。在绘制线路时,应首先按室内配电的敷设方式,规划出较理想的布局,然后用单线绘制出干线、支线的位置和走向,连接配电箱至各灯具、插座及其他所有用电设备所构成的回路,接着用文字符号对干线和支线进行标注(有时,为了减少图面的标注量,提高图面的清晰度,往往把从配电箱到各用电设备的管线在平面图上不直接标注,而是在系统图上进行标注,或另外提供一个用电设备导线、管径选择表)。然后对干线和支线进行编号(照明干线用 WLM,支线用 WL 标注)。最后还要标注导线的根数(在平面图上,两根导线一般不标注。三根及以上导线的标注方式有两种:一是在图线上打上斜线表示,斜线根数与导线根数相同;二是在图线上画一根短斜线,在斜线旁标以与导线根数相同的阿拉伯数字)。

d. 撰写必要的文字说明,交代未尽事宜,便于阅读者识图。

3. 常用照明基本线路的阅读和分析

(1)阅读顺序

实践中,照明施工图的阅读一般按设计说明、照明系统图、照明平面图与详图、设备材料表和图例并进的程序进行。其中照明系统图、照明平面图的阅读顺序一般又按电流入户方向依次阅读,即

进户线→配电箱(盘)→支线→支线上的用电设备

(2)分析举例

由于照明灯具一般都是单相负荷,其控制方式多种多样,加上施工配线方法的不同,对相线、中性线(N线)、保护线(PE线)的联结各有要求,因此其联结关系比较复杂,如相线必须经开关后再接于灯座,零线可以直接进灯座,保护线则应直接与灯具的金属外壳相联结等。这样就会在灯具之间、灯具与开关之间出现导线根数的变化。对于初学者来说,必须搞清基本照明线路和配线基本要求。

①一只开关控制一盏灯　最简单的照明控制线路是在一间房内采用一只开关控制一盏灯,如采用管配线暗敷设,其照明平面图如图5-27所示,实际接线图如图5-28所示。

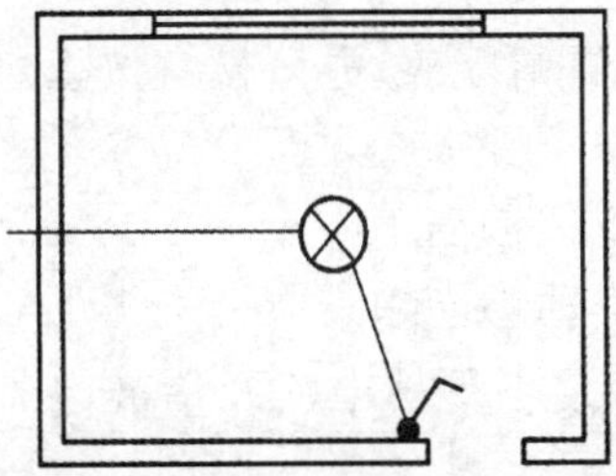

图5-27　一只开关控制一盏灯的照明平面图

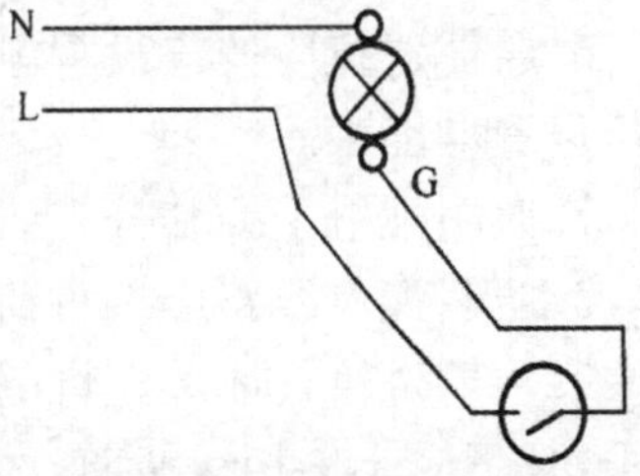

图5-28　一只开关控制一盏灯的实际接线图

平面图和实际接线图是有区别的,由图可知,电源与灯座的导线和灯座与开关之间的导线都是两根,但其意义不同的是电源与灯座的两根导线,一根为直接接灯座的中性线(N),一根为相线(L),中线直接接灯座,相线必须经开关后再接于灯座;所以,灯座与开关的两根导线,一根是相线,一根是受控线(G)。

②多只开关控制多盏灯　如图5-29所示为两个房间的照明平面图,图中有一个照明配电箱,三盏灯,一个双联单控开关和一个单联单控开关,采用管配线。大房间的两灯之间为三根线,中间一盏灯与双联单控开关之间为三根线,其余都是两根线,因为线管中间一般不许有接头,故接头只能放在灯座盒内或开关盒内。详见与之对应的实际接线图(图5-30)。

由以上的分析可见,在绘制或阅读照明平面图时,应结合灯具、开关、插座的原理接线图或实际接线图对照平面图进行分析,借助于照明平面图,了解灯具、开关、插座和线路的具体位置及安装方法;借助于原理接线图了解灯具、开关之间的控制关系;借助于实际接线图了解灯具、开关之间的具体接线关系。开关、灯具位置、线路并头位置发生变化时,实际接线图也随之发

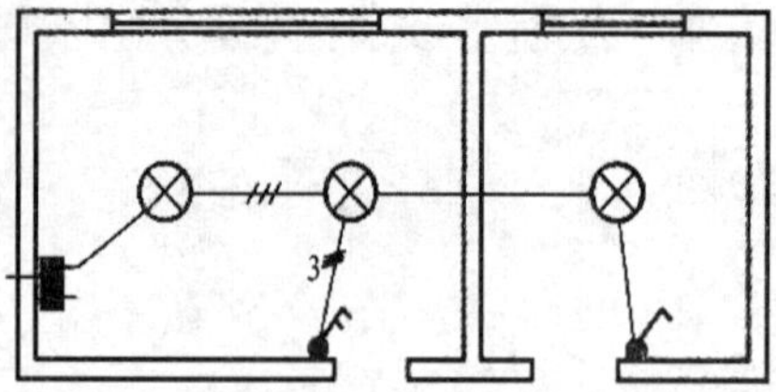

图 5-29 多只开关控制的照明平面图

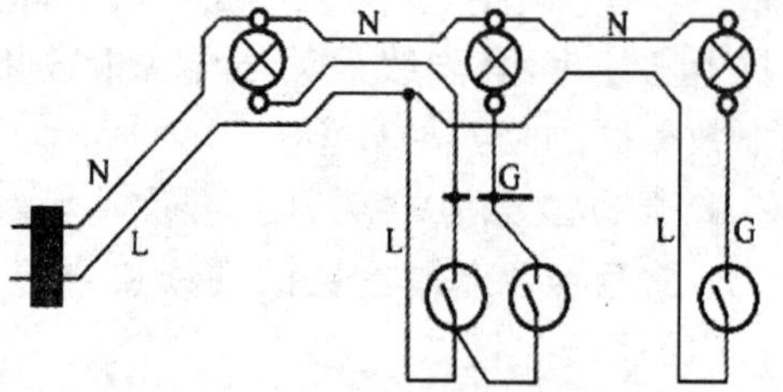

图 5-30 多只开关控制的实际接线图

生变化。

5.8.2 照明电气设计注意事项

1. 照明配电宜采用放射式和树干式结合的系统。

2. 三相配电干线的各相负荷宜分配平衡，最大相负荷不宜超过三相负荷平均值的 115%，最小相负荷不宜小于三相负荷平均值的 85%。

3. 照明配电箱宜设置在靠近照明负荷中心便于操作维护的位置。

4. 每一照明单相分支回路的电流不宜大于 16 A，所接光源数不宜超过 25 个；连接建筑组合灯具时，回路电流不宜大于 25 A，光源数不宜超过 60 个；连接高强度气体放电灯的单相分支回路的电流不宜大于 25 A。

5. 插座不宜和照明灯接在同一分支回路。

6. 居住建筑应按户设置电能表；工厂在有条件时宜按车间设置电能表；办公楼宜按租户或单位设置电能表。

7. 照明配电干线和分支线，应采用铜芯绝缘电线或电缆，分支线截面不应小于 2.5 mm^2。

8. 照明配电线路应按负荷计算电流和灯端允许电压值选择导体截面积。

9. 主要供给气体放电灯的三相配电线路，其中性线截面应满足不平衡电流及谐波电流的要求，且不应小于相线截面。

10. 办公建筑和工业建筑的走廊、楼梯间、门厅等公共场所的照明，宜采用集中控制，并按建筑使用条件和天然采光状况采取分区、分组控制措施。

11. 体育馆、影剧院、候机厅、候车厅等公共场所应采用集中控制，并按需要采取调光或降低照度的控制措施。

12. 旅馆的每间(套)客房应设置节能控制型总开关。

13. 居住建筑有天然采光的楼梯间、走道的照明，除应急照明外，宜采用节能自熄开关。

14. 每个照明开关所控光源数不宜太多，每个房间灯的开关数不宜少于 2 个(只设置 1 只光源的除外)。

15. 房间或场所装设有两列或多列灯具时的分组控制：

(1)所控灯列与侧窗平行；

(2)生产场所按车间、工段或工序分组；

(3)电化教室、会议厅、多功能厅、报告厅等场所，按靠近或远离讲台分组。

16. 有条件的场所的控制：

(1)天然采光良好的场所，按该场所照度自动开关或调光；

(2)个人使用的办公室,采用人体感应或动静感应等方式自动开关灯;

(3)旅馆的门厅、电梯大堂和客房层走廊等场所,采用夜间定时降低照度的自动调光装置;

(4)大中型建筑,按具体条件采用集中或集散的、多功能或单一功能的自动控制系统。

思　考　题

1. 照明对供电质量有哪些要求,在照明设计中如何考虑这些要求?

2. 不同等级的照明负荷对供电可靠性的要求有什么不同?

3. 什么是照明供电网络,照明常用的配电方式有哪些?

4. 低压配电室的布置原则有哪些?

5. GGD系列封闭式低压配电屏的结构特点是什么?

6. 简述照明线路常用的保护装置和采用的保护措施。

7. 在照明配电设计时应充分考虑哪些问题?

8. 导线选择的一般原则和要求是什么?

9. 什么叫作发热条件选择法,什么叫作电压损失选择法?

10. 导线型号的选择主要取决于什么,而截面大小的选择又取决于什么?

11. 为什么低压电力线一般先按发热条件选择截面,再按电压损失条件和机械强度校验?为什么低压照明线路一般先按电压损失选择截面,再按发热条件和机械强度校验?

12. 照明线路敷设方式有哪些?

13. 民用建筑中常用保护电器有哪些,常用低压开关电器有哪些,常用成套低压电气设备有哪些?各有什么用途?

14. 有一条三相四线制380/220 V低压线路,长度为200 m,计算负荷为100 kW,功率因数为 $\cos\varphi=0.9$,线路采用铝芯橡皮线穿钢管暗敷。已知敷设地点的环境温度为30 ℃,试按发热条件选择导线截面。

15. 有一条220 V的单相照明线路,采用绝缘导线架空敷设,线路长度400 m,负荷均匀分布在其中的300 m上,即3 W/m,如图5-31所示。全线路截面大小一致,允许电压损失为3%,环境温度为30 ℃。试选择导线截面。(提示:将均匀分布负荷集中在分布线段中点处,然后按电压损失条件进行计算)。

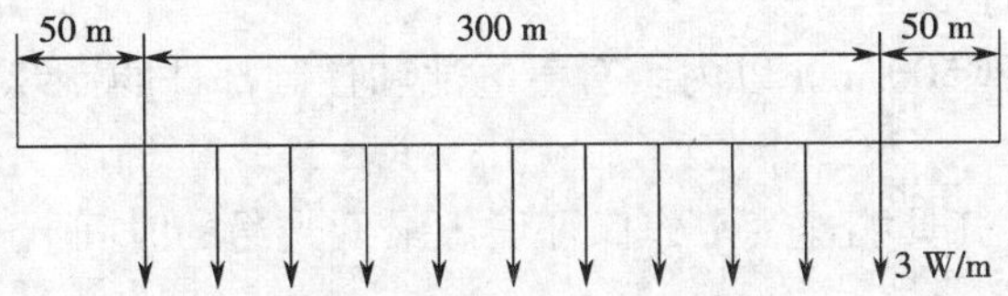

图5-31　习题15用图

16. 某住宅区按灯泡统计的照明负荷为27 kW,电压220 V,由300 m处的变压器供电,要求电压损失不超过5%。试选择导线截面及熔丝规格。

17. 试为你所在的教室和宿舍重新进行照明设计。

第6章　应 急 照 明

应急照明是因正常照明的电源失效而启用的照明。应急照明作为工业及民用建筑照明设施的一个部分，同人身安全和建筑物、设备安全密切相关。当电源中断，特别是建筑物内发生火灾或其他灾害致使电源中断时，应急照明对疏散人员、保证人身安全、保证工作的继续进行、生产或运行进行必须的操作或处置，以防止再生事故。目前，国家和行业规范对应急照明都做了规定，随着技术的发展，对应急照明提出了更高要求。

6.1　应急照明的基本要求

应急照明是在正常照明系统因电源发生故障，不再提供正常照明的情况下，供人员疏散、保障安全或继续工作的照明。

6.1.1　术 语

1. 持续运行的应急照明

随正常照明同时点亮，而正常照明故障熄灭时仍亮着的应急照明。

2. 非持续运行的应急照明

正常照明故障时才点亮的应急照明。

3. 疏散照明灯

为疏散通道提供照明的应急照明灯具。

4. 疏散标志灯

灯罩上有疏散指示标志的应急照明灯具。

5. 出口标志灯

灯罩上有图形或(和)文字标识安全出口位置的疏散标志灯具。

6. 指向标志灯

灯罩上有用箭头或图形文字指示疏散方向的疏散标志灯。

7. 自带电源型应急灯

在灯具内部或距灯具500 mm以内装有蓄电池和控制部件的持续式或非持续式应急灯。

8. 持续工作时间

在应急工作情况下，灯具能连续工作保证发出最低光通的时间。

6.1.2　应急照明种类

涉及应急照明的规范众多，在国家和行业规范中对应急照明的分类和要求也不尽统一，《建筑照明设计标准》GB 50034—2013 把应急照明按功能分为三类：备用照明、安全照明、疏散照明，其分类定义见表6-1。疏散照明必须保证在其持续时间内人员能够撤离至安全区域；安全照明应注重于控制照明中断时间；而备用照明应注重于满足继续工作的照度水平。

《建筑防火设计规范》GB 50016—2014 把应急照明限定在防火方面，分为消防应急照明和疏散指示标志。消防应急照明包括疏散照明和备用照明，表示了对照明的要求。疏散指示标志表示对安全出口、疏散方向的标志、标识的要求。备用照明表示对消防值班室、消防风机房等火灾时仍需要工作的场所的照明要求。

表 6-1　应急照明的分类定义

中国(GB)	其他国家(BS、EN、IEC、NFPA、AS)	定义
疏散照明（含疏散指示标志）	疏散照明(Emergency escape lighting)	用于确保疏散通道被有效地辨认和使用的照明
	应急标志(Safety signs)	用于指示安全区域或疏散方向并缓解人员的焦虑情绪
安全照明	防恐慌照明(Anti-panic lighting)	用于防止因视觉失能而引起恐慌并使人员到达疏散路径的照明
	高危险区域照明(High risk task area lighting)	用于确保处于潜在危险之中的人员安全的照明
备用照明	备用照明(Standby lighting)	用于确保正常活动继续进修的照明

注：GB 为中国国家标准；BS 为英国标准；EN 为欧盟标准；IEC 为国际电工委员会标准；NEPA 为美国标准；AS 为澳洲标准。

应急照明分类如图 6-1 所示。

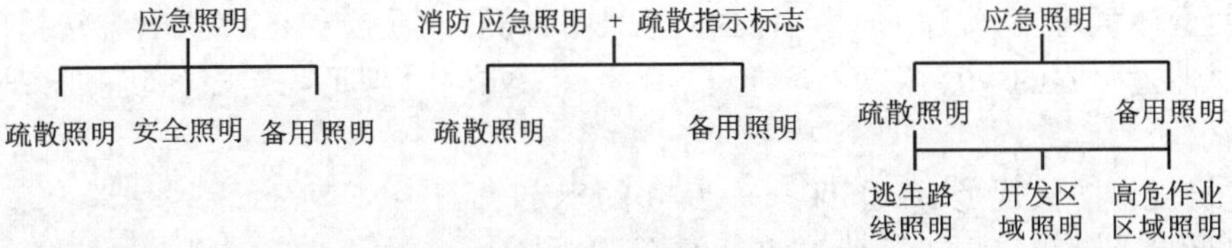

图 6-1　应急照明分类图

(a) GB **50034** 分类；(b) GB **50016** 分类；(c) CIE 分类

现行的其他规范，《住宅建筑电气设计规范》JGJ242—2011、《交通建筑电气设计规范》JGJ243—2011、《金融建筑电气设计规范》JGJ284—2012、《教育建筑电气设计规范》JGJ310—2013、《医疗建筑电气设计规范》JGJ312—2013、《会展建筑电气设计规范》JGJ333—2014、《体育建筑电气设计规范》JGJ354—2014 等，均包含应急照明部分，均以 GB 50034 和 GB 50016 两个规范作为基础进行细化和引申。在做应急照明设计时，除参照上述两个规范外，还应参考相关行业规范，并按较严格的标准执行。

除设计规范外，建筑内设置的消防疏散指示标志和消防应急照明灯具，还应符合 GB 13495. 1《消防安全标志 第 1 部分：标志》和 GB 17945《消防应急照明和疏散指示系统》的有关规定。

6.1.3 应急照明照度要求

1.《建筑照明设计标准》GB 50034—2013 的规定

(1)备用照明的照度标准值应符合下列规定:

①供消防作业及救援人员在火灾时继续工作,应符合《建筑防火设计规范》GB 50016—2014 的有关规定。

②医院手术室、急诊抢救室、重症监护室等应维持正常照明的照度。

③其他场所的照度值除另有规定外,不应低于该场所一般照明照度标准值的 10%。

(2)安全照明的照度标准值应符合下列规定:

①医院手术室应维持正常照明照度的 30%。

②其他场所不应低于该场所一般照明照度标准值的 10%,且不应低于 15 lx。

(3)疏散照明的地面平均水平照度值应符合下列规定:

①水平疏散通道不应低于 1 lx,人员密集场所、避难层(间)不应低于 2 lx。

②垂直疏散区域不应低于 5 lx。

③疏散通道中心线的最大值与最小值之比不应大于 40∶1。

④寄宿制幼儿园和小学的寝室、老年公寓、医院等需要救援人员协助疏散的场所不应低于 5 lx。

备用照明还应视继续工作或生产、操作的具体条件、持续性和其他特殊需要,选取较大的照度。如医院手术室内的手术台,由于其操作的重要性和精细性,而且持续工作时间较长,就需要和正常照明相同的照度;又如国家的大会堂、国际会议厅、贵宾厅、国际体育比赛场馆等,由于其重要性,需要和正常照明相等或接近的照度。在这些情况下,往往是利用全部正常照明,在电源故障时自动转换到应急电源供电。

对于大型体育建筑,应急照明除上述应急照明种类外,还应保证应急电视转播的需要,要求应急电视转播照明的垂直照度不应低于 700 lx,并能同时满足固定摄像机和移动摄像机对照明的要求。

2.《建筑设计防火规范》GB 50016—2014 的规定

(1)疏散照明的地面最低水平照度应符合下列规定:

①对于疏散走道,不应低于 1 lx。

②对于人员密集场所、避难层(间),不应低于 3 lx;对于病房楼或手术部的避难层间,不应低于 10 lx。

③对于楼梯间、前室、避难走道,不应低于 5 lx。

(2)备用照明的照度标准值应符合下列规定:消防控制室、消防水泵房、自备发电机房、配电室、防排烟机房及发生火灾时仍需正常工作的消防设备房,应设置备用照明,其作业面的最低照度不应低于正常照明的照度。

6.1.4 供电要求

1.供电电源

应急照明为正常照明电源故障时使用,因此除正常照明电源外,还应与正常照明电源独立的电源供电,除主供电源外,应设置备用电源。

备用电源可以选用以下几种方式的电源：

(1)来自电力网有效的独立于正常电源的馈电线路，如分别接自两个区域变电所，或接自有两回路独立高压线路供电的变电所的不同变压器引出的馈电线。

(2)专用的应急发电机组。

(3)带有后备蓄电池组的应急电源(交流/直流)，包括集中或分区集中设置的，或灯具自带的蓄电池组。

(4)上述三种方式中两种以及三种电源的组合。疏散照明和疏散指示标志应由第三种方式供电。

2. 各种供电电源的特点

(1)独立的馈电线路。特点是容量大、转换快、持续工作时间长，但发生重大灾害时，有可能同时遭受损害。这种方式通常是由工厂或该建筑物的电力负荷或消防的需要而决定的。工厂的应急照明电源多采用这种方式，重要的公共建筑也常使用这种方式，或该方式与其他方式共同使用。

(2)应急发电机组。特点是容量比较大，持续工作时间较长，但转换慢，而且由于燃油的安全性对于发电机组而言需要特殊设计与维护。一般是根据电力负荷、消防及应急照明三者的需要综合考虑，单独为应急照明设置往往是不经济的。对于难以从电网取得第二电源又需要应急电源的工厂及其他建筑，通常采用这种方式；高层或超高层民用建筑通常是和消防要求一起设置这种电源。

(3)带有后备蓄电池组的应急电源。特点是可靠性高、灵活、方便，目前有自带蓄电池组的应急灯具和集中蓄电池电源(EPS)形式。

(4)两种以上电源组合的方式。通常只限于在重要的或特别重要的公共建筑、超高层建筑中使用，由于其建设费用高，必须根据其重要性和特殊要求确定。

3. 设计原则

(1)平面疏散区域供电应符合下列要求：

①应急照明总配电柜的主供电源以树干式或放射式供电，并按防火分区设置应急照明配电箱、应急照明集中电源或应急照明分配电装置；非人员密集场所可在多个防火分区设置一个共用应急照明配电箱，但每个防火分区宜采用单独的应急照明供电回路。

②大于2 000 m^2 的防火分区应单独设置应急照明配电箱或应急照明分配电装置；小于2 000 m^2 的防火分区可采用专用应急照明回路。

③应急照明回路沿电缆管井垂直敷设时，公共建筑应急照明配电箱供电范围不宜超过8层，住宅建筑不宜超过18层。

④一个应急照明配电箱或应急照明分配电装置所带灯具覆盖的防火分区总面积不宜超过400 m^2，地铁隧道内不应超过一个区段的1/2，道路交通隧道内不宜超过500 m。

⑤应急照明集中电源、应急照明分配电装置的设置应符合下列要求：

a. 二者在同一平面层时，应急照明电源应采用放射式供电方式；

b. 二者不在同一平面层，且配电分支干线沿同意电缆管井敷设时，应急照明集中电源可采用放射式或树干式供电方式。

⑥商住楼的商业部分与居住部分应分开，并单独设置应急照明配电箱或应急照明集中电源。

（2）垂直疏散区域通道及其扩展区的供电应符合下列要求：

①每个垂直疏散通道及其扩展区可按一个独立的防火分区考虑，并应采用垂直配灯方式。

②建筑高度超过 50 m 的每个垂直疏散通道及扩展区宜单独设置应急照明配电箱或应急照明分配电装置。

（3）避难层及航空疏散场所的消防应急照明应由变配电所放射式供电。

（4）消防工作区域及其疏散走道的供电应符合下列要求：

①消防控制室、高低压配电房、发电机房及蓄电池类自备电源室、消防水泵房、防烟及排烟机房、消防电梯机房、BAS 控制中心机房、电话机房、通信机房、大型计算机房、安全防范控制中心机房等在发生火灾时有人值班的场所，应同时设置备用照明和疏散照明；楼层配电间（室）及其他发生火灾时无人值班的场所可不设备用照明和疏散照明。

②备用照明可采用普通灯具，并由双电源供电。

（5）灯具配电回路应符合下列要求：

①疏散走道、楼梯间和建筑空间高度不大于 8 m 的场所，应选择应急供电电压为安全电压的消防应急灯具；采用非安全电压时，外露接线盒和消防应急灯具的防护等级应达到 IP54 的要求。

②AC220 V 或 DC216 V 灯具的供电回路工作电流不宜大于 10 A；安全电压灯具的供电回路工作电流不宜大于 5 A（高大空间的应急照明除外）。

③每个应急供电回路所配接的灯具数量不宜超过 64 个。

④应急照明集中电源应经应急照明分配电装置配接消防应急灯具。

⑤应急照明集中电源、应急照明分配电装置及应急照明配电箱的输入及输出配电回路中不应装设剩余电流动作脱扣保护装置。

（6）应急照明配电箱及应急照明分配电装置的输出应符合下列要求：

①输出回路不应超过 8 路；

②采用安全电压时的每个回路输出电流不应大于 5 A；

③采用非安全电压时的每个回路输出电流不应大于 16 A。

4. 备用电源转换时间和持续工作时间

（1）转换时间，应急照明在正常供电电源终止供电后，其应急电源供电转换时间应满足：

①应急照明配电箱在应急转换时，应保证灯具在 5 s 内转入应急工作状态，高危险区域的应急转换时间不大于 0.25 s。

②现金交易柜台、保管库、自动柜员机等处的备用照明电源转换时间不应大于 0.1 s，其他应急照明的电源转换时间不应大于 1.5 s。

（2）持续工作时间要求如下

①疏散照明　按 GB 50016—2014《建筑设计防火规范》规定，应急持续工作时间不应小于 20 min，高度超过 100 m 的高层建筑不应小于 30 min。

②安全照明和备用照明　其持续工作时间应根据该场所的工作或生产操作的具体需要来确定。如生产车间某些部位的安全照明，一般不小于 20 min 即可满足要求；而医院手术室的备用照明，持续时间往往要求达到 3～8 h；生产车间的备用照明，作为停电后进行必要的操作和处理停运的设备，可持续 20～60 min，按操作复杂程度而定，需持续生产的，应持续到正常电源恢复；对于通信中心、重要的交通枢纽、重要的宾馆等，要求持续到正常电源恢复。

应急照明持续工作时间及照度要求,应满足根据建筑物内人员的疏散或暂时继续工作实际计算所需时间,应急照明最少供电时间及照度,见表6-2。

表6-2　应急照明最少供电时间及照度

名称	供电时间	照度水平	场所举例
疏散照明	大于100 m的民用建筑不应少于1.5 h; 医疗建筑不应少于1 h; 其他建筑不应少于0.5 h。	一般场所:不应低于1lx; 避难层:不应低于3lx; 楼梯间:不应低于5lx。	安全出口、疏散走道、主要疏散路线、台阶处等
备用照明	场所内工作或生产操作的具体需要时间一般大于20 min 人防:战时大于隔绝防护时间	一般场所不低于正常照度的10%; 重要场所应保证正常照明的照度。	一般场所:展览厅、营业厅、歌舞娱乐放映游艺场所、餐厅、避难层等 重要场所:配电室、消防控制室、备用电源室、应急广播室、电话站、安全防范控制中心、计算机中心、手术室等
安全照明	场所内工作或生产操作的具体需要时间 人防:战时大于隔绝防护时间	不应低于该场所一般照明照度值的10%,且不应低于15 lx	裸露的圆盘锯、放置炽热金属面而没有防护的场地等

上述为设计标准要求的最短供电时间,按《消防应急照明和疏散指示系统》GB 17945—2010规定,消防应急灯具的应急工作时间应不小于90 min,且不小于灯具本身标称的应急工作时间。

6.2　应急照明设计

6.2.1　疏散照明设计

1. 疏散照明的功能

(1)明确、清晰地标识疏散路线及出口或应急出口的位置。

(2)为疏散通道提供必要的照明,保证人员能安全向出口或应急出口行进。

(3)能容易看到沿疏散通道设置的火警呼叫设备和消防设施。

疏散照明包括疏散照明灯和疏散指示标志灯,疏散照明灯应满足疏散照度的要求,疏散指示标志灯要标清楚安全出口和疏散方向。

2. 需要装设疏散照明的场所

应该根据建筑物的层数、规模大小及复杂程度,更应根据建筑物内聚集的人员多少,以及这些人员对该建筑物的熟悉程度等因素综合确定。

(1)高层民用建筑　一类高层居住建筑的疏散走道和安全出口应设置疏散指示标志照明,二类高层居住建筑可不设置。

(2)影剧院、体育场馆、展览馆、博物馆、美术馆、公共娱乐场所、建筑面积大于1 000 m^2的商店(开敞、半开敞式菜市场除外)、建筑面积大于500 m^2的餐饮服务场所等人员密集的单层、多层公共建筑或场所。

(3)观众厅、宴会厅、歌舞娱乐放映游艺场所及每层建筑面积超过1 500 m^2的展览厅、营业厅、建筑面积超过200 m^2的演播室等。

(4)医院、疗养院、康复中心、幼儿园、托儿所、养老院(老年公寓)等单层、多层医疗保健和婴幼老弱残障人员服务设施。

(5)候机楼、长途汽车客运站、公共交通枢纽、火车站、地铁车站等公共服务设施。

(6)车位不少于50 辆的单建、附建汽车库。

(7)综合楼、写字(办公)楼、旅馆、图书馆、档案馆、教学楼、科研楼、学生宿舍楼等其他多层公共建筑或场所。

(8)地下、半地下民用建筑(包括地下、半地下室)及平战结合的人民防空工程。

(9)特别重要、人员众多的大型工业生产厂房、大面积无天然采光的工业厂房等。

(10)公共建筑内的疏散走道和居住建筑内长度超过20 m 的内走道;当疏散距离最近安全出口大于20 m 或不在人员视线范围内时,应设置疏散指示标志照明。

3. 疏散照明的布置

①设置的场所:疏散走道交叉处、拐弯处、台阶处;连廊的连接处;自动扶梯上方或侧上方;安全出口外面及附近区域。

②疏散照明灯的装设位置应满足容易找寻在疏散路线上的所有手动报警器、呼叫通信装置和灭火设备等设施的要求。

③疏散通道的疏散照明灯通常安装在顶棚下,需要时也可以安装在墙上,并保持楼梯各部位的最小照度。

④灯距地安装高度不宜小于2. 5 m,但也不应太高。

⑤应与通道的正常照明相协调,使得通道顶部美观一致。

(2)疏散标志灯的布置

①安全出口标志灯的布置应符合下列要求:

a. 首层消防应急标志灯具应设置在出口门的内侧,在出口门的上方居中位置,底边离门框距离不大于200 mm。

b. 各楼层应设置在通向疏散楼梯间或防烟楼梯间前室的门口;宜设置在顶棚0. 5 m 以下;顶棚高度低于2 m 时,应设置在门的两侧,但不能被门遮挡,侧边离门框距离不大于200 mm。

c. 室内最远点至房间疏散门距离超过15 m 的房间门。

d. 在疏散走到内的安全出口,应在安全出口标志面的垂直疏散走道的顶部设双面消防疏散指示标志灯具。

e. 可调光型出口标志灯,宜用于影剧院、歌舞娱乐游艺场所的观众厅,在正常情况下减光使用,应急使用时,应自动接通至全亮状态。

②疏散指示标志灯的布置应符合下列要求:

a. 设置的场所:疏散走道拐弯处;地下室疏散楼梯间;超过20 m 的直行走道、超过10 m 的袋形走道；人防工程；避难间、避难层及其他安全场所。

b. 当设置在疏散走道的顶部时，两个标志灯具间距离不应大于 20 m，其底边距地面高度宜为 2. 2 ~2. 5 m。

c. 设置在疏散走道的侧面墙上时，设置高度宜底边距地 1 m 以下，标志灯具设置间距不应大于 10 m，灯具突出墙面部分的尺寸不宜超过 20 mm，且表面平滑。

d. 指示疏散方向的消防应急标志灯具在地面设置时，灯具表面高于地面距离不应大于 3 mm，灯具边缘与地面垂直距离高度不应大于 1 mm，标志灯具设置间距不应大于 3 m。

e. 地面设置的消防应急标志灯具防护等级应符合 IP65 要求，室外地面设置的消防应急标志灯具防护等级应符合 IP67 要求。

疏散照明照度计算是不考虑墙面、地面灯反射影响的，疏散照明应满足疏散照度的要求；全出口标志灯、疏散指示标志灯只考虑亮度，不考虑照度。疏散照明灯、安全出口标志灯、疏散指示标志灯的设置部位示例如图 6-2 所示。

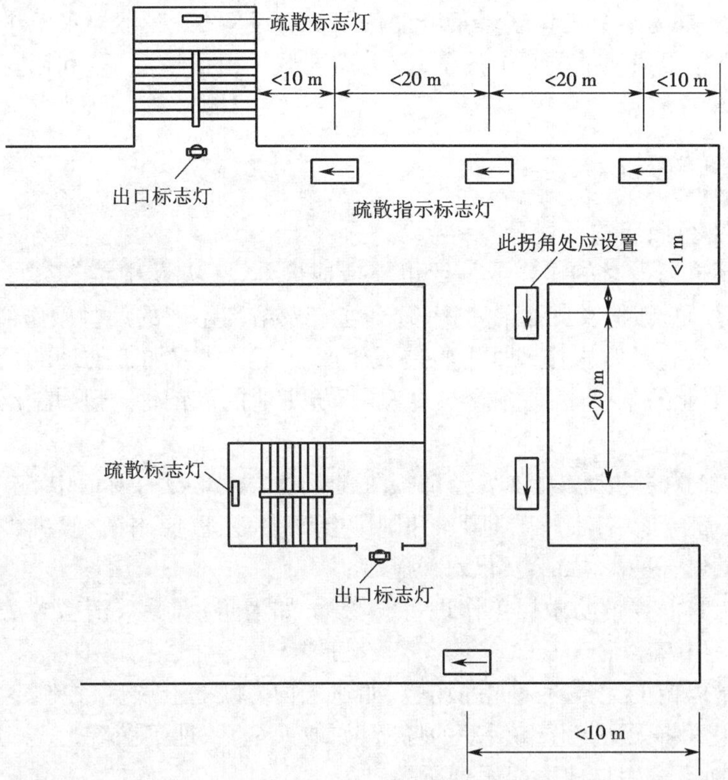

图 6-2　疏散照明灯安全出口标志灯、疏散指示标志灯的设置部位示例图

指示楼层的消防应急标志灯具应设置在楼梯间内朝向楼梯的正面墙上；地面层应同时设置指示地面层和指示安全出口方向的消防应急标志灯具；地下室至地面层的楼梯间，指示出口的消防应急标志灯具应设置在地面层出口内侧。

6.2.2 安全照明设计

1. 需要装设安全照明的场所

(1)工业厂房中的正常照明因电源故障而熄灭时,在黑暗中可能造成人员挫伤、灼伤等严重危险的区域,如安装有刀具裸露而无保护措施的圆盘锯的厂房等;

(2)部分体育比赛的正常照明因电源故障而熄灭时,在黑暗中可能造成正处于运动过程中的运动员摔伤的场所,如跳水比赛馆、体操和蹦床比赛馆等;

(3)正常照明因电源故障熄灭时,使危重患者的抢救工作不能及时进行,延误急救时间而可能危及患者生命的场所,如医院的手术室、危重患者的抢救室等;

(4)正常照明因电源故障而熄灭后,由于众多人员聚集,且不熟悉环境条件,容易引起惊恐而可能导致人身伤亡的场所;

(5)难以与外界取得联系的封闭场所,如金库、文物库、保温库等和电梯内。

2. 安装要求

安全照明通常是为某个工作区域某个设备需要而设置,一般不要求整个房间或场所具有均匀照明,而是重点照亮某个或几个设备,或工作区域。根据情况,可利用正常照明的一部分或专为某个设备单独装设。

6.2.3 备用照明设计

1. 需要装设备用照明的场所

(1)断电后不进行及时的操作或处置可能造成爆炸、火灾及中毒等事故的场所,如制氢,油漆生产,化工、石油、塑料及其制品生产,炸药生产及溶剂生产的某些操作部位;

(2)断电后不进行及时操作或处置将造成生产流程混乱或加工处理的贵重部件损坏的场所,如化工、石油工业的某些流程,冶金、航空航天等工业的炼钢炉、金属熔化浇铸、热处理及精密加工车间的某些部位;

(3)照明熄灭时将造成较大政治经济损失的场所,如重要的通信中心、广播电台和电视台、发电厂与中心变电所、控制中心、国家和国际会议中心、重要旅馆、候机楼、交通枢纽、重要的动力供应站(供热、供气、供油)及供水设施等;

(4)照明熄灭将妨碍消防救援工作进行的场所,如消防控制室、消防泵房、应急发电机房、广播通信机房及配电室等;

(5)人员经常停留的无自然采光的场所,如建筑物内区的会议室、控制室等;

(6)因照明熄灭将无法工作和活动的场所,如地铁车站、地下医院、大中型地下商场、地下旅馆、地下餐厅、地下车库与地下娱乐场所等;

(7)正常照明失效可能诱发非法行为的场所,如人员拥挤的公共场所,大中型商场的贵重物品售货区、收款台及银行出纳台等。

2. 安装要求

(1)备用照明宜与正常照明统一布置;充分利用正常照明的一部分以至全部作为备用照明,尽量减少另外装设过多的灯具。

(2)对于特别重要的场所,如大会堂、国宾馆、国际会议中心、国际体育比赛场馆、高级饭店等,备用照明要求较高照度或接近于正常照明的照度,应利用全部正常照明灯具作备用照明,正常电源故障时能自动转换到应急电源供电。

(3)对于某些重要部位,某个生产或操作地点需要备用照明的,如操纵台、控制屏、接线台、收款处、生产设备等,常常不要求全室均匀照明,只要求照亮这些需要备用照明的部位,则宜从正常照明中分出一部分灯具,由应急电源供电,或电源故障时转换到应急电源上。

3. 备用照明的照度标准值应符合下列规定

(1)消防控制室、消防水泵房、自备发电机房、配电室、防烟排烟机房、共消防用电的蓄电池室、电话总机房以及发生火灾时仍需正常工作的房间不应低于正常照明的照度;

(2)医院手术室、急诊抢救室、重症监护室等应维持正常照明的照度;

(3)建筑高度超度 100 m 的高层民用建筑的避难层及屋顶直升机停机坪等涉及人员避难逃生的场所应不低于正常照明照度标准值的 50%;

(4)通信机房、大中型电子计算机房、BAS 中央控制站、安全防范控制中心等重要技术用房应不低于正常照明照度标准值的 50%;

(5)其他场所的备用照明照度标准值除另有规定外,应不低于该场所一般照明照度标准值的 10%。

6.3　应急照明设备

5.3.1　光源

应急照明光源一般使用能够瞬时启动的光源,一般使用荧光灯、场致发光光源、LED 等,LED 灯已成为应急照明光源的主流,不应使用高强气体放电灯,白炽灯、卤钨灯、属于淘汰的不节能光源,尽管能瞬时启动,但不应采用。

对于大型体育场馆等高大空间场所,可采用荧光灯、卤钨灯,也可采用带热触发装置的金属卤化物光源,但目前大功率 LED 技术已经成熟,采用 LED 已是趋势。

对于持续运行的应急照明,从节能考虑,宜采用荧光灯、LED、电致发光光源等。

对于非持续运行的疏散照明和备用照明,宜用荧光灯,但必须选用可靠的产品;对于非持续运行的安全照明,应采用白炽灯、卤钨灯或低压卤钨灯。

6.3.2　灯具

1. 消防应急灯具分类

(1)按《消防应急照明和疏散指示系统》GB 17945—2010 的规定,消防应急灯具分类如表 6-2 所示。

表 6-2　消防应急灯具分类

分类方式	按供电形式	按用途	按工作方式	按实现方式
种类	自带电源型	标志灯	持续型	独立型
	集中电源型	照明灯	非持续型	集中控制型
	子母电源型	照明、标志灯		子母控制型

(2)疏散标志灯的标志面的背景应使用绿色,图形、文字使用白色。如因为室内装饰的需要,或为了和其他标志协调,可用绿色图形、文字,白色背景。

(3)疏散标志面板的图形、文字呈现的最低亮度不应小于 15 cd/m^2,而最高亮度不应超过 300 cd/m^2,并且要求任何一个标志面上的最高亮度不应超过最低亮度的 10 倍。

(4)应急照明灯具规格及要求应符合国家标准《消防应急照明和疏散指示系统》GB 17945—2010 的规定。

2. 消防应急照明系统分类

(1)自带电源集中控制型系统,如图 6-3 所示。

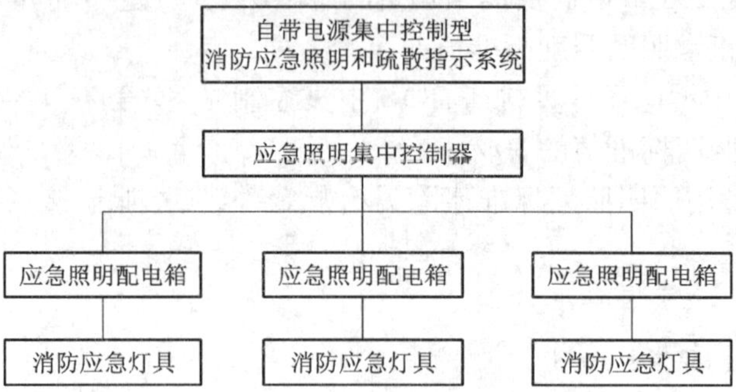

图 6-3　自带电源集中控制型系统

(2)自带电源非集中控制型系统,如图 6-4 所示。

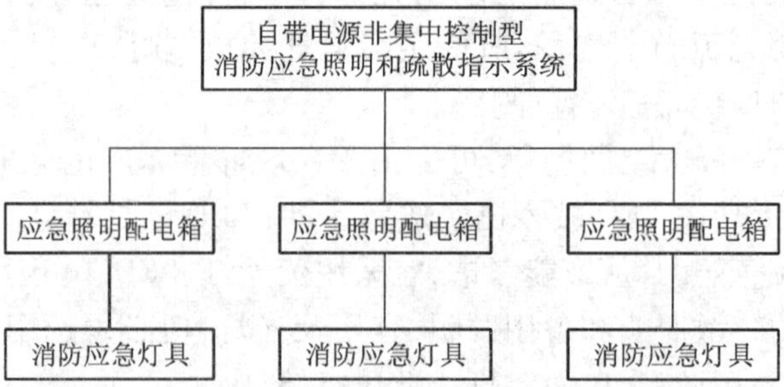

图 6-4　自带电源非集中控制型系统

(3)集中电源集中控制型系统,如图 6-5 所示。

(4)集中电源非集中控制型系统,如图 6-6 所示。

其中,应急照明配电箱是专指为自带电源型消防应急灯具供电的供配电装置,应急照明分配电装置是指为应急照明集中电源应急输出进行分配电的供配电装置。

3. 外壳防护等级

系统各组成部分不应低于 IP30;室内地面安装的消防应急灯具不应低于 IP54,室内地面安装的消防应急灯具不应低于 IP67。地面安装的灯具表面应耐机械冲击和研磨,安装在地面的灯具应采用安全电压。

4. 消防标志灯具表面亮度的要求

(1)仅用绿色或红色图形构成标志的标志灯,其标志表面最小亮度不应小于 50 cd/m^2,最

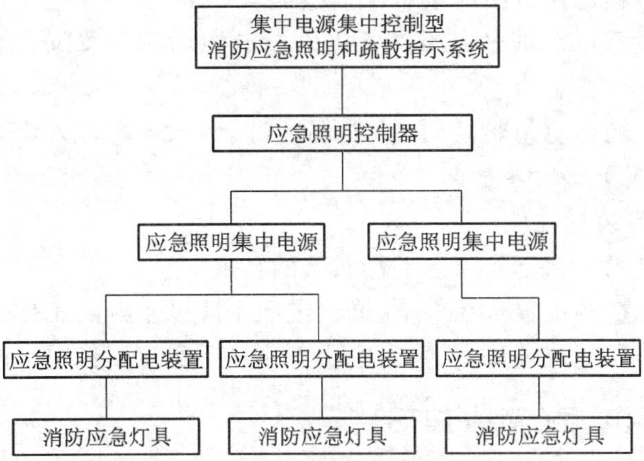

图 6-5　集中电源集中控制型系统

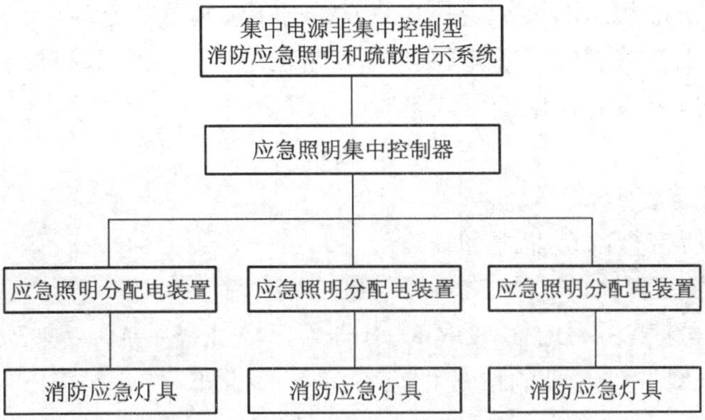

图 6-6　集中电源非集中控制型系统

大亮度不应大于 300 cd/m^2。

(2)用白色与绿色组合或白色与红色组合构成的图形作为标志灯的标志面,其标志表面最小亮度不应小于 5 cd/m^2,最大亮度不应大于 300 cd/m^2;白色、绿色或红色本身最大亮度与最小亮度比值不应大于 10。白色与相邻绿色或红色交界两边对应点的亮度比不应小于 5 且不大于 15。

5. 消防应急照明灯具光通量的要求

消防应急照明灯具应急状态光通量不应小于标称光通量,且不小于 50 lm。

6.3.3　应急照明灯具配电箱及应急照明分配电装置

1. 应急照明配电箱性能

(1)双路输入型应急照明配电箱在正常供电电源发生故障时应能自动投入到备用供电电源,并在正常供电电源恢复后自动恢复到正常电源供电;正常电源与备用电源不能同时输出,并应设置手动试验转换装置,手动试验转换完毕后应能自动恢复到正常供电电源供电。

(2)应急照明配电箱应能接收应急转换联动控制信号,切断供电电源,使连接的灯具转入应急状态,并发出反馈信号。

(3)应急照明配电箱每路输出应设有保护电器。

(4)应急照明配电箱正常供电电源和备用供电电源均应设置绿色状态指示灯,显示电源供电状态。

(5)应急照明配电箱在应急转换时,应能保证灯具在5s内转入应急工作状态,高危险区域的应急转换时间不大于0.25 s。

2. 应急照明分配电装置性能

(1)应能完成主电工作状态到应急工作状态的转换。

(2)应急工作状态在额定负载条件下,输出电压不应低于额定工作电压的85%。

(3)应急工作状态在空载条件下,输出电压不应高于额定工作电压的110%。

6.3.4 集中型应急电源(简称EPS)

集中型应急电源EPS目前应用十分广泛,EPS分为直流制式应急照明电源EPS—DC及交流制式应急照明电源EPS—AC。由EPS供电的灯内不带蓄电池组。

(1)EPS—DC 正常状态时交流电网电源旁路输出,应急状态时输出为直流电。

(2)EPS—AC 正常状态时交流电网电源旁路输出,应急状态时输出为交流正弦波。

(3)EPS容量选择 EPS容量按下式选择

$$S_N > K \cdot \sum P/\cos\varphi \tag{6-1}$$

式中 S_N——EPS额定容量,kVA;

$\sum P$——EPS所带全部负荷之和,kW;

$\cos\varphi$——功率因数;

K——可靠系数,EPS—DC一般取K=1.1~1.15,EPS—AC一般取K=1.1~1.3。

EPS与自带电源型应急灯具的比较如表6-3所示;EPS—DC与EPS—AC的比较如表6-4所示。

表6-3 EPS与自带电源型应急灯具的比较

比较项目	EPS	自带电源型应急灯具
构成特点	电源集中设置,灯具不带蓄电池	灯具自带蓄电池组
转换时间	安全级:不大于0.25 s;一般级:不大于5 s	安全级:不大于0.25 s;一般级:不大于5 s
寿命	较长	较短
电源故障率	低(集中)	高(分散)
电源故障影响	故障影响面大	单灯故障影响面小
检测与管理	容易	不易
适用场所	功能复杂、大型建筑物	较小建筑物
与消防系统联动	容易	不易

表 6-4　EPS-DC 与 EPS-AC 的比较

<table>
<tr><th colspan="2">项目</th><th>EPS-DC</th><th>EPS-AC</th></tr>
<tr><td rowspan="5">相同点</td><td>转换时间</td><td colspan="2">安全级:不大于 0.25 s;一般级:不大于 5 s</td></tr>
<tr><td>启动时过负荷</td><td colspan="2">1.5～2.0 倍额定电流</td></tr>
<tr><td>后备电源</td><td colspan="2">蓄电池组</td></tr>
<tr><td>输入电源</td><td colspan="2">AC220/380 V,50 Hz</td></tr>
<tr><td>正常状态灯具支路输出</td><td colspan="2">交流电网电源旁路,AC220 V,50 Hz</td></tr>
<tr><td rowspan="5">不同点</td><td>效率</td><td>较高</td><td></td></tr>
<tr><td>应急输出</td><td>DC216 V</td><td>AC220 V/380 V,50 Hz</td></tr>
<tr><td>适用负荷</td><td>白炽灯、电子镇流器荧光灯、LED、电致发光灯</td><td>白炽灯、电子或电感镇流器荧光灯、LED、电致发光灯</td></tr>
<tr><td>不适用负荷</td><td>电感镇流器荧光灯、HID 灯</td><td>HID 灯</td></tr>
<tr><td>过载能力</td><td>200%～300% 报警但不关断</td><td>长期过载 120%</td></tr>
</table>

6.3.5　HID 灯专用集中型应急电源(简称 HEPS)

高压气体放电灯(HID 灯)是公共建筑中高大空间以及特殊场所广泛使用的灯具,如体育场馆、展览馆、机场、地下铁路、公路隧道等场所。但由于 HID 灯的共同特点为断电熄灭后再点燃必须等待灯具冷却后才可以实现,因此对于一些使用 HID 灯并且要求比较高的场所(体育场馆比赛用照明、公路隧道、机场跑道等)使用普通的后备应急电源 EPS,由于其能量转换的中断特性,无法满足 HID 灯的不熄弧要求,因此 EPS 不适应 HID 灯所应用的场所。

HEPS 是专门适应于 HID 灯所使用的应急后备电源,该设备的特点是不仅具备了普通 EPS 的所有特点及负载适应性,而且可以充分保证 HID 灯在市电转换时,HEPS 所提供光源两端的能量不中断,从而保证了 HID 灯的不熄弧。

在选择 HEPS 的容量时,要充分考虑所用 HID 灯的功率因数。在有双路供电场所,为了降低成本并正常使用 HID 灯,HEPS 后备时间可适当减少,如可将两路市电转换的过渡时间适当加以延长作为 HEPS 的后备时间。

6.3.6　蓄光型疏散标志

蓄光型疏散标志不能单独使用,只能作为电光源型标志的辅助标志,其特点和要求如下。

(1)蓄光型疏散标志具有蓄光-发光功能,即亮处吸收日光、灯光、环境杂散光等各种可见光,黑暗处即可自动持续发光。

(2)蓄光型疏散标志是利用稀土元素激活的碱土铝酸盐、硅酸盐材料加工而成,无需电源，该产品无毒、无放射、化学性能稳定。

（3）设置蓄光型疏散标志的场所，其照射光源在标志表面的照度要求：当光源为荧光灯等冷光源时，不应低于 25 lx；当光源为白炽灯等时，不应低于 40 lx。

（4）蓄光部分的发光亮度应满足表 6-5 的要求。

表 6-5 蓄光部分的发光亮度

时间/min	5	10	20	30	60	90
亮度（不小于，mcd/m^2）	810	400	180	100	55	30

（5）在疏散走道和主要疏散路线的地面或墙上设置的蓄光型疏散导流标志，其方向指示标志图形应指向最近的疏散出口，在地面上设置时，宜沿疏散走道或主要疏散路线的中心线设置；在墙面上设置时，标志中心线距地面高度不应大于 0.5 m；疏散导流标志宜连续设置，标志宽度不宜小于 8 cm；当间断设置时，蓄光型疏散导流标志长度不宜小于 30 cm，间距不应大于 1 m。

（6）疏散走道上的蓄光型疏散指示标志，宜设置在疏散走道及其转角处距地面高度不大于 1 m 的墙面上或地面上，设置在墙面上时，其间距不应大于 10 m；设置在地面上时，其间距不应大于 5 m。

（7）疏散楼梯台阶标志的宽度宜为 20 ~ 50 mm。

（8）安全出口轮廓标志，其宽度不应小于 80mm。

（9）在电梯、自动扶梯人口附近设置的警示标志，其位置距地面宜为 1.0 ~ 1.5 m。

（10）疏散指示示意图标志中所包含的图形、符号及文字应使用深颜色制作，图表文字等信息符号规格不应小于 40 mm × 40 mm。

6.3.7 集中控制型消防应急灯具

集中控制型消防应急灯具是一种智能型应急照明系统，代表了应急照明已向系统化方向发展，该系统特别适用于功能复杂、大型的建筑物。

1. 产品概况及要求

（1）日常维护巡检功能

集中控制型消防应急灯具对底层灯具、上层主机以及集中控制型消防应急灯具各个环节的通信设备工作状态进行严格监控，实时主报工作状态。对较容易出现产品致命的环节具有如下监测功能。

①疏散指示标志灯具

a. 检测灯具电池开路、短路；

b. 检测灯具内部每一路光源的开路、短路；

c. 检测灯具应急回路欠压状态。

②集中控制型消防应急灯具主机

a. 检测主机备用电源开路、短路；

b. 检测主机光源（显示设备）的开路、短路；

c. 检测主机电压回路欠压状态。

③集中控制型消防应急灯具整体功能监测

具有通信自检功能，监测集中控制型消防应急灯具内部每一回路的通信线路。此外，一个回路中的通信故障不会影响其他回路正常通信。

④灯具定期自检

集中控制型消防应急灯具还必须定期进行灯具自检，自主设定灯具自检的周期，在人员较少的情况下主机自动将灯具和其他设备切换到应急状态，检测设备的应急转换功能、应急时间等，将不符合规范标准的灯具筛选出来，声光报警提醒维护人员及时更换设备。

(2)火灾疏散应急联动功能

①集中控制型消防应急灯具应具有和消防报警系统联动的接口。

②在火灾发生时，能根据联动信息调整疏散标志灯具指示方向。

③方向指示标志灯具具有换向功能，语言标志灯具具有语音功能，保持视觉连续的导向疏散标志具有换向功能。

④集中控制型消防应急灯具主机应能远程手动或自动控制疏散标志灯具的工作状态。

(3)中央主机应具有日志记录功能、查询功能、打印功能、声光报警功能、实时显示现场设备工作状态的功能等。

2. 设置特点

设置场所见第二节应急照明设计，设置主要特点如下：

(1)中央主机应设置于消防控制中心或有人值班的场所；

(2)任一防火分区疏散通道末端处应设置具有语音功能、频闪功能、灭灯功能以及故障自检功能的安全出口标志灯具；

(3)任一防火分区疏散通道内应设置具有频闪功能、换向功能的疏散指示标志灯具；

(4)任一防火分区疏散通道末端外侧应加设烟感探头；

(5)在楼梯休息平台应设置具有照明功能的楼层显示标志灯具，安装在距地面高度1.0 m以下的墙面上。

3. 设置示意图

语音出口标志灯见图6-7，双向可调标志灯见图6-8，导向光流标志灯见图6-9，楼层照明标志灯见图6-10。

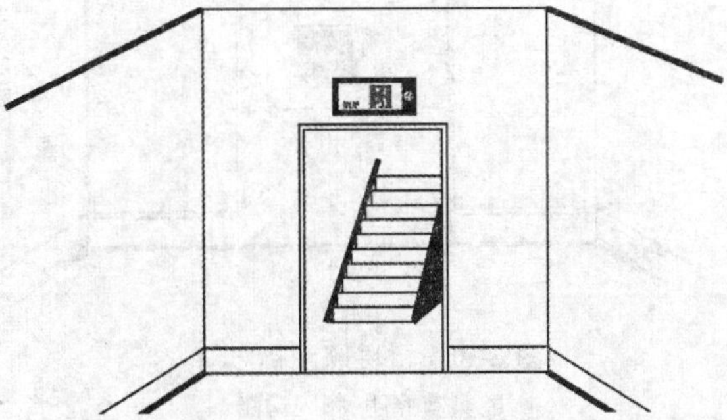

图6-7　语音出口标志灯

注：具有语音功能、频闪功能、灭灯功能以及故障自检功能。

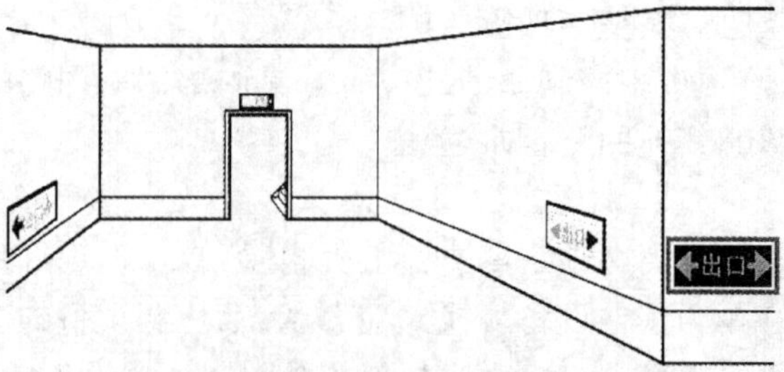

图 6-8　双向可调标志灯

注:具有频闪功能、换向功能。

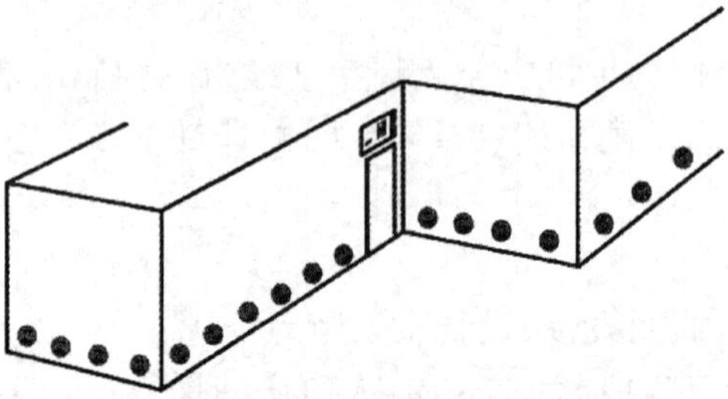

图 6-9　导向光流标志灯

注:具有保持视觉连续、可换向功能。

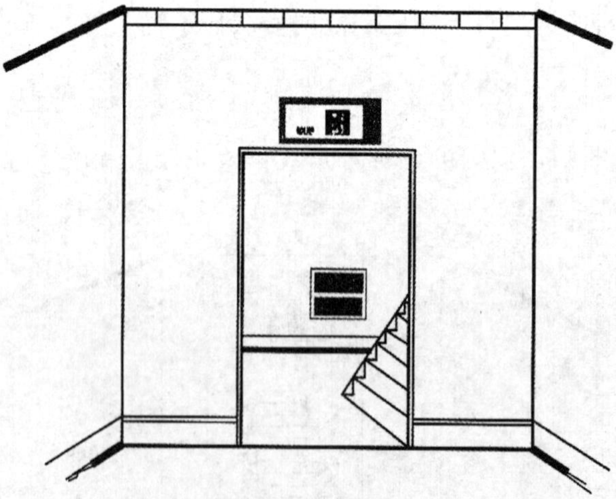

图 6-10　楼层照明标志灯

注:具有照明、频闪功能。

6.3.8　应急灯的接线

应急灯距应设置专用线路，且中途不设置开关。三线制和四线制型应急灯具可统一接在专用电源上，专用电源的设置应和相应的防火规范结合。应急电源与灯具分开设置，为满足防火要求其电气连接采用耐高温电线。应急照明的几种接线方式如图5-11至图5-13所示。

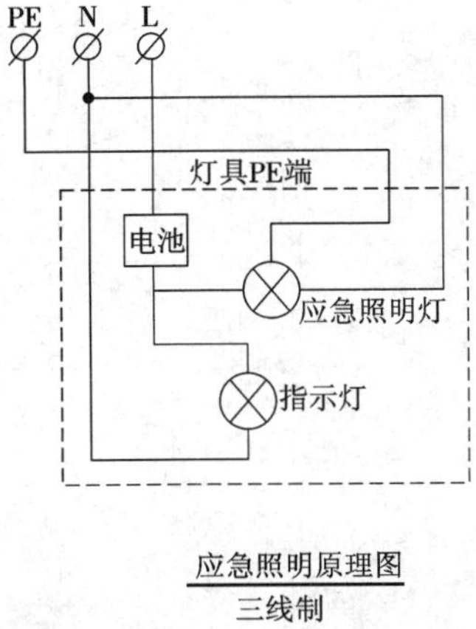

图 5-11　应急灯三线制接线方式

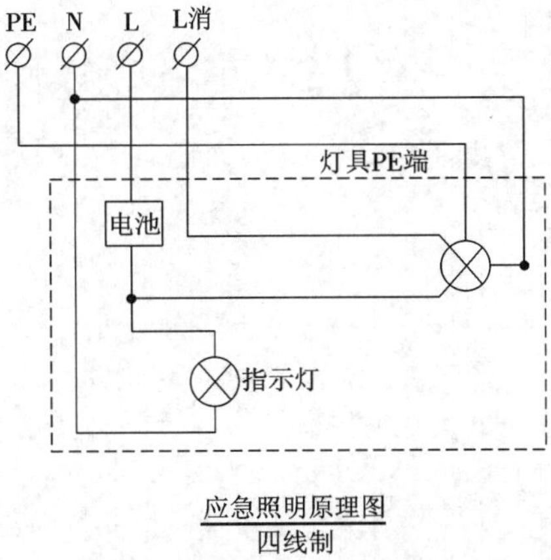

图 5-12　应急灯四线制接线方式

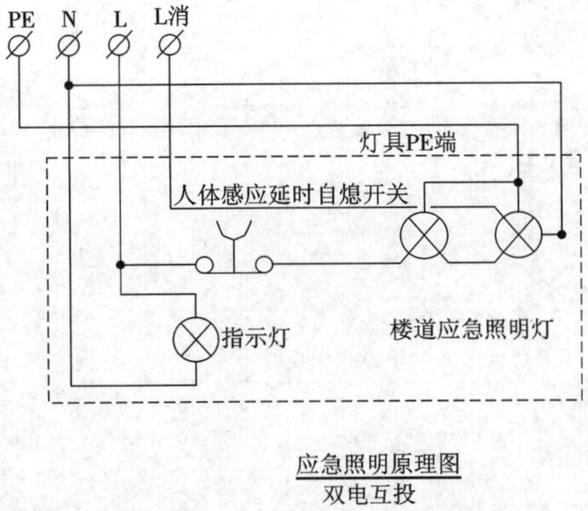

图 5-13　应急照明双电源互投接线方式

思　考　题

1. 应急照明分为哪几种,其照度值如何确定?
2. 应急照明持续工作时间及照度要求有哪些?

3. 应急照明系统电源如何选择?
4. 备用照明的照度标准值有哪些规定?
5. 消防应急照明系统分哪几类?
6. 消防标志灯具表面亮度有哪些要求?
7. 应急照明灯具配电箱及应急照明分配电装置分别有哪些性能要求?
8. 应急照明控制系统如何设计?
9. 应急照明系统中的电光源如何选择?
10. 应急照明系统设计中应掌握的要点有哪些?

第7章　课程设计指导与实例

7.1　课程设计指导

7.1.1　概述

建筑电气照明课程设计在学生学完本课程后进行，根据涉及范围的不同可以安排1~2周时间。其目的是在教师的指导下，通过对选定的某个具体建筑的照明系统进行设计，使学生了解建筑电气照明系统的设计过程、设计要求、施工要求、设计内容和设计方法；巩固所学知识，培养综合运用专业知识解决工程实际问题的能力；培养查阅国家规范、标准、设计和产品手册以及图书资料等能力。

7.1.2　课程设计的要求

在课程设计中，指导教师应侧重于从工作方法、设计方法、思维方法等方面对学生进行指导，具体要求如下。

(1)在接受设计任务后，根据设计要求和设计内容，拟定设计任务书和设计进度计划，合理安排时间。

(2)在进行设计方案论证阶段，可以以分组讨论或集中答疑等多种形式开展，以保证每个学生能够积极思考、主动求证。方案论证阶段，需要确定的主要内容有照明方式、照度标准、负荷等级、供配电系统结构等。

(3)所有电气施工图纸的绘制必须符合国家有关最新标准的规定，包括线条、图形符号、文字符号、项目代号、技术要求、标题栏、元器件明细表，以及图纸的折叠和装订等。

(4)设计说明书要写明设计思路和计算过程。要求文字通顺、结构合理、格式符合要求。

(5)在设计过程中，有条件时可以到类似工程的实际工地进行调研，了解施工对设计的要求，使设计能尽量符合实际，并能与其他专业更好的配合。

(6)进行照明设计时，可根据实际情况采用手工绘图或CAD绘图的方式。

7.1.3　课程设计任务书

在布置课程设计任务时，需要给学生下达课程设计任务书。课程设计任务书与工程设计书有所区别，工程设计书主要分为设计内容和要求、设计标准、具体设计项目、工程控制造价等内容。课程设计任务书可根据教学内容适当调整，一般有以下几个方面。

(1)设计工程名称与来源。

(2)设计内容。

(3)设计资料收集。

(4)图纸质量和数量要求。

(5)设计说明书要求包括方案的论证和计算过程、结果。

(6)设计进度和时间安排。

7.1.4 设计步骤

(1)确定设计照度　按各房间视觉工作的要求和室内环境的清洁状况,根据《建筑照明设计标准》(GB 50034—2013)及有关规程,确定各房间的最低照度和照度补偿系数。

(2)照明方式的选择　根据工艺要求和生产性质、房间的照度规定,选择合理的照明方式。

(3)灯具的选择　按照房间的装修色彩,对光色的要求标准、环境条件等来决定光源和选择灯具。

(4)合理布置灯具　按照照明光线的投射方向、工作面上的照度、照度均匀性和眩光限制,以及建设投资状况、维护方便与安全等因素来综合考虑。

(5)进行照度计算　通过对各功能用房的照度计算,决定安装灯具的数量和光源容量。

(6)进行供电系统方案对比,决定配电方式。

(7)进行各支线负荷的平衡分配,线路走向的确定,配电范围和配电箱位置的选择。

(8)计算电流和导线的选择　计算各支线与干线的工作电流,选择导线截面、型号、敷设方式、穿管管径,进行导线电流的验算、电压损失值的验算。

(9)电器设备选择　通过计算电流、选择自动空气开关、漏电保护开关型号规格以及各类测量仪表的型号规格等,根据设计要求确定配电箱型号与规格。

(10)绘制电气施工图　先绘制各层电气平面图;再绘制配电干线图、配电系统图;列出主要设备材料表。

(11)按要求编写课程设计说明书。

7.1.5 课程设计说明书的撰写

1. 课程设计说明书的要求

课程设计说明书是课程设计的一个重要方面,是说明设计的一个书面材料,也是设计质量的反映,所以要求设计者必须独立认真完成。

(1)文字简洁、通畅、条理清楚、说明透彻、逻辑性强、书写工整。

(2)论据充分、计算准确,使用公式正确。

(3)详略得当。

(4)说明书的内容应包括主要的计算和必要的图纸,并且对图纸上未能表示清楚的内容加以说明。说明书采用 A4 纸。设备材料表和设计图纸可附在后面,也可独立装订成册。

(5)图面要清晰、图样要规范。

2. 设计说明书的结构形式

(1)目录。

(2)标题。

(3)概述。简要介绍设计项目的工程概况、设计和指导原则、主要内容等。

(4)设计思路与方案论证。

(5)施工图设计　包括干线图、系统图、照明设计、其他参数的确定及计算、设备选择、图纸施工说明等。

(6)参考文献。

7.2　照明设计程序

7.2.1　概述

照明设计包括室内照明(建筑照明)设计、室外照明设计。室外照明设计又包括城市道路照明设计、城市夜景照明(统称城市照明)设计及露天作业场地照明设计等。

工程设计通常包括初步设计和施工图设计两个阶段,有的还增加技术设计阶段。

照明设计程序主要包括以下三方面内容:

(1)收集照明设计所必要的资料和技术条件,包括工艺性质和生产、使用要求,建筑和结构状况,建筑装饰状况,建筑设备和管道布置情况;

(2)提出照明设计方案,进行各项计算,确定各项光学和电气参数,编写设计说明书;

(3)绘制施工图,编制材料明细表和工程概算,必要时按建设单位委托编制工程预算。

下面以室内照明为主进行具体叙述。

7.2.2　收集资料

了解工艺生产、使用要求和建筑结构情况。收集资料的主要内容见表7-1。

表7-1　收集资料的主要内容

专业	收集资料的主要内容	用途
工艺生产使用要求	生产、工作性质,视觉作业精细程度,作业和背景亮度,连续作业状况,作业面分布、工种分布情况,通道位置	确定一般照明或分区一般照明,确定照度标准值,是否要局部照明
	特殊作业或被照面的视觉要求	是否要重点照明(如商场)
	作业性质及对颜色分辨要求	确定显色指数(R_a)、特殊显色指数(R_9)、光源色温
	作业性质及对限制眩光的要求	确定眩光指数(UGR或GR)标准、灯具遮光角
	作业对视觉的其他要求	如空间亮度、立体感等
	作业的重要性和不间断要求,作业对人的可能危险,建筑类型、使用性质、规模大小对灾害时疏散人员的要求	确定是否设置应急照明(疏散照明、备用照明、安全照明),确定电源类型
	场所环境污染特征	确定维护系数
	场所环境条件:包括是否有多尘、潮湿、腐蚀性气体、高温、振动、火灾危险、爆炸危险等	灯具等的防护等级(IP××)及防爆类型,防火、防腐蚀要求
	其他特殊要求,如体育场馆的彩电转播,博美馆的展示品、商场的模特,演播室、舞台等	确定特殊照明要求,如垂直照度、立体感、阴影等

表 7-1(续)

专业	收集资料的主要内容	用途
建筑结构状况	建筑平面、剖面、建筑分隔、尺寸,主体结构、柱网、跨度、屋架、梁、柱布置,高度,屋面及吊顶情况	安排灯具布置方案,布灯形式及间距,灯具安装方式和高度
	室内通道状况,楼梯、电梯位置,避难层状况	设计通道照明、疏散照明(含疏散标志位置)
	墙、柱、窗、门、通道布置,门的开向	照明开关、配电箱布置
	建筑内装饰情况,顶、墙、地、窗帘颜色及反射比	按各表面反射比求利用系数
	吊顶、屋面、墙的材质和燃烧性能,防火分区状况	灯具及配线的防火要求
	建筑装饰特殊要求(高档次公共建筑),如对灯具的美观、装设方式、协调配合、光的颜色等	协调确定间接照明方式,或灯具造型、光色等
	高耸建筑的总高度及建筑周围建构筑物状况	障碍照明要求
	建筑立面状况及建筑周围状况(需要建筑夜景照明时)	确定夜景照明方式及安装
建筑设备状况	建筑设备及管道状况,包括空调设施、通风、暖气、消防设施,热水蒸气和其他气体设施及其管道布置、尺寸、高度等	协调顶部灯的位置、高度,防止挡光,协调顶、墙等的灯具、开关和配线的位置

7.2.3 设计方案的提出、优化和确定

设计方案主要在初步设计阶段进行,下面分照明光学部分和电气部分叙述。

1. 照明光学部分设计步骤

(1)确定照明标准。包括照度标准值、照度均匀度和眩光值(*UGR* 或 *GR*)、光源色温和显色指数(R_a)。依据作业精细程度、识别对象和背景亮度的对比,以及识别速度、连续紧张工作程度等因素,按相关标准确定照度。

(2)确定照明方式。室内应设一般照明或分区一般照明;对于精细作业场所,按需要增设局部照明;对于商场、博物馆等场所,确定增加重点照明的部位。

(3)确定照明种类。除正常照明外,应确定是否设应急照明:按建筑楼层、规模、性质及防灾要求设疏散照明;按正常照明熄灭后是否要继续工作设置备用照明;个别情况还要考虑安全照明。此外,还按建筑高度确定是否设障碍照明,大面积作业场所应设值班照明。

(4)选择光源的原则。

①为了节能,选用高光效光源,如稀土三基色荧光灯(低矮房间),金卤灯、高压钠灯(高大场所),以及 LED 灯。

②符合使用场所对显色性的要求,长时作业场所应选 $R_a \geqslant 80$ 的光源,对 LED 灯,还要求 $R_9 > 0$;同时应选取与照度高低和环境相宜的色温。

③考虑启动点燃条件、开关频繁程度和长寿命等因素。

④按节能要求,或功能需要,或舒适性要求,选择可调光的光源和控制。

⑤性能价格比优。

(5)选择镇流器。应按照安全、可靠、系统能效高的原则选取,同时应考虑谐波含量低、功

率因数高、性能价格比优等因素，还应与光源配套；对 LED 灯则包括配套的驱动电源，必要的调光控制。

(6)选择灯具类型的原则。

①安全，与光源配套；不得选择已禁止使用的0类灯具。

②灯具效率高，无特殊要求的场所，应选用直接型灯具。

③按房间的室形指数（灯具安装高度和房间大小）选择配光适宜的灯具。

④考虑限制眩光的要求，无漫射罩的灯具，遮光角应符合规定。

⑤按环境条件选用相适应的防护等级的灯具。

⑥对于高等级的公共建筑的公共场所，按建筑装饰要求选用相适应的灯具。

(7)灯具布置方案。应按下列原则设计布灯方案。

①一个场所或一定区域内应相对均匀对称，按一定规律布灯。

②在满足眩光限制和照度均匀度条件下，单灯功率宜选得大些（如直管荧光灯应选用长灯管），以提高照明能效，降低谐波含量，有利于控制投资。

③布灯间距（动与安装离地高度 H）合理协调，使 L/H 值不大于该灯具允许的 L/H 值。

④工业建筑的布灯应与建筑结构（如柱网、屋架、梁、屋面等）相协调，并与吊车、各种管道和高大设备位置相协调，避免碰撞和遮挡。

⑤多层建筑、公共建筑应注意整体美观，与建筑装饰协调。

⑥装灯位置和高度应便于安装和维修，高大空间应设置维修通道。

(8)照度计算。按照选择的光源、灯具及布置方案，进行作业面的平均维持照度计算。通常是计算工作面或地面的水平面照度，按不同使用条件，还要计算垂直面照度或倾斜面照度；将计算结果与选取的照度标准值对比，偏差不应超过标准值的110%，如偏差过大，应重新调整布灯方案，再做计算，直到符合要求。

(9)眩光计算。对于标准规定有 *UGR* 或 *GR* 值要求的场所，应进行 *UGR* 值计算，通常是用计算软件进行，计算结果不应超过 GB 50034—2013《建筑照明设计标准》规定的标准值。

(10)校验节能指标。按确定的照明方案，计算实际的照明功率密度（*LPD*），该值不超过标准规定的 *LPD* 限值为合格，如超过，应重新调整方案，重做计算，直到符合标准。

(11)优化方案。对于重要项目，应做两个或多个设计方案，按第(4)~(10)项步骤进行，并进行技术经济（包括运行费）综合比较后选定最优方案。

2. 电气部分设计步骤

(1)确定供电电源。包括配电变压器是合用（与电力）还是照明专用，配电电压，线制（如三相四线制或单相两线制等）；需要疏散照明、备用照明等场所，还要确定应急电源方式（如独立电网电源、应急发电机或蓄电池组等），通常应与该项目的电力用电统一考虑确定，以满足使用要求，安全、可靠、经济、合理。

(2)确定配电系统。包括配电分区划分（注意不同用户、不同核算单位、不同防火分区、不同楼层的分区），配电箱设置，灯光开关、控制要求，配电线路连接。

(3)配电系统接地方式。应与该建筑的电力用电统一确定，室内照明通常用 TN-S 或 TN-C-S 系统，户外照明宜用 TT 系统；采用Ⅰ类灯具时，其外露导电部分应接地（接 PE 线）。

(4)功率统计和负荷计算。按各级干线、分支线统计照明安装功率（注意包括镇流器和变压器功耗），计算出需求功率、功率因数和计算电流，同时确定无功补偿的方式和设置方案。

(5)配电线路设计。包括各级配电线路导线(或电缆)的选型以及截面的确定。根据场所环境条件和防火、防爆要求,选择电线(电缆)的类型、敷设,并按照允许载流量和机械强度初步选择导体截面积。

(6)计算电压损失。按初选的导线和截面积计算各段线路的电压损失,求出末端灯的电压损失值,要求不超过标准规定;如超过,应加大截面积,再进行计算。

(7)配电线路保护电器的选型和参数的确定。应计算短路电流和接地故障电流,按短路保护、过负荷保护和接地故障保护的要求,选择各级线路首端的保护电器类型(熔断器或断路器)及其额定电流和整定电流值,并应使上下级保护电器间有选择性动作。如达不到规范的要求,应调整整定电流值,或加大导线截面积,甚至改变保护电器类型。

(8)开关和控制方式。一般工作房间,按要求设置集中的或分散的手动开关;对于大面积场所、公共场所,要考虑集中的控制方式,包括各种节能的、利用天然光或无人时自动关灯调光等控制方式。

(9)确定电能计量方式。考虑付费和节能的需要,分用户、分单位装设电能表。

(10)确定灯具和配电箱、开关、控制装置的安装方式,线路敷设方案。

7.2.4 绘制施工图,编制材料表和工程概预算

1. 绘制平面图

平面施工图至少应包括以下内容:

(1)灯具类型及位置。绘制灯具的位置,标注必要的尺寸,注明灯具类型或符号、代号(应采用形象的图形、符号表示),标注灯具的安装形式(吸顶式、嵌入式、管吊式),灯具离地高度;非垂直下射的灯具,应注明仰角或俯角、倾斜角等。

(2)注明光源的类型、额定功率、数量(包括单个灯具内的光源数)。

(3)各房间、场所的照度标准值。

(4)局部照明、重点照明的装设要求,包括光源、灯具及位置等。

(5)应急照明装设。分别标明疏散照明灯、疏散用出口标志灯、指向指志灯的类型(含光源、功率)及装设位置等;还有备用照明、安全照明的光源、灯具类型、功率及装设位置等要求。

(6)移动照明、检修照明用的插座和其他插座,应注明形式(极数、孔数)、额定电流值、安装位置、高度和安装方式。

(7)配电箱的型号、编号、出线回路、安装方式(嵌墙或悬挂)和安装位置。

(8)开关形式、位置、、安装高度和安装方式(嵌入式或明装);控制装置的类型、设置位置和控制范围。

(9)配电干线和分支线路的导线型号、根数、截面,如为套管,应注明管材、管径、敷设方式、安装部位和高度等。

2. 绘制剖面图和立面图

对于较复杂的建筑,或生产设备、平台、栈道、维护通道,或生产管道、动力管道,需要增加剖面图,以表明灯具与这些设备、平台、管道的位置关系,避免灯光被遮挡;高层建筑的走廊,各专业管线密集的,应绘制综合管线布置剖面图。

对于高等级公共建筑,装设有夜景照明的,应增加立面图。

3. 绘制场所照度分布图或(和)等照度曲线

对于照度和照度均匀度要求很高的场所,如体育场馆等,可绘制照度分布图或(和)等照度曲线,以考核其各点照度值和照度变化梯度。此图宜在初步设计阶段完成。

4. 绘制配电系统图

对于较大项目,有多台配电箱时,应绘制配电系统图,其内容包括:

(1)照明配电系统、干线和配电箱的接线方式。

(2)干线的导线型号、根数(包括必要的 N 线、PE 线)、截面、安装功率、计算功率、功率因数、计算电流。

(3)分支线的导线型号、根数、截面及安装功率。

(4)干线末端及代表性分支线末端的电压损失值。

(5)配电箱及开关箱的型号、出线回路数及安装功率。

(6)配电箱、开关箱内保护电器的类型,熔断器及其熔断体的额定电流,或断路器的反时限(长延时)脱扣器和瞬时脱扣器的整定电流。

对于较小项目,可不绘制配电系统图,但以上各项参数应标注在平面图上。

5. 绘制必要的安装图和线路敷设图

通常选用国家或省市编制的通用图,对于有特殊安装需要的,应补充必要的安装大样图。

6. 编制材料明细表

材料明细表应有明确的型号、技术规格和参数,能满足订货、采购或招标的需要,内容应包括灯具、光源和镇流器、触发器、补偿电容器、配电箱、控制装置、开关、插座及其他附件,还有导线、套管等材料的名称、型号、技术规格、技术参数及单位、数量。

7. 编制概算、预算

初步设计阶段应同时编制概算,作为控制建设投资的依据。施工图完成后,根据建设单位要求和委托,编制工程预算,应包括设备、材料购置费,施工安装辅助材料费,施工工时人工费,以及税收及附加费等;预算应力求准确,作为工程招标和取费的重要依据。

7.3　实例分析

某教学楼平面图如图 7-1 所示,教学楼层高为 3.5 m,每间教室和办公室要求安装单相插座 2 只。请为该教学楼做出照明设计。

1. 电光源及灯具的选择

教室和卫生间选用 YG2－2 型,每套灯具容量 $P=2\times36$ W 的管吊式荧光灯(也可选用新型的 30 W 或 36 W 荧光灯);办公室选用 YG2－3 型 3×36 W 管吊式荧光灯,走道和雨篷初步选用 JXD6－2 型吸顶灯。

2. 确定布置灯具方案和进行照度计算

(1)选择计算系数

查附录 1 表 10,教室、办公室取平均照度 $E_{av}=300$ lx,卫生间取平均照度 $E_{av}=100$ lx,走道、雨篷取 $E_{av}=50$ lx。

查表 2-11,取最低照度系数 $Z=1.3$,换算成最低照度 E_{min}。

教室、办公室　　$E_{min}=E_{av}/Z=300/1.3=230.8$ lx

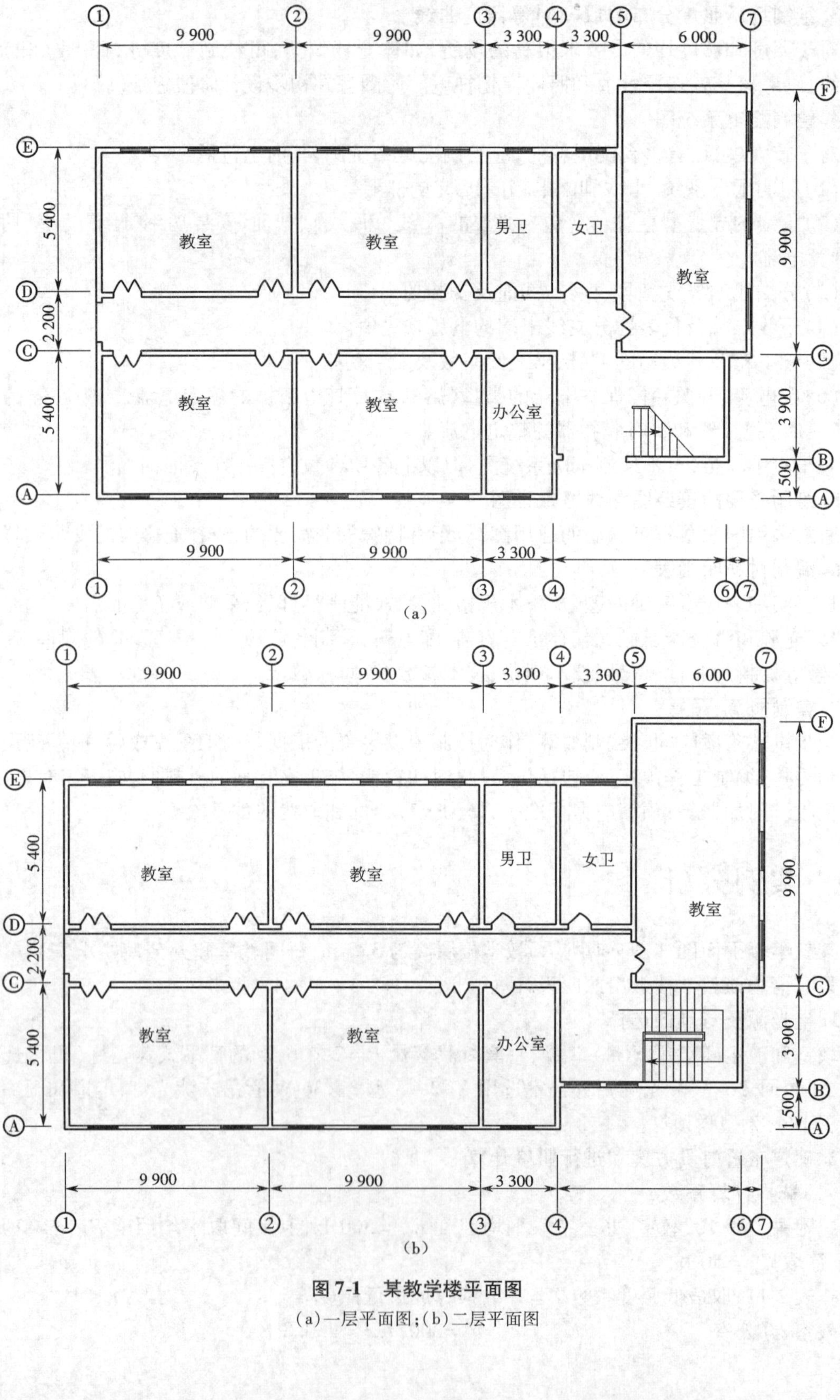

图 7-1 某教学楼平面图

(a)一层平面图;(b)二层平面图

卫生间 $E_{min}=E_{av}/Z=100/1.3=76.9\ lx$

走道、雨篷 $E_{min}=E_{av}/Z=50/1.3=38.5\ lx$

(2)计算高度

教学楼层高为3.5 m,设荧光灯具吊高3 m,课桌高0.75 m,所以各计算高度为

教室、办公室、卫生间 $h=3-0.75=2.25\ m$

走道、雨篷 $h=3.5\ m$

(3)面积计算

教室 $A_1=9.9\times6=59.4\ m^2$

$A_2=9.9\times5.4=53.46\ m^2$

办公室或卫生间 $A=3.3\times5.4=17.82\ m^2$

走道 $A=2.2\times23.1=50.82\ m^2$

雨篷 $A=3.3\times3.6=11.88\ m^2$

(4)照度计算(采用单位容量法)。查相关建筑电气设计手册,得各房间的照明单位安装功率 p_0 为

教室 $p_0=16.8\ W/m^2$

办公室 $p_0=22.2\ W/m^2$

走道 $p_0=16.2\ W/m^2$

雨篷 $p_0=30.9\ W/m^2$

卫生间 $p_0=11.7\ W/m^2$

(5)计算总安装容量

教室 $P_1=p_0\times A=16.8\times59.4=997.92\ W$

$P_2=16.8\times53.46=898.13\ W$

办公室 $P=22.2\times17.82=395.6\ W$

卫生间 $P=11.7\times17.82=208.49\ W$

走道 $P=16.2\times50.82=823.28\ W$

雨篷 $P=30.9\times11.88=367.09\ W$

(6)计算灯具数量

教室 $N_1=P_1/p=997.92/80=12.474$ 套,取12套

$N_2=P_2/p=898.13/80=11.23$ 套,取12套

办公室 $N=P/p=395.6/120=3.3$ 套,取3套

卫生间 $N=P/p=208.49/80=2.61$ 套,取3套

走道初选JXD6-2平圆型吸顶灯,$p=100\ W$,$N=P/p=823.28/100=8.23$ 套,取9套;

雨篷也初选用JXD6-2平圆型吸顶灯,$N=P/p=367.09/100=3.67$ 套,取4套。

考虑消防和节能等因素,在不降低照度的基础上,走道和雨篷都改用SMX2069-2型荧光吸顶灯替代,该型号灯具每套功率为32W+22W,共13套。

(7)各布灯方式如照明平面如图7-2所示。

3. 确定照明供电方式和照明线路的布置方式

采用380/220 V三相四线制供电。电源由一层④轴线地下电缆穿钢管引至一层总配电箱

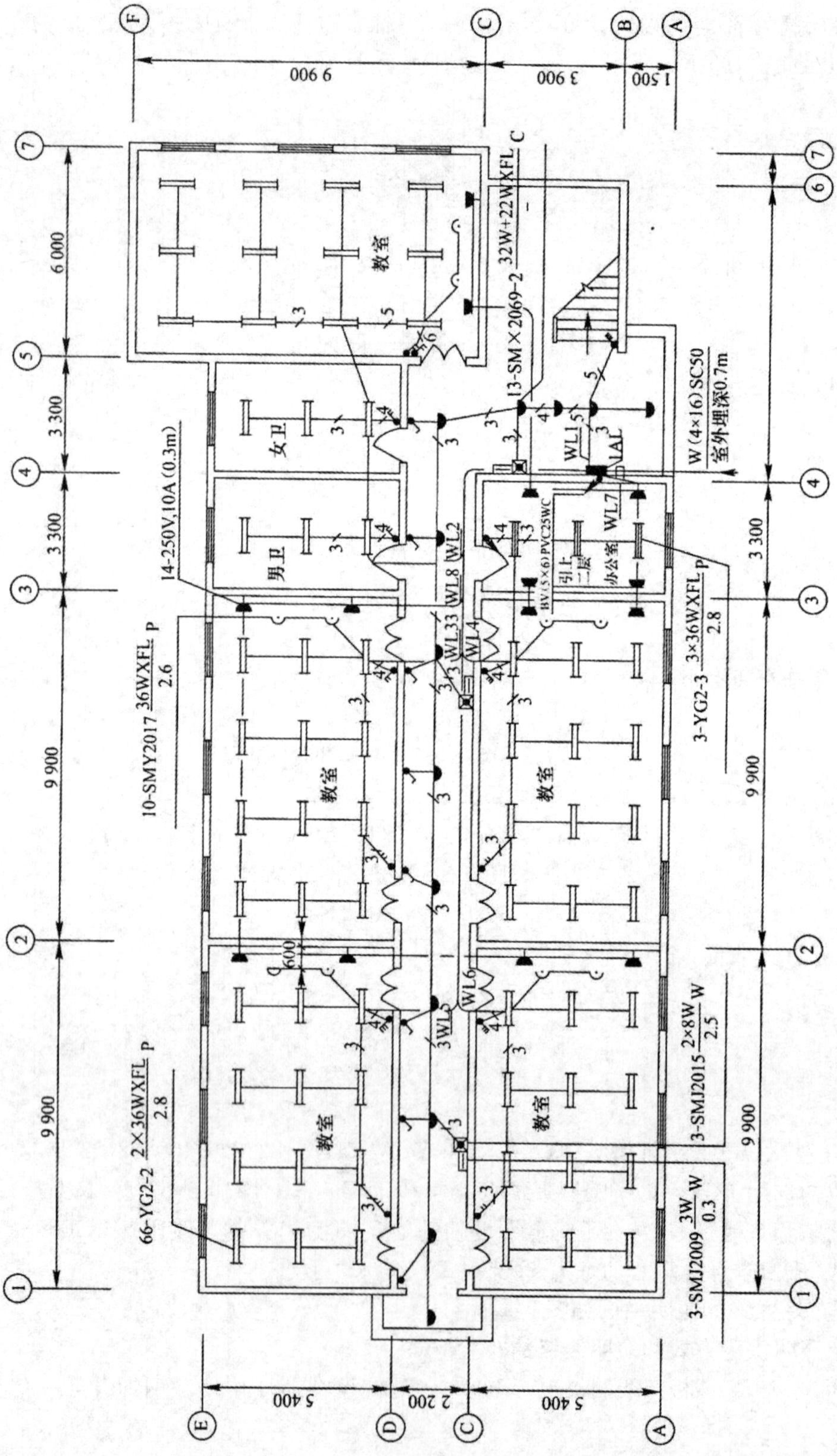
9 900
3 900
1 500
6 000
3 300
3 300
9 900
9 900
5 400
2 200
5 400
教室
女卫
男卫
办公室
引上二层
BV(5×6)PVC25WC
66-YG2-2 2×36WXFL/2.8 P
10-SMY2017 36WXFL/2.6 P
14-250V,10A(0.3m)
13-SM×2069-2 32W+22WXFL C
3-YG2-3 3×36WXFL/2.8 P
W(4×16)SC50
室外埋深0.7m
3-SMJ2015 2×8W/2.5 W
3-SMJ2009 3W/0.3 W
WL1
WL2
WL3
WL4
WL5
WL6
WL7
WL8
1AL
600

(a)

图 7-2 照明平面图

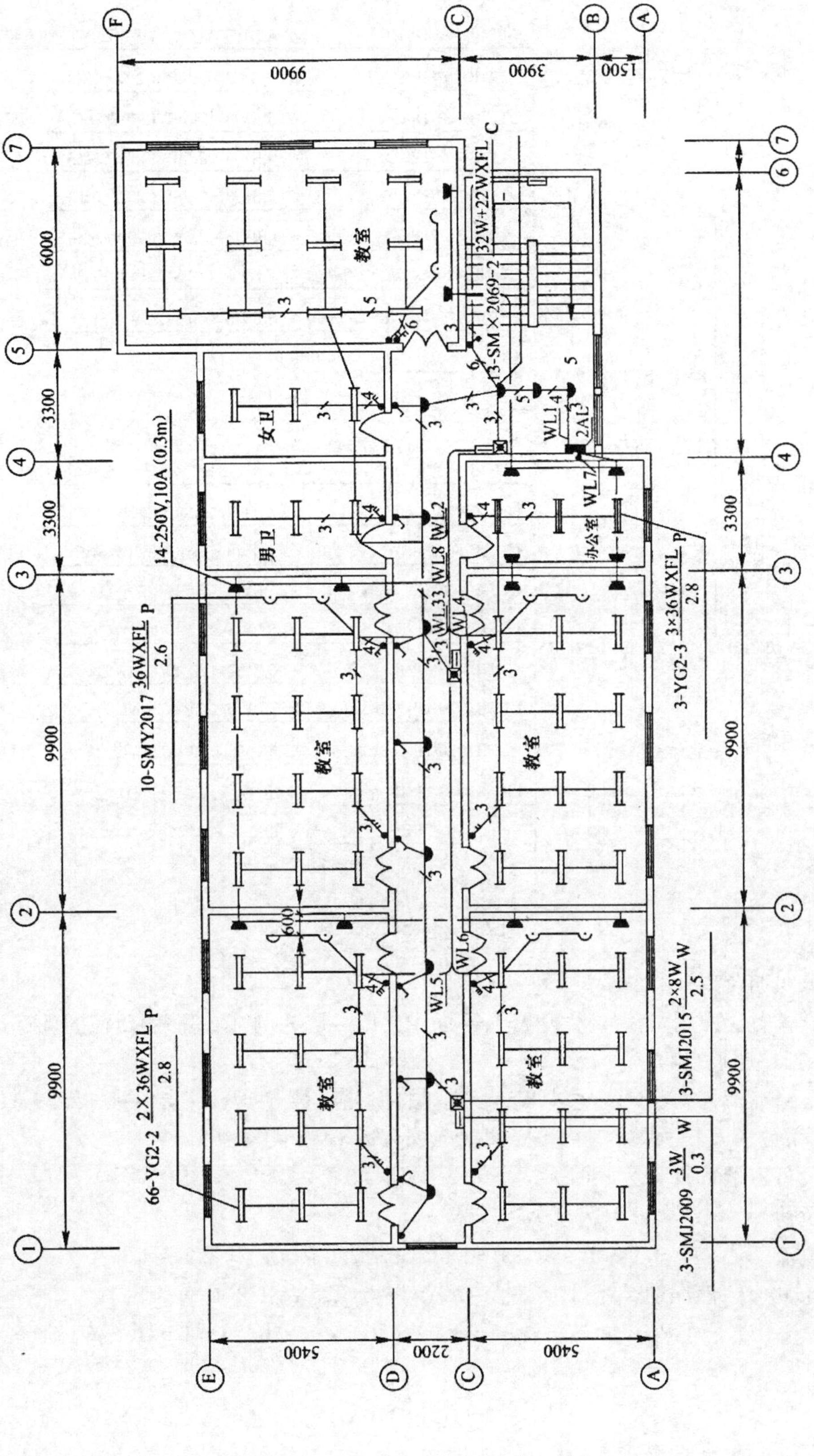

（b）

图7-2(续)

（a）一层照明平面图；（b）二层照明平面图

1AL,再由1AL配电箱引线穿钢管于墙内暗敷引至二层2AL配电箱。供电方式见配电箱系统图(图7-3),由各配电箱引出八条单相支路,供各教室、办公室照明和插座等用电。

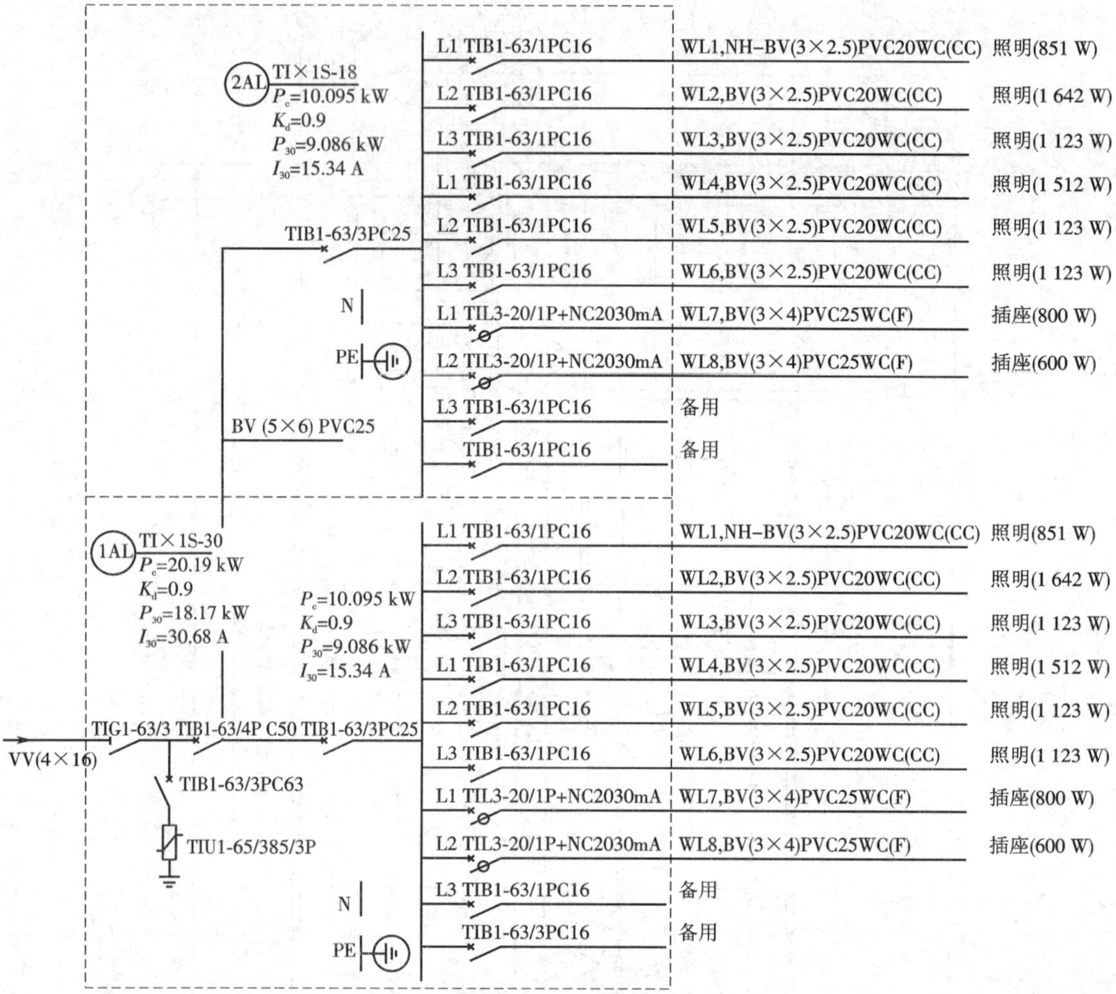

图7-3 配电箱系统图

4. 计算照明负荷

该教学楼各层照明负荷的计算相同,下面主要以一层为例,阐述照明负荷的计算过程。

(1)一层照明设备容量

WL1 支路 荧光灯13只×54 W,荧光灯的损耗系数 $\alpha=0.2$;指向标志灯3只×3 W,$\alpha=0$;需用系数取 $K_x=1$;按将功率因数提高到 $\cos\varphi=0.9$ 计算,则

灯具设备容量 $P_{e1}=\sum P_a(1+\alpha)=13\times54(1+0.2)+3\times3=851$ W

计算负荷 $P_{j1}=K_xP_{e1}=1\times851=$ W

计算电流 $I_{j1}=P_{j1}/(U_P\cos\varphi)=1\ 641.6/(220\times0.9)=8.3$ A

WL2 支路 一般照明荧光灯18只×72 W,黑板照明2只×36 W,则

$$P_{e2}=\sum P_a(1+\alpha)=(18\times72+2\times36)\times(1+0.2)=1\ 641.6\text{ W}$$

$$P_{j2}=K_xP_{e2}=1\times 1\ 641.6=1\ 641.6\ \text{W}$$

$$I_{j2}=P_{j2}/(U_P\cos\varphi)=1\ 123.2/(220\times 0.9)=5.7\ \text{A}$$

WL3 支路　一般照明荧光灯 12 只 ×72 W，黑板照明 2 只 ×36 W。

$$P_{e3}=\sum P_a(1+\alpha)=(12\times 72+2\times 36)\times(1+0.2)=1\ 123.2\ \text{W}$$

$$P_{j3}=K_xP_{e3}=1\times 1\ 123.2=1\ 123.2\ \text{W}$$

$$I_{j3}=P_{j3}/(U_P\cos\varphi)=1\ 123.2/(220\times 0.9)=5.7\ \text{A}$$

WL4 支路　教室一般照明荧光灯 12 只 ×72 W，黑板照明 2 只 ×36 W；办公室荧光灯 3 只 ×108 W，则

$$P_{e4}=\sum P_a(1+\alpha)=(12\times 72+2\times 36+3\times 108)\times(1+0.2)=1\ 512\ \text{W}$$

$$P_{j4}=K_xP_{e4}=1\times 1512=1\ 512\ \text{W}$$

$$I_{j4}=P_{j4}/(U_P\cos\varphi)=1\ 512/(220\times 0.9)=7.6\ \text{A}$$

WL5、WL6 支路灯据设备容量与 WL3 相同。

WL7 支路　插座 8 只，每只按 100 W，损耗系数 $\alpha=0.2$ 计算，则

$$P_{e7}=\sum P_a(1+\alpha)=8\times 100=800\ \text{W}$$

$$P_{j7}=K_xP_{e7}=1\times 800=800\ \text{W}$$

$$I_{j7}=P_{j7}/(U_P\cos\varphi)=800/(220\times 0.9)=4.04\ \text{A}$$

WL8 支路　插座 6 只，每只按 100 W，损耗系数 $\alpha=0.2$ 计算，则

$$P_{e8}=\sum P_a(1+\alpha)=6\times 100=600\ \text{W}$$

$$P_{j8}=K_xP_{e8}=1\times 600=600\ \text{W}$$

$$I_{j8}=P_{j8}/(U_P\cos\varphi)=600/(220\times 0.9)=3.03\ \text{A}$$

一层配电箱 1AL 照明计算负荷的计算：取需要系数 $K_x=0.9$，$\cos\varphi=0.9$。

三相总安装容量按最大负荷相 L2 所接容量的三倍考虑，即等效三相设备容量为

$$P_e=3P_{em\varphi}=3P_{L2}=3(1\ 642+1\ 123+600)=10\ 095\ \text{W}=10.095\ \text{kW}$$

计算负荷　$P_j=K_xP_e=0.9\times 10.095=9.086\ \text{kW}$

计算电流　$I_j=P_j/(\sqrt{3}\times U_e\times\cos\varphi)=9.086/(\sqrt{3}\times 0.38\times 0.9)=15.34\ \text{A}$

二层配电箱 2AL 照明计算负荷与一层相同。

(2) 电源进线总的计算负荷

三相总安装容量　$P_{e\Sigma}=2P_e=2\times 10.095=20.19\ \text{kW}$

计算负荷　$P_j=K_xP_{e\Sigma}=0.9\times 20.19=18.17\ \text{kW}$

计算电流　$I_j=P_j/(\sqrt{3}\times U_e\times\cos\varphi)=18.17/(\sqrt{3}\times 0.38\times 0.9)=30.675\ \text{A}$

5. 选择照明线路的导线和开关

(1) 支路导线的选择

采用三根单芯铜线穿硬塑料管。由于线路不长，故可按允许温升条件选择导线截面，一般也能满足导线机械强度和允许电压损失要求。现以最大的支路计算电流，即 WL2 支路的 $I_j=8.3$ A 为依据，查《民用建筑电气设计手册》，选用三根截面 $A=2.5\ \text{mm}^2$ 的 BV 型聚氯乙烯绝缘电线，在 35 ℃时，$I_N=20\ \text{A}>8.3\text{A}$，满足要求。

(2) 二层配电箱 2AL 电源进线导线的选择

采用 BV 型聚氯乙烯绝缘铜线穿钢管暗敷。据负荷计算结果，计算电流 $I_j=15.34$ A，查

《民用建筑电气设计手册》，选用五根截面 $A = 6\ mm^2$ 的 BV 型聚氯乙烯绝缘电线，在 35 ℃时，$I_N = 30\ A > 15.34\ A$，满足要求。

(3)总电源进线导线的选择

电源进线采用 380/220 V 三相四线制供电，并采用地下电缆穿保护管(钢管或碳素管)进线，据负荷计算结果，计算电流 $I_j = 30.68\ A$，查《民用建筑电气设计手册》，选用 VV 型截面为 $4 \times 16\ mm^2$ 的电缆，在 35 ℃时，$I_N = 86\ A > 30.68\ A$，满足要求。

(4)开关的选择

目前广泛采用小型塑壳式低压断路器(MCCB)作为照明供电的电源开关，它兼有过载、低电压和短路保护之功用。查有关设计手册或产品目录，支线可选用 TIB1 - 63/1P C16 型，$I_N = 16\ A$ 的自动开关；各层配电箱电源进线可选用 TIB1 - 63/3P C25 型，$I_N = 25\ A$ 的自动开关，总电源进线可选用 TIB1 - 63/4P C50 型，$I_N = 50\ A$ 的自动开关。

6. 绘制照明平面布置图

建筑照明平面布置图的绘制方法可参考有关规定绘制，本案例的照明平面布置图如图7-2所示。

附录1　照明标准值

1. 工业建筑

工业建筑一般照明标准值应符合附表1-1的规定。

附表1-1　工业建筑一般照明标准值

房间或场所		参考平面及其高度	照度标准值/lx	UGR	U_0	R_a	备　注
1. 机、电工业							
机械加工	粗加工	0.75 m水平面	200	22	0.40	60	可另加局部照明
机械加工	一般加工 公差≥0.1 mm	0.75 m水平面	300	22	0.60	60	应另加局部照明
机械加工	精密加工 公差<0.1 mm	0.75 m水平面	500	19	0.70	60	应另加局部照明
机电仪表装配	大件	0.75 m水平面	200	25	0.60	80	可另加局部照明
机电仪表装配	一般件	0.75 m水平面	300	25	0.60	80	可另加局部照明
机电仪表装配	精密	0.75 m水平面	500	22	0.70	80	应另加局部照明
机电仪表装配	特精密	0.75 m水平面	750	19	0.70	80	应另加局部照明
电线、电缆制造		0.75 m水平面	300	25	0.60	60	—
线圈绕制	大线圈	0.75 m水平面	300	25	0.60	80	—
线圈绕制	中等线圈	0.75 m水平面	500	22	0.70	80	可另加局部照明
线圈绕制	精细线圈	0.75 m水平面	750	19	0.70	80	应另加局部照明
线圈浇注		0.75 m水平面	300	25	0.60	80	—
焊接	一般	0.75 m水平面	200	—	0.60	60	—
焊接	精密	0.75 m水平面	300	—	0.70	60	—
钣金		0.75 m水平面	300	—	0.60	60	—
冲压、剪切		0.75 m水平面	300	—	0.60	60	—
热处理		地面至0.5 m水平面	200	—	0.60	20	—
铸造	熔化、浇铸	地面至0.5 m水平面	200	—	0.60	20	—
铸造	造型	地面至0.5 m水平面	300	25	0.60	60	—
精密铸造的制模、脱壳		地面至0.5 m水平面	500	25	0.60	60	—
锻工		地面至0.5 m水平面	200	—	0.60	20	—
电镀		0.75 m水平面	300	—	0.60	80	—

附表 1-1(续)

房间或场所		参考平面及其高度	照度标准值/lx	UGR	U_0	R_a	备　　注
喷漆	一般	0.75 m 水平面	300	—	0.60	80	—
	精细	0.75 m 水平面	500	22	0.70	80	—
酸洗、腐蚀、清洗		0.75 m 水平面	300	—	0.60	80	—
抛光	一般性装饰	0.75 m 水平面	300	22	0.60	80	应防频闪
	精细	0.75 m 水平面	500	22	0.70	80	应防频闪
复合材料加工、铺叠、装饰		0.75 m 水平面	500	22	0.60	80	—
机电修理	一般	0.75 m 水平面	200	—	0.60	60	可另加局部照明
	精细	0.75 m 水平面	300	22	0.70	60	可另加局部照明
2. 电子工业							
整机类	整机厂	0.75 m 水平面	300	22	0.60	80	—
	装配厂房	0.75 m 水平面	300	22	0.60	80	应另加局部照明
元器件类	微电子产品及集成电路	0.75 m 水平面	500	19	0.70	80	—
	显示器件	0.75 m 水平面	500	19	0.70	80	可根据工艺要求降低照度值
	印制线路板光伏组件	0.75 m 水平面	500	19	0.70	80	—
	光伏组件	0.75 m 水平面	300	19	0.60	80	—
	电真空器件、机电组件等	0.75 m 水平面	500	19	0.60	80	—
电子材料类	半导体材料	0.75 m 水平面	300	22	0.60	80	—
	光纤、光缆	0.75 m 水平面	300	22	0.60	80	—
酸、碱、药液及粉配制		0.75 m 水平面	300	—	0.60	80	—
3. 纺织、化纤工业							
纺织	选毛	0.75 m 水平面	300	22	0.70	80	可另加局部照明
	清棉、和毛、梳毛	0.75 m 水平面	150	22	0.60	80	—
	前纺:梳棉、并条、粗纺	0.75 m 水平面	200	22	0.60	80	—
	纺纱	0.75 m 水平面	300	22	0.60	80	—
	织布	0.75 m 水平面	300	22	0.60	80	—
织袜	穿综筘、缝纫、量呢、检验	0.75 m 水平面	300	22	0.70	80	可另加局部照明
	修补、剪毛、染色、印花、裁剪、熨烫	0.75 m 水平面	300	22	0.70	80	可另加局部照明

附表 **1-1**(续)

房间或场所		参考平面及其高度	照度标准值/lx	*UGR*	U_0	R_a	备注
化纤	投料	0.75 m 水平面	100	—	0.60	80	—
	纺丝	0.75 m 水平面	150	22	0.60	80	—
	卷绕	0.75 m 水平面	200	22	0.60	80	—
	平衡间、中间贮存、干燥间、废丝间、油剂高位槽间	0.75 m 水平面	75	—	0.60	80	—
	集束间、后加工间、打包间、油剂调配间	0.75 m 水平面	100	25	0.60	80	—
	组件清洗间	0.75 m 水平面	150	25	0.60	80	—
	拉伸、变形、分级包装	0.75 m 水平面	150	25	0.7	80	操作面可另加局部照明
	化验、检验	0.75 m 水平面	200	22	0.7	80	可另加局部照明
	聚合车间、原液车间	0.75 m 水平面	100	22	0.60	80	—
4. 制药工业							
制药生产:配制、清洗灭菌、超滤、制粒、压片、混匀、烘干、罐装、轧盖等		0.75 m 水平面	300	22	0.60	80	—
制药生产流转通道		地面	200	—	0.40	80	—
更衣室		地面	200	—	0.40	80	—
技术夹层		地面	100	—	0.40	80	—
5. 橡胶工业							
炼胶车间		0.75 m 水平面	300	—	0.60	80	—
压延压出工段		0.75 m 水平面	300	—	0.60	80	—
成型裁断工段		0.75 m 水平面	300	22	0.60	80	—
硫化工段		0.75 m 水平面	300	—	0.40	80	—
6. 电力工业							
火电厂锅炉房		地面	100	—	0.60	80	—
发电机房		地面	200	—	0.60	80	—
主控室		0.75 m 水平面	500	19	0.60	80	—
7. 钢铁工业							

附表 1-1(续)

房间或场所		参考平面及其高度	照度标准值/lx	UGR	U_0	R_a	备　注
炼铁	高炉炉顶平台、各层平台	平台面	30	—	0.60	60	—
	出铁场、出铁机室	地面	100	—	0.60	60	—
	卷扬机室、碾泥机室、煤气清洗配水室	地面	50	—	0.60	60	—
炼钢及连铸	炼钢主厂房和平台	地面、平台面	150	—	0.60	60	需另加局部照明
	连铸浇注平台、切割区、出坯区	地面	150	—	0.60	60	需另加局部照明
	精整清理线	地面	200	25	0.70	60	—
轧钢	棒线材主厂房	地面	150	—	0.60	60	—
	钢管主厂房	地面	150	—	0.60	60	—
	冷轧主厂房	地面	150	—	0.60	60	需另加局部照明
	热轧主厂房、钢坯台	地面	150	—	0.60	60	—
	加热炉周围	地面	50	—	0.60	20	—
	垂绕、横剪及纵剪机组	0.75 m 水平面	150	25	0.60	80	—
	打印、检查、精密分类、验收	0.75 m 水平面	200	22	0.70	80	—
8. 制浆造纸工业							
备料		0.75 m 水平面	150	—	0.60	60	—
蒸煮、选洗、漂白		0.75 m 水平面	200	—	0.60	60	—
打浆、纸机底部		0.75 m 水平面	200	—	0.60	60	—
纸机网部、压榨部、烘缸、压光、卷取、涂布		0.75 m 水平面	300	—	0.60	60	—
复卷、切纸		0.75 m 水平面	300	25	0.60	60	—
选纸		0.75 m 水平面	500	22	0.60	60	—
碱回收		0.75 m 水平面	200	—	0.60	60	—
9. 食品及饮料工业							

附表 1-1(续)

房间或场所		参考平面及其高度	照度标准值/lx	UGR	U_0	R_a	备注
食品	糕点、糖果	0.75 m 水平面	200	22	0.60	80	—
	肉制品、乳制品	0.75 m 水平面	300	22	0.60	80	—
饮料		0.75 m 水平面	300	22	0.60	80	—
啤酒	糖化	0.75 m 水平面	200	—	0.60	80	—
	发酵	0.75 m 水平面	150	—	0.60	80	—
	包装	0.75 m 水平面	150	25	0.70	80	—
10. 玻璃工业							
备料、退火、熔制		0.75 m 水平面	150	—	0.60	60	—
窑炉		地面	100	—	0.60	20	—
11. 水泥工业							
主要生产车间(破碎、原料粉磨、烧成、水泥粉磨、包装)		地面	100	—	0.60	60	—
储存		地面	75	—	0.60	60	—
输送走廊		地面	30	—	0.40	20	—
粗坯成型		0.75 m 水平面	300	—	0.60	60	—
12. 皮革工业							
原皮、水浴		0.75 m 水平面	200	—	0.60	60	—
转毂、整理、成品		0.75 m 水平面	200	22	0.60	60	可另加局部照明
干燥		地面	100	—	0.60	20	—
13. 卷烟工业							
制丝车间	一般	0.75 m 水平面	200	—	0.60	80	—
	较高	0.75 m 水平面	300	—	0.70	80	—
卷烟、接过滤嘴、包装、滤棒成型车间	一般	0.75 m 水平面	300	22	0.60	80	—
	较高	0.75 m 水平面	500	22	0.70	80	—
膨胀烟丝车间		0.75 m 水平面	200	—	0.60	60	—
贮叶间		1.0 m 水平面	100	—	0.60	60	—
贮丝间		1.0 m 水平面	100	—	0.60	60	—

附表 1-1（续）

房间或场所		参考平面及其高度	照度标准值/lx	UGR	U_0	R_a	备　注
14. 化学、石油工业							
厂区内经常操作的区域，如泵、压缩机、阀门、电操作柱等		操作位高度	100	—	0.60	20	—
装置区现场控制和检测点，如指示仪表、液位计等		测控点高度	75	—	0.70	60	—
人行通道、平台、设备顶部		地面或台面	30	—	0.60	20	—
装卸站	装卸设备顶部和底部操作位	操作位高度	75	—	0.60	20	—
	平台	平台	30	—	0.70	20	—
电缆夹层		0.75 m 水平面	100	—	0.40	60	—
避难间		0.75 m 水平面	150	—	0.40	60	—
压缩机厂房		0.75 m 水平面	150	—	0.60	60	—
15. 木业和家具制造							
一般机器加工		0.75 m 水平面	200	22	0.60	60	应防频闪
精细机器加工		0.75 m 水平面	500	19	0.70	860	应防频闪
锯木区		0.75 m 水平面	300	25	0.60	60	应防频闪
模型区	一般	操作位高度	300	22	0.60	60	—
	精细	平台	750	22	0.70	60	—
胶合、组装		0.75 m 水平面	300	25	0.60	60	—
磨光、异形细木工		0.75 m 水平面	750	22	0.70	80	—

注：需增加局部照明的作业面，增加的局部照明照度值宜按该场所一般照明照度值的 1.0～3.0 倍选取。

2. 通用房间或场所

（1）公共和工业建筑通用房间或场所照明标准值应符合附表 1-2 的规定。

附表 1-2　公用场所照明标准值

房间或场所		参考平面及其高度	照度标准值/lx	UGR	U_0	R_a	备　注
门厅	普通	地面	100	—	0.40	60	—
	高档	地面	200	—	0.60	80	—

附表 1-2(续)

<table>
<tr><th colspan="2">房间或场所</th><th>参考平面及其高度</th><th>照度标准值/lx</th><th>UGR</th><th>U_0</th><th>R_a</th><th>备　注</th></tr>
<tr><td rowspan="2">走廊、流动区域、楼梯间</td><td>普通</td><td>地面</td><td>50</td><td>25</td><td>0.40</td><td>60</td><td>—</td></tr>
<tr><td>高档</td><td>地面</td><td>100</td><td>25</td><td>0.60</td><td>80</td><td>—</td></tr>
<tr><td colspan="2">自动扶梯</td><td>地面</td><td>150</td><td>—</td><td>0.60</td><td>60</td><td></td></tr>
<tr><td rowspan="2">厕所、盥洗室、浴室</td><td>普通</td><td>地面</td><td>75</td><td>—</td><td>0.40</td><td>60</td><td>—</td></tr>
<tr><td>高档</td><td>地面</td><td>150</td><td>—</td><td>0.60</td><td>80</td><td>—</td></tr>
<tr><td rowspan="2">电梯前厅</td><td>普通</td><td>地面</td><td>100</td><td>—</td><td>0.40</td><td>60</td><td>—</td></tr>
<tr><td>高档</td><td>地面</td><td>150</td><td>—</td><td>0.60</td><td>80</td><td>—</td></tr>
<tr><td colspan="2">休息室</td><td>地面</td><td>100</td><td>22</td><td>0.40</td><td>80</td><td>—</td></tr>
<tr><td colspan="2">更衣室</td><td>地面</td><td>150</td><td>22</td><td>0.40</td><td>80</td><td>—</td></tr>
<tr><td colspan="2">储藏室</td><td>地面</td><td>100</td><td>—</td><td>0.40</td><td>60</td><td>—</td></tr>
<tr><td colspan="2">餐厅</td><td>地面</td><td>200</td><td>22</td><td>0.60</td><td>80</td><td>—</td></tr>
<tr><td colspan="2">公共车库</td><td>地面</td><td>50</td><td>—</td><td>0.60</td><td>60</td><td>—</td></tr>
<tr><td colspan="2">公共车库检修间</td><td>地面</td><td>200</td><td>25</td><td>0.60</td><td>80</td><td>—</td></tr>
<tr><td rowspan="2">试验室</td><td>一般</td><td>0.75 m 水平面</td><td>300</td><td>22</td><td>0.60</td><td>80</td><td>可另加局部照明</td></tr>
<tr><td>精细</td><td>0.75 m 水平面</td><td>500</td><td>19</td><td>0.60</td><td>80</td><td>可另加局部照明</td></tr>
<tr><td rowspan="2">检验</td><td>一般</td><td>0.75 m 水平面</td><td>300</td><td>22</td><td>0.60</td><td>80</td><td>可另加局部照明</td></tr>
<tr><td>精细,有颜色要求</td><td>0.75m 水平面</td><td>750</td><td>19</td><td>0.60</td><td>80</td><td>可另加局部照明</td></tr>
<tr><td colspan="2">计量室、测量室</td><td>0.75 m 水平面</td><td>500</td><td>19</td><td>0.70</td><td>80</td><td>可另加局部照明</td></tr>
<tr><td colspan="2">电话站、网络中心</td><td>0.75 m 水平面</td><td>500</td><td>19</td><td>0.60</td><td>80</td><td>—</td></tr>
<tr><td colspan="2">计算机站</td><td>0.75 m 水平面</td><td>500</td><td>19</td><td>0.60</td><td>80</td><td>防光幕反射</td></tr>
<tr><td rowspan="2">变配电站</td><td>配电装置室</td><td>0.75 m 水平面</td><td>200</td><td>—</td><td>0.60</td><td>80</td><td>—</td></tr>
<tr><td>变压器室</td><td>地面</td><td>100</td><td>—</td><td>0.60</td><td>60</td><td>—</td></tr>
<tr><td colspan="2">电梯机房</td><td>地面</td><td>200</td><td>25</td><td>0.60</td><td>80</td><td>—</td></tr>
<tr><td rowspan="2">控制室</td><td>一般控制室</td><td>0.75 m 水平面</td><td>300</td><td>22</td><td>0.60</td><td>80</td><td>—</td></tr>
<tr><td>主控制室</td><td>0.75 m 水平面</td><td>500</td><td>19</td><td>0.60</td><td>80</td><td>—</td></tr>
</table>

附表 1-2(续)

房间或场所		参考平面及其高度	照度标准值/lx	UGR	U_0	R_a	备　注
动力站	风机房、空调机房	地面	100	—	0.60	60	—
	泵房	地面	100	—	0.60	60	—
	冷冻站	地面	150	—	0.60	60	—
	压缩空气站	地面	150	—	0.60	60	—
	锅炉房、煤气站的操作层	地面	100	—	0.60	60	锅炉水位表照度不小于 50 lx
仓库	大件库	1.0 m 水平面	50	—	0.40	20	—
	一般件库	1.0 m 水平面	100	—	0.60	60	—
	半成品库	1.0 m 水平面	150	—	0.60	80	—
	精细库件	1.0 m 水平面	200	—	0.60	80	货架垂直照度不小于 50 lx
车辆加油站		0.75 m 水平面	100	—	0.60	80	油表表面照度不小于 50 lx

(2)应急照明的照明标准值

①备用照明的照度值除另有规定外,不低于该场所一般照明照度值的 10%;

②安全照明的照度值不低于该场所一般照明照度值的 5%;

③疏散通道的疏散照明的照度值不低于 0.5 lx。

3. 居住建筑

住宅建筑照明标准宜符合附表 1-3 的规定。

附表 1-3　住宅建筑照明标准值

房间或场所		参考平面及其高度	照度标准值/lx	R_a
起居室	一般活动	0.75 m 水平面	100	80
	书写、阅读		300*	
卧室	一般活动	0.75 m 水平面	75	80
	床头、阅读		150*	
餐厅		0.75 m 餐桌面	150	80
厨房	一般活动	0.75m 水平面	100	80
	操作台	台面	150*	
卫生间		0.75 m 水平面	100	80
电梯前厅		地面	75	60

附表 1-3(续)

房间或场所	参考平面及其高度	照度标准值/lx	R_a
走道、楼梯间	地面	50	60
车库	地面	30	60

注：* 指混合照明照度。

4. 公共建筑

包括十二类建筑的照明设计照度标准值，现分别列于附表1-4至1-10中。

(1)图书馆建筑照明标准值如附表1-4所示。

附表 1-4　图书馆建筑照明标准值

房间或场所	参考平面及其高度	照度标准值/lx	UGR	R_a
一般阅览室	0.75 m 水平面	300	19	80
国家、省市及其他重要图书馆的阅览室	0.75 m 水平面	500	19	80
老年阅览室	0.75 m 水平面	500	19	80
珍善本、舆图阅览室	0.75 m 水平面	500	19	80
陈列室、目录厅(室)、出纳厅	0.75 m 水平面	300	19	80
书库	0.25 m 垂直面	50	—	80
工作间	0.75 m 水平面	300	19	80

(2)办公建筑照明标准值如附表1-5所示。

附表 1-5　办公建筑照明标准值

房间或场所	参考平面及其高度	照度标准值/lx	UGR	R_a
普通办公室	0.75 m 水平面	300	19	80
高档办公室	0.75 m 水平面	500	19	80
会议室	0.75 m 水平面	300	19	80
接待室、前台	0.75 m 水平面	300	—	80
营业厅	0.75 m 水平面	300	22	80
设计室	实际工作面	500	19	80
文件整理、复印、发行室	0.75 m 水平面	300	—	80
资料、档案室	0.75 m 水平面	200	—	80

（3）商店建筑照明标准值如附表 1-6 所示。

附表 1-6　商店建筑照明标准值

房间或场所	参考平面及其高度	照度标准值/lx	*UGR*	U_0	R_a
一般商店营业厅	0.75 m 水平面	300	22	0.60	80
一般室内商业街	地面	200	22	0.60	80
高档商店营业厅	0.75 m 水平面	500	22	0.60	80
高档室内商业街	地面	300	22	0.60	80
一般超市营业厅	0.75 m 水平面	300	22	0.60	80
高档超市营业厅	0.75 m 水平面	500	22	0.60	80
仓储式超市	0.75 m 水平面	300	22	0.60	80
专卖店营业厅	0.75 m 水平面	300	22	0.60	80
农贸市场	0.75 m 水平面	200	25	0.60	80
收款台	台面	500 *	—	0.60	80

注：* 指混合照明照度。

（4）观演建筑照明标准值如附表 1-7 所示。

附表 1-7　观演建筑照明标准值

房间或场所		参考平面及其高度	照度标准值/lx	*UGR*	U_0	R_a
门　厅		地面	200	22	0.40	80
观众厅	影院	0.75 m 水平面	100	22	0.40	80
	剧场、音乐厅	0.75 m 水平面	150	22	0.40	80
观众休息厅	影院	地面	150	22	0.40	80
	剧场、音乐厅	地面	200	22	0.40	80
排演厅		地面	300	22	0.60	80
化妆室	一般活动区	0.75 m 水平面	150	22	0.60	80
	化妆台	1.1 m 高处垂直面	500 *	—	—	90

注：* 指混合照明照度。

(5)旅馆建筑照明标准值如附表 1-8 所示。

附表 1-8 旅馆建筑照明标准值

房间或场所		参考平面及其高度	照度标准值/lx	*UGR*	U_0	R_a
客房	一般活动区	0.75 m 水平面	75	—	—	80
	床头	0.75 m 水平面	150	—	—	80
	写字台	台面	300	—	—	80
	卫生间	0.75 m 水平面	150	—	—	80
中餐厅		0.75 m 水平面	200	22	0.60	80
西餐厅		0.75 m 水平面	150	—	0.60	80
酒吧间、咖啡厅		0.75 m 水平面	75	—	0.40	80
多功能厅、宴会厅		0.75 m 水平面	300	22	0.60	80
会议室		0.75 m 水平面	300	—	0.60	
大堂		地面	200	—	0.40	80
总服务台		台面	300 *	—	—	
休息厅		地面	200	22	0.40	80
客房层走廊		地面	50	—	0.40	80
厨房		台面	500 *	—	0.70	80
游泳池		水面	200	22	0.60	80
健身房		0.75 m 水平面	200	22	0.60	80
洗衣房		0.75 m 水平面	200	—	0.40	80

注：* 指混合照明照度。

(6)医疗建筑照明标准值如附表 1-9 所示。

附表 1-9 医疗建筑照明标准值

房间或场所	参考平面及其高度	照度标准值/lx	*UGR*	U_0	R_a
治疗室、检查室	0.75 m 水平面	300	19	0.70	80
化验室	0.75 m 水平面	500	19	0.70	80
手术室	0.75 m 水平面	750	19	0.70	80
诊室	0.75 m 水平面	300	19	0.60	80
候诊室、挂号厅	0.75 m 水平面	200	22	0.40	80
病房	地面	100	19	0.60	80
走道	地面	100	19	0.60	80

附表 1-9(续)

房间或场所	参考平面及其高度	照度标准值/lx	UGR	U_0	R_a
护士站	0.75 m 水平面	300	—	0.60	80
药　房	0.75 m 水平面	500	19	0.60	80
重症监护室	0.75 m 水平面	300	19	0.60	80

(7)教育建筑照明标准值如附表 1-10 所示。

附表 1-10　教育建筑照明标准值

房间或场所	参考平面及其高度	照度标准值/lx	UGR	U_0	R_a
教室、阅览室	课桌面	300	19	0.60	80
实验室	实验桌面	300	19	0.60	80
美术教室	桌面	500	19	0.60	90
多媒体教室	0.75 m 水平面	300	19	0.60	80
电子信息机房	0.75 m 水平面	500	19	0.60	80
计算机教室、电子阅览室	0.75 m 水平面	500	19	0.60	80
楼梯间	地面	100	22	0.40	80
教室黑板	黑板面	500 *	—	0.70	80
学生宿舍	地面	150	22	0.40	80

注：* 指混合照明照度。

(8)博览建筑照明标准值

①美术馆建筑照明标准值应符合附表 1-11(a)的规定；

②科技馆建筑照明标准值应符合附表 1-11(b)的规定；

③博物馆建筑陈列室展品照度标准值及年曝光量限值应符合如附表 1-11(c)的规定，博物馆建筑其他场所照明标准值应符合附表 1-11(d)的规定。

附表 1-11(a)　美术馆建筑照明标准值

房间或场所	参考平面及其高度	照度标准值/lx	UGR	U_0	R_a
会议报告厅	0.75 m 水平面	300	22	0.60	80
休息厅	0.75 m 水平面	150	22	0.40	80
美术品售卖	0.75 m 水平面	300	19	0.60	90
公共大厅	地面	200	22	0.40	80
绘画展厅	地面	100	19	0.60	80
雕塑展厅	地面	150	19	0.60	80

附表 1-11(a)(续)

房间或场所	参考平面及其高度	照度标准值/lx	UGR	U_0	R_a
藏画库	地面	150	22	0.60	80
藏画修理	0.75 m 水平面	500*	19	0.70	80

注:1. 绘画、雕塑展厅的照明标准值中不含展品陈列照明;

2. 当展览对光敏感要求的展品时应满足附表 1-11(c)的要求。

附表 1-11(b)　科技馆建筑照明标准值

房间或场所	参考平面及其高度	照度标准值/lx	UGR	U_0	R_a
科普教室、实验区	0.75 m 水平面	300	19	0.60	80
会议报告厅	0.75 m 水平面	300	22	0.60	80
纪念品售卖区	0.75 m 水平面	300	22	0.60	80
儿童乐园	地面	300	22	0.60	80
公共大厅	地面	200	22	0.40	80
球幕、巨幕、3D、4D 影院	地面	100	19	0.40	80
常设展厅	地面	200	22	0.60	80
临时展厅	地面	200	22	0.60	80

注:常设展厅和临时展厅的照明标准值中不含展品陈列照明。

附表 1-11(c)　博物馆建筑陈列室展品照度标准值及年曝光量限值

类　别	参考平面及其高度	照度标准/lx
对光特别敏感的展品:纺织品、织绣品、绘画、纸制物品、彩绘、陶(石)器、染色皮革、动物标本等	展品面	50
对光敏感的展品:油画、蛋清画、不染色皮革、角制品、骨制品、象牙制品、竹木制品和漆器等	展品面	150
对光不敏感的展品:金属制品、石质器物、陶瓷器、宝石玉器、岩矿标本、玻璃制品、搪瓷制品、珐琅器等	展品面	300

注:1. 陈列室一般照明应按展品照度值的 20% ~30% 选取;

2. 陈列室一般照明 UGR 不宜大于 19;

3. 辨色要求一般的场所 R_a 不应低于 80,辨色要求高的场所,R_a 不应低于 90。

附表 1-11(d)　博物馆建筑其他场所照明标准值

房间或场所	参考平面及其高度	照度标准值/lx	UGR	U_0	R_a
门厅	地面	200	22	0.40	80
序厅	地面	100	22	0.40	80
会议报告厅	0.75 m 水平面	300	22	0.60	80

附表 1-11(d)(续)

房间或场所	参考平面及其高度	照度标准值/lx	*UGR*	U_0	R_a
美术制作室	0.75 m 水平面	500	22	0.60	80
编目室	0.75 m 水平面	300	22	0.60	80
摄影室	0.75 m 水平面	100	22	0.60	80
熏蒸室	实际工作面	150	22	0.60	80
实验室	实际工作面	300	22	0.60	80
保护修复室	实际工作面	750*	19	0.70	90
文物复制室	实际工作面	750*	19	0.70	90
标本制作室	实际工作面	750*	19	0.70	90
周转库房	地面	50	22	0.40	80
藏品库房	地面	75	22	0.40	80
藏品提看库	0.75 m 水平面	150	22	0.60	80

注：* 指混合照明的照度标准值。其一般照明的照度值应按混合照明照度的 20% ~30% 选取。

(9)会展照明标准值如附表 1-12 所示。

附表 1-12　会展建筑照明标准值

房间或场所	参考平面及其高度	照度标准值/lx	*UGR*	U_0	R_a
会议室、洽谈室	0.75 m 水平面	300	19	0.60	80
宴会厅	0.75 m 水平面	300	22	0.60	80
多功能厅	0.75 m 水平面	300	22	0.60	80
公共大厅	0.75 m 水平面	200	22	0.40	80
一般展厅	地面	200	22	0.60	80
高档展厅	地面	300	22	0.60	80

(10)交通建筑照明标准值如附表 1-13 所示。

附表 1-13　交通建筑照明标准值

房间或场所		参考平面及其高度	照度标准值 lx	*UGR*	U_0	R_a
售票台		台面	500*	—	—	80
问讯处		0.75 m 水平面	200	—	0.60	80
候车(机、船)室	普通	地面	150	22	0.40	80
	高档	地面	200	22	0.60	80

附表 1-13(续)

房间或场所		参考平面及其高度	照度标准值 lx	UGR	U_0	R_a
贵宾室休息室		0.75 m 水平面	300	22	0.60	80
中央大厅、售票大厅		地面	200	22	0.40	80
海关、护照检查		工作面	500	—	0.70	80
安全检查		地　面	300	—	0.60	80
换票、行李托运		0.75 m 水平面	300	19	0.60	80
行李认领、到达大厅、出发大厅		地面	200	22	0.40	80
通道、连接区、扶梯、换乘厅		地面	150	—	0.40	80
有棚站台		地面	75	—	0.60	60
无棚站台		地面	50	—	0.40	20
走廊、楼梯、平台、流动区域	普通	地面	75	25	0.40	60
	高档	地面	150	25	0.60	80
地铁站厅	普通	地面	100	25	0.60	80
	高档	地面	200	22	0.60	80
地铁进出站门厅	普通	地面	150	25	0.60	80
	高档	地面	200	22	0.60	80

注：* 指混合照明的照度标准值。

(11)金融建筑照明标准值应符合附表 1-14 的规定。

附表 1-14　金融建筑照明标准值

房间或场所		参考平面及其高度	照度标准值 lx	UGR	U_0	R_a
营业大厅		地面	200	22	0.60	80
营业柜台		台面	500	—	0.60	80
客户服务中心	普通	0.75 m 水平面	200	22	0.60	60
	贵宾室	0.75 m 水平面	300	22	0.60	80
交易大厅		0.75 m 水平面	300	22	0.60	80
数据中心主机房		0.75 m 水平面	500	19	0.60	80
保管库		地面	200	22	0.40	80
信用卡作业区		0.75 m 水平面	300	19	0.60	80
自助银行		地面	200	19	0.60	80

(12)体育建筑照明标准值应符合下列规定：

①无彩电转播的体育建筑照度标准值应符合附表 1-15(a)的规定；

②有彩电转播的体育建筑照度标准值应符合附表 1-15(b)的规定;

③体育建筑照明质量标准值应符合附表 1-15(c)的规定。

附表 1-15(a) 无电视转播的体育建筑照度标准值

<table>
<tr><th colspan="2" rowspan="2">运动项目</th><th rowspan="2">参考平面及其高度</th><th colspan="3">照度标准值/lx</th><th colspan="2">R_a</th><th colspan="2">眩光指数/GR</th></tr>
<tr><th>训练和娱乐</th><th>业余比赛</th><th>专业比赛</th><th>训练</th><th>比赛</th><th>训练</th><th>比赛</th></tr>
<tr><td colspan="2">篮球、排球、手球、室内足球</td><td>地面</td><td rowspan="3">300</td><td rowspan="3">500</td><td rowspan="3">750</td><td rowspan="3">65</td><td rowspan="3">65</td><td rowspan="3">35</td><td rowspan="3">30</td></tr>
<tr><td colspan="2">体操、艺术体操、技巧、蹦床、举重</td><td>台面</td></tr>
<tr><td colspan="2">速度滑冰</td><td>冰面</td></tr>
<tr><td colspan="2">羽毛球</td><td>地面</td><td>300</td><td>750/500</td><td>1 000/500</td><td>65</td><td>65</td><td>35</td><td>30</td></tr>
<tr><td colspan="2">乒乓球、柔道、摔跤、跆拳道、武术</td><td>台面</td><td rowspan="2">300</td><td rowspan="2">500</td><td rowspan="2">1 000</td><td rowspan="2">65</td><td rowspan="2">65</td><td rowspan="2">35</td><td rowspan="2">30</td></tr>
<tr><td colspan="2">冰球、花样滑冰、冰上舞蹈、短道速滑</td><td>冰面</td></tr>
<tr><td colspan="2">拳击</td><td>台面</td><td>500</td><td>1 000</td><td>2 000</td><td>65</td><td>65</td><td>35</td><td>30</td></tr>
<tr><td colspan="2">游泳、跳水、水球、花样游泳</td><td>水面</td><td rowspan="2">200</td><td rowspan="2">300</td><td rowspan="2">500</td><td rowspan="2">65</td><td rowspan="2">65</td><td rowspan="2">—</td><td rowspan="2">—</td></tr>
<tr><td colspan="2">马术</td><td>地面</td></tr>
<tr><td rowspan="2">射击、射箭</td><td>射击区、弹(箭)道区</td><td>地面</td><td>200</td><td>200</td><td>300</td><td rowspan="2">65</td><td rowspan="2">65</td><td rowspan="2">—</td><td rowspan="2">—</td></tr>
<tr><td>靶心</td><td>靶心垂直面</td><td>1 000</td><td>1 000</td><td>1 000</td></tr>
<tr><td colspan="2" rowspan="2">击剑</td><td>地面</td><td>300</td><td>500</td><td>750</td><td rowspan="2">65</td><td rowspan="2">65</td><td rowspan="2">—</td><td rowspan="2">—</td></tr>
<tr><td>垂直面</td><td>200</td><td>300</td><td>500</td></tr>
<tr><td rowspan="2">网球</td><td>室内</td><td>地面</td><td rowspan="2">300</td><td rowspan="2">300/500</td><td rowspan="2">750/500</td><td rowspan="2">65</td><td rowspan="2">65</td><td>55</td><td>50</td></tr>
<tr><td>室外</td><td>地面</td><td>35</td><td>30</td></tr>
<tr><td rowspan="2">场地自行车</td><td>室内</td><td>地面</td><td rowspan="2">200</td><td rowspan="2">500</td><td rowspan="2">750</td><td rowspan="2">65</td><td rowspan="2">65</td><td>55</td><td>50</td></tr>
<tr><td>室外</td><td>地面</td><td>35</td><td>30</td></tr>
<tr><td colspan="2">足球、田径</td><td>地面</td><td>200</td><td>300</td><td>500</td><td>20</td><td>65</td><td>55</td><td>50</td></tr>
<tr><td colspan="2">曲棍球</td><td>地面</td><td>300</td><td>500</td><td>750</td><td>20</td><td>65</td><td>55</td><td>50</td></tr>
<tr><td colspan="2">棒球、垒球</td><td>地面</td><td>300/200</td><td>500/300</td><td>750/500</td><td>20</td><td>65</td><td>55</td><td>50</td></tr>
</table>

注:1. 当表中同一格有两个值时,"/"前为内场的值,"/"后为外场的值。

2. 表中规定的照度应为比赛场地参考平面上的使用照度。

表 1-15(b)　有电视转播的体育建筑照度标准值

<table>
<tr><th colspan="2" rowspan="2">运动项目</th><th rowspan="2">参考平面及其高度</th><th colspan="3">照度标准值/lx</th><th colspan="2">R_a</th><th colspan="2">Tcp/K</th><th rowspan="2">眩光指数/GR</th></tr>
<tr><th>国家、国际比赛</th><th>重大国际比赛</th><th>HDTV</th><th>国家、国际比赛,重大国际比赛</th><th>HDTV</th><th>国家、国际比赛,重大国际比赛</th><th>HDTV</th></tr>
<tr><td colspan="2">篮球、排球、手球、室内足球、乒乓球</td><td>地面 1.5 m</td><td rowspan="5">1 000</td><td rowspan="5">1 400</td><td rowspan="5">2 000</td><td rowspan="16">≥80</td><td rowspan="16">>80</td><td rowspan="16">≥4 000</td><td rowspan="16">≥5 500</td><td rowspan="2">30</td></tr>
<tr><td colspan="2">体操、艺术体操、技巧、蹦床、柔道、摔跤、跆拳道、武术、举重</td><td>台面 1.5 m</td></tr>
<tr><td colspan="2">击剑</td><td>台面 1.5 m</td><td>—</td></tr>
<tr><td colspan="2">游泳、跳水、水球、花样游泳</td><td>水面 0.2 m</td><td>—</td></tr>
<tr><td colspan="2">冰球、花样滑冰、冰上舞蹈、短道速滑、速度滑冰</td><td>冰面 1.5 m</td><td>30</td></tr>
<tr><td colspan="2">羽毛球</td><td>地面 1.5 m</td><td>1 000/750</td><td>1 400/1 000</td><td>1 000/1 400</td><td>30</td></tr>
<tr><td colspan="2">拳击</td><td>台面 1.5 m</td><td>1 000</td><td>2 000</td><td>2 500</td><td></td></tr>
<tr><td rowspan="2">射箭</td><td>射击区、箭道区</td><td>地面 1.0 m</td><td>500</td><td>500</td><td>500</td><td>—</td></tr>
<tr><td>靶心</td><td>靶心垂直面</td><td>1 500</td><td>1 500</td><td>1 500</td><td>—</td></tr>
<tr><td rowspan="2">场地自行车</td><td>室内</td><td rowspan="2">地面 1.5 m</td><td rowspan="4">1 000</td><td rowspan="4">1 400</td><td rowspan="4">2 000</td><td>30</td></tr>
<tr><td>室外</td><td>50</td></tr>
<tr><td colspan="2">足球、田径、曲棍球</td><td>地面 1.5 m</td><td rowspan="2"></td></tr>
<tr><td colspan="2">马术</td><td>地面 1.5 m</td></tr>
<tr><td rowspan="2">网球</td><td>室内</td><td rowspan="2">地面 1.5 m</td><td rowspan="3">1 000/750</td><td rowspan="3">1 400/1 000</td><td rowspan="3">2 000/1 400</td><td>30</td></tr>
<tr><td>室外</td><td>50</td></tr>
<tr><td colspan="2">棒球、垒球</td><td>地面 1.5 m</td><td>50</td></tr>
<tr><td rowspan="2">射击</td><td>射击区、弹道区</td><td>地面 1.0 m</td><td>500</td><td>500</td><td>500</td><td colspan="2" rowspan="2">≥80</td><td rowspan="2">≥3 000</td><td rowspan="2">≥4 000</td><td rowspan="2">—</td></tr>
<tr><td>靶心</td><td>靶心垂直面</td><td>1 500</td><td>1 500</td><td>2 000</td></tr>
</table>

注:1. HDTV 指高清晰度电视;其特殊显色指数 R9 应大于零;

2. 表中同一格有两个值时,“/”前为内场的值,“/”后为外场的值;

3. 表中规定的照度除射击、射箭外，其他均应为比赛场地主摄像机方向的使用照度值。

附表 1-15(c) 体育建筑照明质量标准值

类别	*GR*	R_a
无彩电转播	50	65
有彩电转播	50	80

注：*GR* 值仅适用于室外体育场地。

5. 本标准规定的照度值均为作业面或参考平面上的维持平均照度值

6. 符合下列条件之一及以上时，作业面或参考平面的照度可按照度标准值分级提高一级

(1)视觉要求高的精细作业场所，眼睛至识别对象的距离大于 500 mm 时；

(2)连续长时间紧张的视觉作业，对视觉器官有不良影响时；

(3)识别移动对象，要求识别时间短促而辨认困难时；

(4)视觉作业对操作安全有重要影响时；

(5)识别对象亮度对比小于 0.3 时；

(6)作业精度要求较高，且产生差错会造成很大损失时；

(7)视觉能力低于正常能力时；

(8)建筑等级和功能要求高时。

7. 符合下列条件之一及以上时，作业面或参考平面的照度可按照度标准值分级降低一级

(1)进行很短时间的作业时；

(2)作业精度或速度无关紧要时；

(3)建筑等级和功能要求较低时。

8. 作业面邻近周围的照度可低于作业面照度，但不宜低于附表 1-16 的数值

附表 1-16 作业面邻近周围照度

作业面照度/lx	作业面邻近周围照度值/lx
≥750	500
500	300
300	200
≤200	与作业面照度相同

注：作业面邻近周围指作业面外宽度不小于 0.5 m 的区域。

9. 维护系数标准值

本标准中的照度标准值是维护照度值，即维护周期末的照度。设计的初始照度乘以维护系数等于维护照度。在照明设计时，应根据光源的光通衰减、灯具积尘和房间表面污染引起照度值降低的程度，乘以表 2-5 中的维护系数。

10. 在一般情况下，设计照度值与照度标准值相比较，可有 -10% ~ +10% 的偏差。此偏差值只适用于装 10 个灯具以上的照明场所；当小于 10 个灯具时，允许适当超过此偏差。

附录2　各种灯具的光度参数

附表 2-1　TBS168/236M2 型嵌入式高效格栅灯具光度参数

灯具外形图

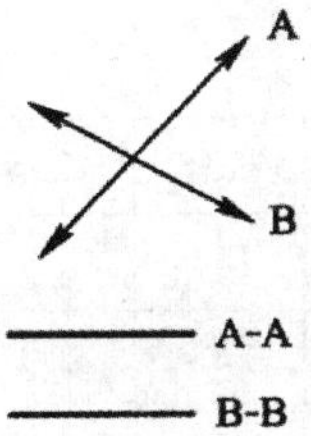

配光曲线cd/1 000 lm

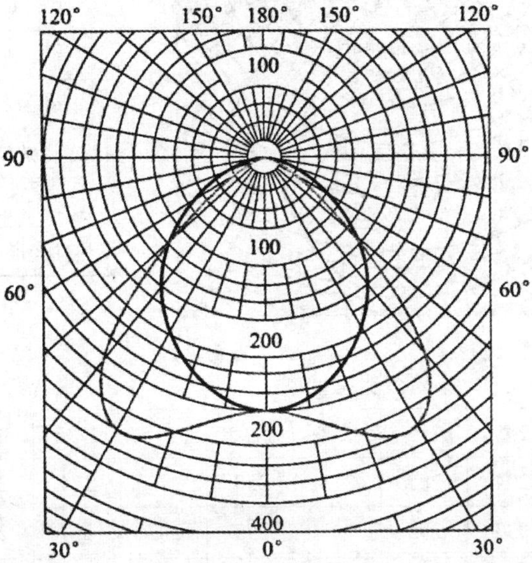

型号		TBS168/236 M2
生产厂		飞利浦公司
外形尺寸/mm	长 L_1	1 197
	宽 W	297
	高 H	94
光源		T8－2×36 W
灯具效率		72.5%
上射光通比		0
下射光通比		72.5%

发光强度值

θ/(°)		0	5	10	15	20	25	30	35	40	45
I_θ/cd	B-B	278	280	290	306	323	339	344	328	288	214
	A-A	278	277	269	259	248	234	218	200	181	160
θ/(°)		50	55	60	65	70	75	80	85	90	
I_θ/cd	B-B	131	57	23	10	5	2	1	0	0	
	A-A	138	114	90	66	44	28	16	7	1	

利用系数表

有效顶棚反射比/%	80		70				50		30		0
墙反射比/%	50	50	50	50	50	50	30	10	30	10	0
地面反射比/%	30	10	30	20	10	10	10	10	10	10	0
室形系 RI											
0.60	0.40	0.38	0.39	0.38	0.37	0.32	0.32	0.29	0.32	0.29	0.28
0.80	0.48	0.45	0.47	0.46	0.44	0.40	0.39	0.36	0.39	0.36	0.34
1.00	0.54	0.50	0.53	0.52	0.50	0.45	0.45	0.42	0.44	0.42	0.40
1.25	0.61	0.55	0.59	0.57	0.55	0.51	0.50	0.47	0.49	0.47	0.45
1.50	0.65	0.59	0.64	0.61	0.58	0.55	0.54	0.51	0.53	0.51	0.49
2.00	0.72	0.64	0.70	0.67	0.63	0.60	0.59	0.57	0.59	0.57	0.55
2.50	0.76	0.67	0.74	0.70	0.66	0.64	0.63	0.61	0.62	0.60	0.59
3.00	0.79	0.69	0.77	0.72	0.68	0.66	0.65	0.63	0.64	0.63	0.61
4.00	0.82	0.71	0.80	0.75	0.71	0.69	0.68	0.66	0.66	0.65	0.64
5.00	0.85	0.73	0.82	0.77	0.72	0.70	0.69	0.68	0.68	0.67	0.65

附表 2-2　TBS278/414M2 型嵌入式高效格栅灯具光度参数

灯具外形图

配光曲线cd/1 000 lm

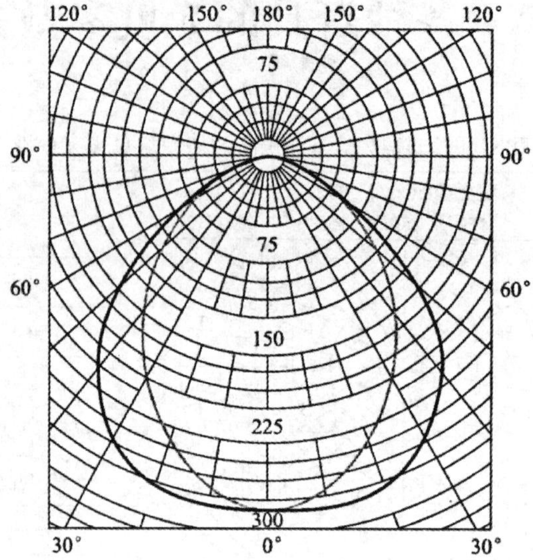

—— A-A

┈┈ B-B

型号		TBS278/414 M2
生产厂		飞利浦公司
外形尺寸/mm	长 L_1	597
	宽 W	597
	高 H	52
光源		T5－4×14 W
灯具效率		71.1%
上射光通比		0
下射光通比		71.1%

发光强度值

θ/(°)		0	2.5	7.5	12.5	17.5	22.5	27.5	32.5	37.5	42.5
I_θ/cd	B-B	294	294	285	273	259	243	224	204	181	158
	A-A	294	293	295	297	295	287	277	262	243	219
θ/(°)		47.5	52.5	57.5	62.5	67.5	72.5	77.5	82.5	87.5	90
I_θ/cd	B-B	134	109	85	62	42	29	20	10	3	1
	A-A	191	150	98	53	31	20	12	7	3	1

利用系数表

有效顶棚反射比/%	80		70			50		30		0
墙反射比/%	50	50	50	50	50	30	30	10	30	10	0
地面反射比/%	30	10	30	20	10	10	10	10	10	10	0
室形系 RI											
0.60	0.37	0.35	0.36	0.35	0.35	0.30	0.30	0.27	0.29	0.27	0.25
0.80	0.44	0.42	0.44	0.42	0.41	0.37	0.36	0.33	0.36	0.33	0.32
1.00	0.50	0.47	0.49	0.48	0.46	0.42	0.41	0.38	0.41	0.38	0.37
1.25	0.56	0.51	0.55	0.53	0.51	0.47	0.46	0.43	0.46	0.43	0.42
1.50	0.60	0.55	0.59	0.57	0.54	0.51	0.50	0.47	0.49	0.47	0.45
2.00	0.67	0.60	0.65	0.62	0.59	0.56	0.55	0.53	0.54	0.52	0.51
2.50	0.71	0.63	0.69	0.65	0.62	0.59	0.58	0.56	0.57	0.56	0.54
3.00	0.74	0.65	0.72	0.68	0.64	0.62	0.61	0.59	0.60	0.58	0.57
4.00	0.77	0.67	0.75	0.70	0.66	0.64	0.63	0.62	0.62	0.61	0.59
5.00	0.79	0.68	0.77	0.72	0.67	0.66	0.65	0.64	0.64	0.63	0.61

附表 2-3 FBH058/218M2 型嵌入式筒灯光度参数

灯具外形图

A-A

B-B

配光曲线cd/1 000 lm

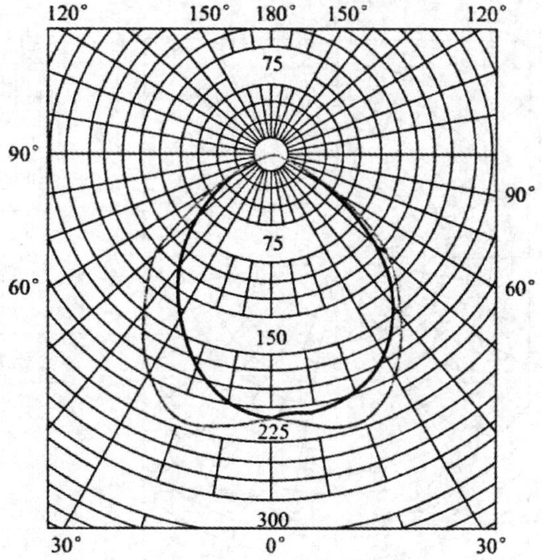

型号		FBH058/218
生产厂		飞利浦公司
外形尺寸/mm	ϕ	190
	长 L_1	97
光源		紧凑型荧光灯 2×18 W
灯具效率		61.2%
上射光通比		0.6%
下射光通比		60.7%

发光强度值

θ/(°)		0	6	12	18	24	30	36	42	48	54	60	66	72	78	84	90
I_θ/cd	B-B	220	225	232	235	228	211	188	162	141	100	51	17	7	3	1	0
	A-A(90°)	220	216	216	212	204	191	176	155	125	86	49	20	7	3	1	1
	A-A(270°)	22	215	206	192	175	155	136	119	97	67	35	16	8	4	2	0
θ/(°)		96	102	108	114	120	126	132	138	144	150	156	162	168	174	180	
I_θ/cd	B-B	0	0	0	0	0	0	0	0	0	0	0	0	0	0	0	
	A-A(90°)	1	1	1	0	0	0	0	0	0	0	0	0	0	0	0	
	A-A(270°)	0	0	0	1	1	1	1	1	1	0	0	0	0	0	0	

利用系数表

有效顶棚反射比/%	80		70				50		30		0
墙反射比/%	50	50	50	50	50	30	30	10	30	10	0
地面反射比/%	30	10	30	20	10	10	10	10	10	10	0
室形系 *RI*											
0.60	0.28	0.27	0.28	0.27	0.27	0.23	0.23	0.21	0.23	0.21	0.20
0.80	0.34	0.32	0.34	0.33	0.32	0.29	0.28	0.26	0.28	0.26	0.25
1.00	0.39	0.36	0.38	0.37	0.36	0.33	0.32	0.30	0.32	0.30	0.29
1.25	0.43	0.40	0.43	0.41	0.39	0.37	0.36	0.34	0.36	0.34	0.33
1.50	0.47	0.42	0.46	0.44	0.42	0.39	0.39	0.37	0.38	0.37	0.35
2.00	0.51	0.46	0.50	0.47	0.45	0.43	0.42	0.41	0.42	0.40	0.39
2.50	0.54	0.48	0.53	0.50	0.47	0.45	0.45	0.43	0.44	0.43	0.42
3.00	0.56	0.49	0.55	0.51	0.49	0.47	0.46	0.45	0.45	0.44	0.43
4.00	0.58	0.51	0.57	0.53	0.50	0.49	0.48	0.47	0.47	0.46	0.45
5.00	0.60	0.51	0.58	0.54	0.51	0.50	0.49	0.48	0.48	0.47	0.46

附表 2-4 嵌入式线型荧光灯具光度参数

灯具外形图

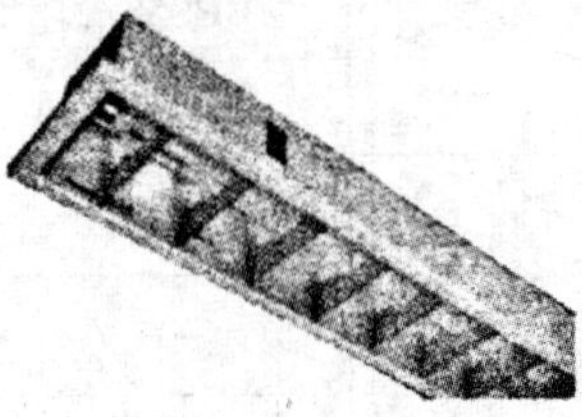

配光曲线cd/1 000 lm

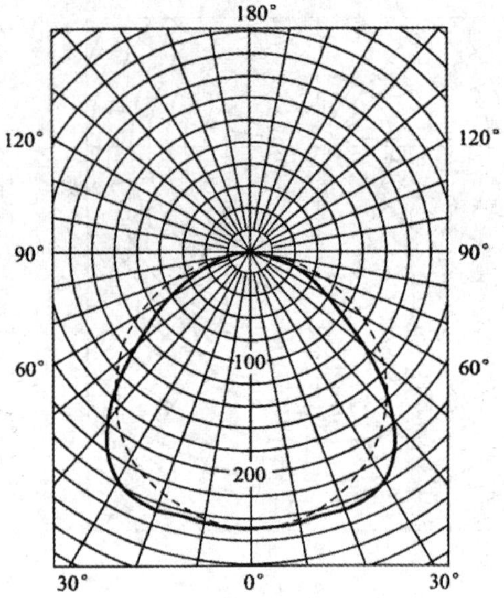

型号		FAC41610PH
生产厂		松下公司
外形尺寸/mm	长 L_1	1 250
	宽 W	115
	高 H	103
光源		松下高效荧光灯 e—Hf—1 × 42 W(T8)
遮光角		30°
灯具效率		72%
上射光通比		0
下射光通比		72%
最大允许距离比 L/h		A-A 1.36 B-B 1.41

发光强度值

θ/(°)		0	5	10	15	20	25	30	35	40	45	50	55	60	65	70	75	80	85	90
I_θ/cd	C0°,C180°	248.0	246.1	245.8	243.6	244.9	242.6	235.8	220.9	197.3	166.4	134.5	104.1	79.9	64.9	47.2	31.5	19.4	8.3	0.4
	C90°,C270°	248.0	244.7	241.0	236.5	229.6	220.4	210.5	199.3	185.7	169.8	152.5	133.2	113.3	94.6	73.0	50.4	28.8	9.2	0.6

利用系数表

有效顶棚反射比/%	80				70				50				30				0
墙反射比/%	70	50	30	10	70	50	30	10	70	50	30	10	70	50	30	1	0
地面反射比/%	10				10				10				10				0
室形系 RI																	
0.6	0.41	0.33	0.27	0.23	0.41	0.32	0.27	0.23	0.39	0.32	0.27	0.23	0.37	0.31	0.26	0.23	0.22
0.8	0.49	0.41	0.35	0.31	0.48	0.40	0.35	0.31	0.46	0.39	0.35	0.31	0.44	0.39	0.34	0.31	0.30
1.0	0.54	0.46	0.41	0.37	0.53	0.46	0.41	0.37	0.51	0.45	0.40	H37	0.49	0.44	0.40	0.36	0.35
1.25	0.58	0.52	0.47	0.43	0.57	0.51	0.46	0.42	0.55	0.50	0.45	0.42	0.53	0.48	0.45	0.42	0.40
1.5	0.61	0.55	0.50	0.47	0.60	0.54	0.50	0.46	0.58	0.53	0.49	0.46	0.56	0.52	0.48	0.46	0.44
2.0	0.65	0.60	0.56	0.53	0.64	0.59	0.56	0.52	0.62	0.58	0.55	0.52	0.60	0.57	0.54	0.51	0.50
2.5	0.68	0.63	0.60	0.57	0.66	0.63	0.59	0.56	0.64	0.61	0.58	0.56	0.62	0.60	0.57	0.55	0.53
3.00	0.69	0.66	0.62	0.60	0.68	0.65	0.62	0.59	0.66	0.63	0.61	0.58	0.64	0.62	0.60	0.58	0.56
4.00	0.71	0.69	0.66	0.64	0.70	0.68	0.65	0.63	0.68	0.66	0.64	0.62	0.67	0.65	0.63	0.61	0.59
5.00	0.73	0.70	0.68	0.66	0.72	0.70	0.67	0.66	0.70	0.68	0.66	0.65	0.68	0.66	0.65	0.64	0.62
7.00	0.74	0.72	0.71	0.69	0.73	0.72	0.70	0.69	0.71	0.70	0.69	0.67	0.70	0.68	0.67	0.66	0.64
10.00	0.75	0.74	0.73	0.72	0.74	0.73	0.72	0.71	0.73	0.72	0.71	0.70	0.71	0.70	0.69	0.68	0.66

附表5　嵌入式方型荧光灯具(白色格栅式)光度参数

灯具外形图

配光曲线cd/1000 lm

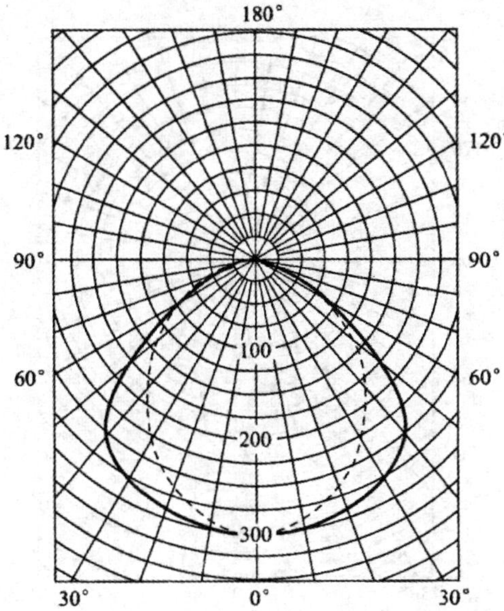

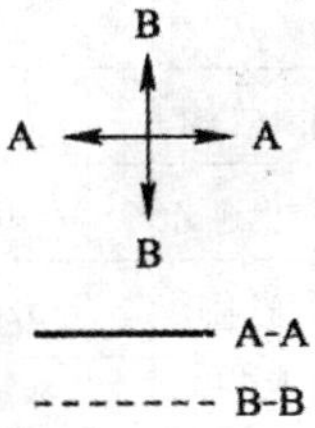

型号		FAC22620PH
生产厂		松下公司
外形尺寸/mm	长 L_1	600
	宽 W	600
	高 H	—
光源		松下高效荧光灯 e—Hf—2×22 W(T8)
灯具效率		74%
上射光通比		0
下射光通比		74%
最大允许距离比 L/h		A-A　1.38 B-B　1.16

发光强度值

θ/(°)		0	5	10	15	20	25	30	35	40	45	50	55	60	65	70	75	80	85	90
I_θ/cd	C0°,C180°	298.0	294.9	293.2	288.4	284.0	273.4	263.9	253.6	240.1	214.8	175.6	130.7	89.2	62.2	43.3	26.8	16.0	6.9	0.9
	C90°,C270°	298.0	292.8	285.6	274.0	260.8	241.8	223.8	204.1	182.6	159.1	133.8	108.5	83.9	61.4	44.1	30.4	18.7	8.3	0.8

利用系数表

有效顶棚反射比/%	80				70				50				30				0
墙反射比/%	70	50	30	10	70	50	30	10	70	50	30	10	70	50	30	1	0
地面反射比/%	10				10				10				10				0
室形系 RI																	
0.6	0.44	0.36	0.30	0.27	0.44	0.35	0.30	0.27	0.42	0.35	0.30	0.26	0.40	0.34	0.30	0.26	0.25
0.8	0.52	0.44	0.39	0.35	0.51	0.44	0.39	0.35	0.49	0.43	0.38	0.35	0.48	0.42	0.38	0.35	0.33
1.0	0.57	0.50	0.45	0.41	0.56	0.49	0.45	0.41	0.54	0.48	0.44	0.41	0.52	0.47	0.43	0.40	0.39
1.25	0.62	0.55	0.50	0.47	0.60	0.55	0.50	0.46	0.58	0.53	0.49	0.46	0.56	0.52	0.49	0.46	0.44
1.5	0.64	0.59	0.54	0.51	0.63	0.58	0.54	0.50	0.61	0.57	0.53	0.50	0.59	0.55	0.52	0.50	0.48
2.0	0.68	0.64	0.60	0.56	0.67	0.63	0.59	0.56	0.65	0.61	0.58	0.56	0.63	0.60	0.57	0.55	0.53
2.5	0.71	0.67	0.63	0.60	0.70	0.66	0.63	0.60	0.68	0.64	0.62	0.59	0.66	0.63	0.61	0.59	0.57
3.00	0.72	0.69	0.66	0.63	0.71	0.68	0.65	0.63	0.69	0.66	0.64	0.62	0.67	0.65	0.63	0.61	0.59
4.00	0.74	0.72	0.69	0.67	0.73	0.71	0.69	0.66	0.71	0.69	0.67	0.66	0.69	0.68	0.66	0.65	0.63
5.00	0.76	0.73	0.71	0.69	0.75	0.72	0.71	0.69	0.73	0.71	0.69	0.68	0.71	0.69	0.68	0.67	0.65
7.00	0.77	0.75	0.74	0.72	0.76	0.74	0.73	0.72	0.74	0.73	0.72	0.70	0.72	0.71	0.70	0.69	0.67
10.00	0.78	0.77	0.76	0.75	0.77	0.76	0.75	0.74	0.75	0.74	0.73	0.73	0.74	0.73	0.72	0.71	0.69

附表 2-6 吸顶式高效直下控照型荧光灯具光度参数

灯具外形图

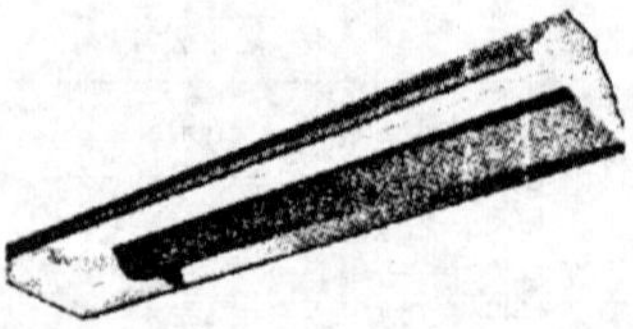

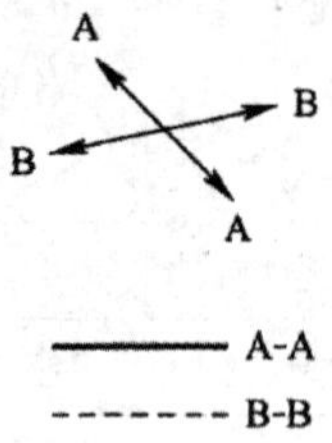

配光曲线cd/1 000 lm

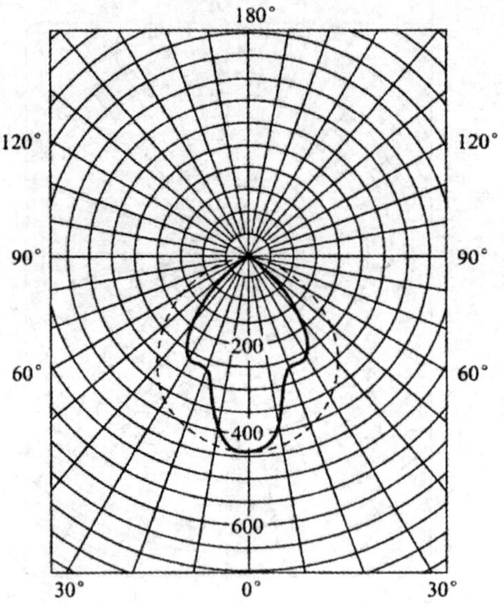

型号		FAC41260PH
生产厂		松下公司
外形尺寸/mm	长 L_1	1 230
	宽 W	600
	高 H	123
光源		松下高效荧光灯 e—Hf—1 ×45 W
灯具效率		72%
上射光通比		0
下射光通比		72%
最大允许距离比 L/h		A-A 0. 78 B-B 1. 34

发光强度值

θ/(°)		0	5	10	15	20	25	30	35	40	45	50	55	60	65	70	75	80	85	90
I_θ/cd	C0°,C180°	435. 1	424. 0	385. 4	301. 0	263. 9	261. 6	256. 4	229. 3	181. 3	125. 2	65. 7	31. 9	14. 3	0. 6	0. 6	0. 2	0. 1	0. 1	0. 1
	C90°,C270°	435. 1	428. 6	424. 9	416. 6	402. 7	385. 1	363. 1	337. 8	309. 7	277. 1	241. 2	204. 6	165. 6	128. 3	92. 6	57. 8	29. 2	7. 4	0. 3

利用系数表

有效顶棚反射比/%	80				70				50				30				0
墙反射比/%	70	50	30	10	70	50	30	10	70	50	30	10	70	50	30	1	0
地面反射比/%	10				10				10				10				0
室形系 RI																	
0. 6	0. 47	0. 40	0. 35	0. 31	0. 46	0. 39	0. 35	0. 31	0. 45	0. 38	0. 34	0. 31	0. 43	0. 38	0. 34	0. 31	0. 30
0. 8	0. 54	0. 48	0. 43	0. 40	0. 53	0. 47	0. 43	0. 40	0. 52	0. 46	0. 42	0. 39	0. 50	0. 45	0. 42	0. 39	0. 38
1. 0	0. 59	0. 53	0. 49	0. 45	0. 58	0. 52	0. 48	0. 45	0. 56	0. 51	0. 48	0. 45	0. 55	0. 50	0. 47	0. 45	0. 43
1. 25	0. 63	0. 57	0. 54	0. 50	0. 62	0. 57	0. 53	0. 50	0. 60	0. 56	0. 53	0. 50	0. 58	0. 55	0. 52	0. 50	0. 48
1. 5	0. 65	0. 61	0. 57	0. 54	0. 64	0. 60	0. 57	0. 54	0. 62	0. 59	0. 56	0. 53	0. 61	0. 58	0. 55	0. 53	0. 51
2. 0	0. 69	0. 65	0. 62	0. 59	0. 68	0. 64	0. 61	0. 59	0. 66	0. 63	0. 60	0. 58	0. 64	0. 62	0. 59	0. 58	0. 56
2. 5	0. 70	0. 67	0. 65	0. 62	0. 70	0. 67	0. 64	0. 62	0. 68	0. 65	0. 63	0. 61	0. 66	0. 64	0. 62	0. 619	0. 59
3. 00	0. 72	0. 69	0. 67	0. 65	0. 71	0. 68	0. 66	0. 64	0. 69	0. 67	0. 65	0. 63	0. 67	0. 66	0. 64	0. 63	0. 61
4. 00	0. 73	0. 71	0. 69	0. 68	0. 72	0. 71	0. 69	0. 67	0. 71	0. 69	0. 68	0. 66	0. 69	0. 68	0. 66	0. 65	0. 64
5. 00	0. 74	0. 73	0. 71	0. 70	0. 73	0. 72	0. 70	0. 69	0. 72	0. 70	0. 69	0. 68	0. 70	0. 69	0. 68	0. 67	0. 65
7. 00	0. 75	0. 74	0. 73	0. 72	0. 75	0. 73	0. 72	0. 71	0. 73	0. 72	0. 71	0. 70	0. 71	0. 70	0. 70	0. 69	0. 67
10. 00	0. 76	0. 75	0. 74	0. 74	0. 75	0. 75	0. 74	0. 73	0. 74	0. 73	0. 72	0. 72	0. 72	0. 71	0. 71	0. 70	0. 68

附表 2-7　嵌入式消光格栅荧光灯具光度参数

灯具外形图

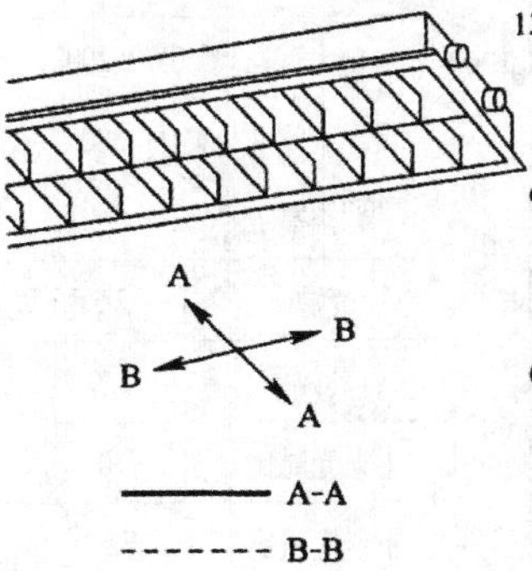

配光曲线cd/1 000 lm

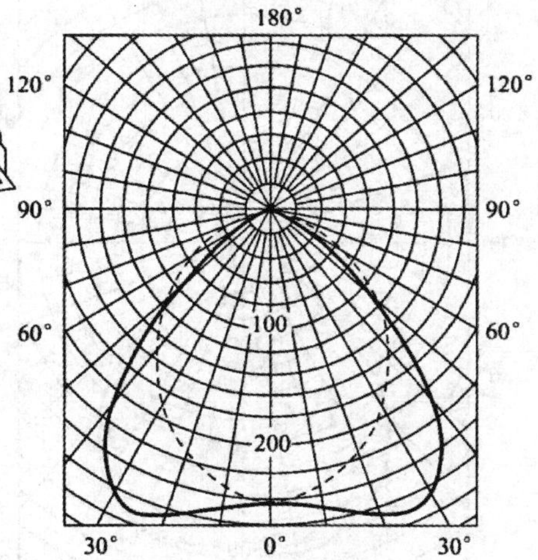

型号		FAC42761ENH
生产厂		松下公司
外形尺寸/mm	长 L_1	1 200
	宽 W	300
	高 H	85
光源		T8－2×36 W
灯具效率		58%
上射光通比		0
下射光通比		58%
最大允许距离比 L/h		A-A　1. 52
		B-B　1. 25

发光强度值

θ/(°)		0	5	10	15	20	25	30	35	40	45	50	55	60	65	70	75	80	85	90
I_θ/cd	C0°,C180°	236. 5	238. 8	244. 4	252. 7	260. 7	267. 8	263. 5	241. 8	213. 0	160. 4	107. 3	57. 7	28. 0	16. 4	11. 6	7. 8	4. 2	1. 5	0. 4
	C90°,C270°	236. 5	234. 1	227. 8	219. 8	210. 1	199. 2	185. 3	166. 7	150. 8	131. 3	112. 1	91. 4	71. 4	51. 0	31. 4	18. 2	10. 9	5. 0	0. 5

利用系数表

有效顶棚反射比/%	80				70				50				30				0
墙反射比/%	70	50	30	10	70	50	30	10	70	50	30	10	70	50	30	1	0
地面反射比/%	10				10				10				10				0
室形系 RI																	
0. 6	0. 36	0. 30	0. 25	0. 23	0. 35	0. 29	0. 25	0. 23	0. 34	0. 29	0. 25	0. 23	0. 33	0. 28	0. 25	0. 22	0. 21
0. 8	0. 42	0. 36	0. 33	0. 30	0. 41	0. 36	0. 32	0. 30	0. 40	0. 35	0. 32	0. 29	0. 39	0. 35	0. 32	0. 29	0. 28
1. 0	0. 46	0. 41	0. 37	0. 34	0. 45	0. 41	0. 37	0. 34	0. 44	0. 40	0. 37	0. 34	0. 42	0. 39	0. 36	0. 34	0. 33
1. 25	0. 49	0. 45	0. 41	0. 39	0. 49	0. 44	0. 41	0. 39	0. 47	0. 43	0. 41	0. 38	0. 46	0. 43	0. 40	0. 38	0. 37
1. 5	0. 51	0. 47	0. 44	0. 42	0. 51	0. 47	0. 44	0. 42	0. 49	0. 46	0. 43	0. 41	0. 48	0. 45	0. 43	0. 41	0. 40
2. 0	0. 54	0. 51	0. 48	0. 46	0. 53	0. 50	0. 48	0. 46	0. 52	0. 49	0. 47	0. 45	0. 51	0. 48	0. 47	0. 45	0. 44
2. 5	0. 56	0. 53	0. 51	0. 49	0. 55	0. 53	0. 50	0. 49	0. 54	0. 51	0. 50	0. 48	0. 52	0. 50	0. 49	0. 47	0. 46
3. 00	0. 57	0. 55	0. 53	0. 51	0. 56	0. 54	0. 52	0. 51	0. 55	0. 53	0. 51	0. 50	0. 53	0. 52	0. 50	0. 49	0. 48
4. 00	0. 58	0. 57	0. 55	0. 53	0. 58	0. 56	0. 54	0. 53	0. 56	0. 55	0. 53	0. 52	0. 55	0. 54	0. 53	0. 52	0. 50
5. 00	0. 59	0. 58	0. 56	0. 55	0. 59	0. 57	0. 56	0. 55	0. 57	0. 56	0. 55	0. 54	0. 56	0. 55	0. 54	0. 53	0. 52
7. 00	0. 60	0. 59	0. 58	0. 57	0. 59	0. 58	0. 58	0. 57	0. 58	0. 57	0. 56	0. 56	0. 57	0. 56	0. 55	0. 55	0. 53
10. 00	0. 61	0. 60	0. 59	0. 59	0. 60	0. 59	0. 59	0. 58	0. 59	0. 58	0. 58	0. 57	0. 58	0. 57	0. 57	0. 56	0. 54

附表 2-8　嵌入式白色钢板格栅荧光灯具光度参数

灯具外形图

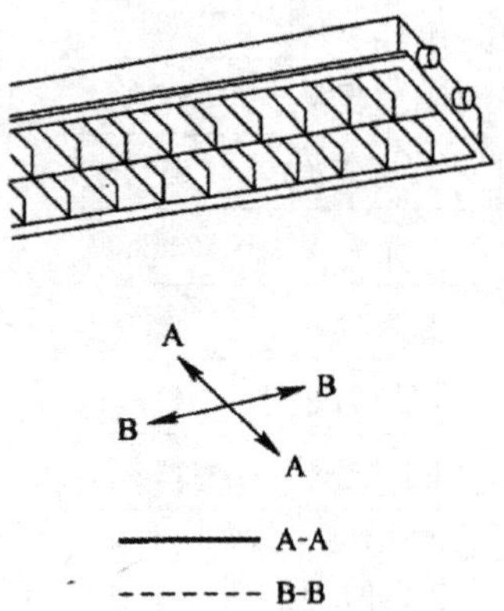

配光曲线cd/1 000 lm

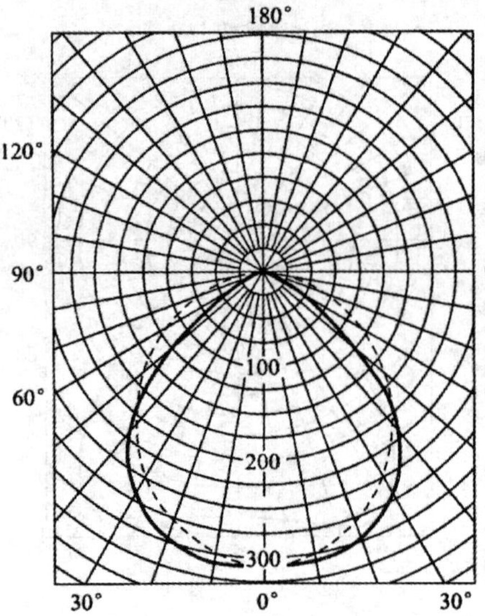

型号		FAC42651P
生产厂		松下公司
外形尺寸/mm	长 L_1	1 200
	宽 W	300
	高 H	85
光源		T8 – 2 × 36 W
灯具效率		72%
上射光通比		0
下射光通比		72%
最大允许距离比 L/h		A-A　1.29 B-B　1.28

发光强度值

θ/(°)		0	5	10	15	20	25	30	35	40	45	50	55	60	65	70	75	80	85
I_θ/cd	C0°,C180°	306.9	309.0	309.7	304.2	298.7	284.5	268.2	246.4	215.5	170.5	121.3	77.4	49.2	34.1	24.3	15.8	9.1	4.1
	C90°,C270°	306.9	306.3	300.4	289.0	277.5	261.4	245.3	228.0	208.0	186.2	162.3	139.4	113.7	86.4	59.0	33.1	18.0	8.4

利用系数表

有效顶棚反射比/%	80				70				50				30				0
墙反射比/%	70	50	30	10	70	50	30	10	70	50	30	10	70	50	30	1	0
地面反射比/%	10				10				10				10				0
室形系 RI																	
0.6	0.44	0.36	0.31	0.28	0.43	0.36	0.31	0.27	0.42	0.35	0.31	0.27	0.40	0.34	0.30	0.27	0.26
0.8	0.52	0.44	0.39	0.36	0.51	0.44	0.39	0.36	0.49	0.43	0.39	0.36	0.47	0.42	0.38	0.35	0.34
1.0	0.56	0.50	0.45	0.41	0.55	0.49	0.45	0.41	0.54	0.48	0.44	0.41	0.52	0.47	0.44	0.41	0.39
1.25	0.61	0.55	0.50	0.47	0.59	0.54	0.50	0.47	0.58	0.53	0.49	0.46	0.56	0.52	0.49	0.46	0.44
1.5	0.63	0.58	0.54	0.51	0.62	0.57	0.53	0.50	0.60	0.56	0.53	0.50	0.58	0.55	0.52	0.50	0.48
2.0	0.67	0.62	0.59	0.56	0.66	0.62	0.58	0.56	0.64	0.60	0.58	0.55	0.62	0.59	0.57	0.55	0.53
2.5	0.69	0.65	0.62	0.60	0.68	0.65	0.62	0.59	0.66	0.63	0.61	0.59	0.64	0.62	0.60	0.58	0.56
3.00	0.70	0.67	0.65	0.62	0.69	0.67	0.64	0.62	0.68	0.65	0.63	0.61	0.66	0.64	0.62	0.60	0.58
4.00	0.72	0.70	0.68	0.66	0.71	0.69	0.67	0.65	0.69	0.68	0.66	0.64	0.68	0.66	0.65	0.63	0.61
5.00	0.73	0.71	0.70	0.68	0.72	0.71	0.69	0.67	0.71	0.69	0.68	0.66	0.69	0.68	0.66	0.65	0.63
7.00	0.75	0.73	0.72	0.70	0.74	0.72	0.71	0.70	0.72	0.71	0.70	0.69	0.70	0.69	0.68	0.68	0.66
10.00	0.76	0.75	0.73	0.73	0.75	0.74	0.73	0.72	0.73	0.72	0.71	0.71	0.71	0.71	0.70	0.69	0.68

附表 2-9　嵌入式下开放式荧光灯具光度参数

灯具外形图

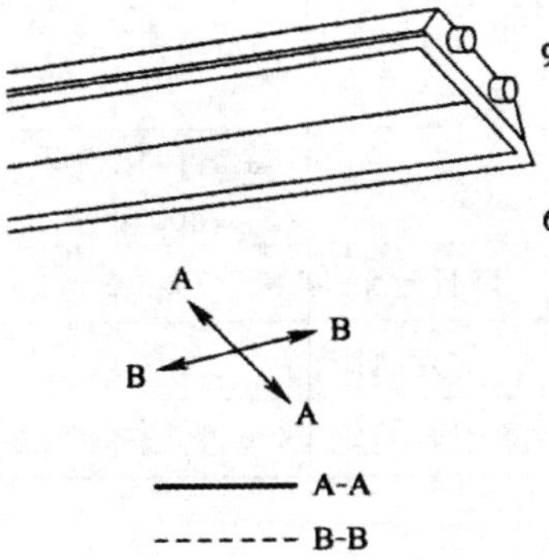

配光曲线cd/1 000 lm

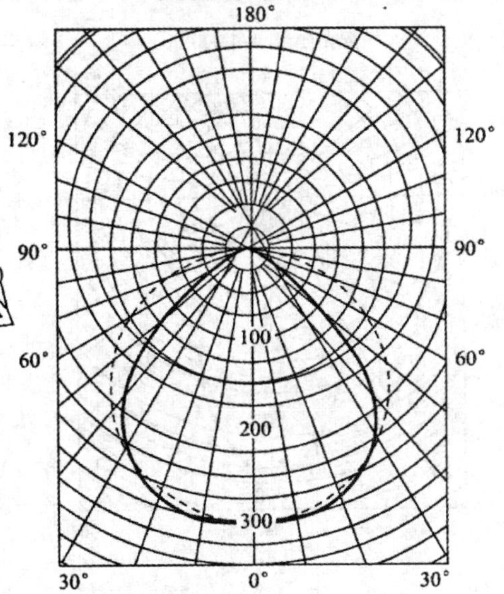

型号		FAC42601P
生产厂		松下公司
外形尺寸/mm	长 L_1	1 200
	宽 W	300
	高 H	85
光源		T8－2×36 W
灯具效率		76%
上射光通比		0
下射光通比		76%
最大允许距离比 L/h		A-A　1.29 B-B　1.37

发光强度值

θ/(°)		0	5	10	15	20	25	30	35	40	45	50	55	60	65	70	75	80	85
I_θ/cd	C0°,C180°	299.2	301.3	301.8	296.8	291.8	278.2	262.4	241.6	211.0	166.7	117.6	73.4	44.7	30.2	21.3	13.8	8.1	3.7
	C90°,C270°	299.2	299.7	297.4	290.9	284.3	273.5	262.4	249.4	233.6	215.5	194.8	175.0	151.5	125.8	97.9	69.4	39.8	12.6

利用系数表

有效顶棚反射比/%	80				70				50				30				0
墙反射比/%	70	50	30	10	70	50	30	10	70	50	30	10	70	50	30	1	0
地面反射比/%	10				10				10				10				0
室形系 RI																	
0.6	0.46	0.37	0.32	0.28	0.45	0.37	0.32	0.28	0.43	0.36	0.31	0.28	0.42	0.35	0.31	0.28	0.26
0.8	0.54	0.46	0.41	0.37	0.53	0.46	0.40	0.37	0.51	0.45	0.40	0.36	0.49	0.44	0.39	0.36	0.35
1.0	0.59	0.52	0.47	0.43	0.58	0.51	0.46	0.43	0.56	0.50	0.46	0.42	0.54	0.49	0.45	0.42	0.41
1.25	0.64	0.57	0.52	0.49	0.63	0.57	0.52	0.48	0.61	0.55	0.51	0.48	0.59	0.54	0.51	0.48	0.46
1.5	0.67	0.61	0.56	0.53	0.66	0.60	0.56	0.53	0.63	0.59	0.55	0.52	0.61	0.58	0.54	0.52	0.50
2.0	0.71	0.66	0.62	0.59	0.69	0.65	0.62	0.58	0.67	0.64	0.61	0.58	0.65	0.62	0.60	0.57	0.56
2.5	0.73	0.69	0.66	0.63	0.72	0.68	0.65	0.62	0.70	0.67	0.64	0.62	0.68	0.65	0.63	0.61	0.59
3.00	0.75	0.71	0.68	0.66	0.74	0.70	0.68	0.65	0.71	0.69	0.66	0.64	0.70	0.67	0.65	0.63	0.62
4.00	0.77	0.74	0.72	0.69	0.76	0.73	0.71	0.69	0.74	0.72	0.70	0.68	0.72	0.70	0.68	0.67	0.65
5.00	0.78	0.76	0.74	0.72	0.77	0.75	0.73	0.71	0.75	0.73	0.72	0.70	0.73	0.72	0.70	0.69	0.67
7.00	0.79	0.78	0.76	0.75	0.78	0.77	0.75	0.74	0.76	0.75	0.74	0.73	0.75	0.73	0.73	0.72	0.69
10.00	0.80	0.79	0.78	0.77	0.79	0.78	0.77	0.76	0.77	0.77	0.76	0.75	0.76	0.75	0.74	0.74	0.71

附表 2-10 高天棚照明灯具光度参数

灯具外形图

配光曲线cd/1 000 lm

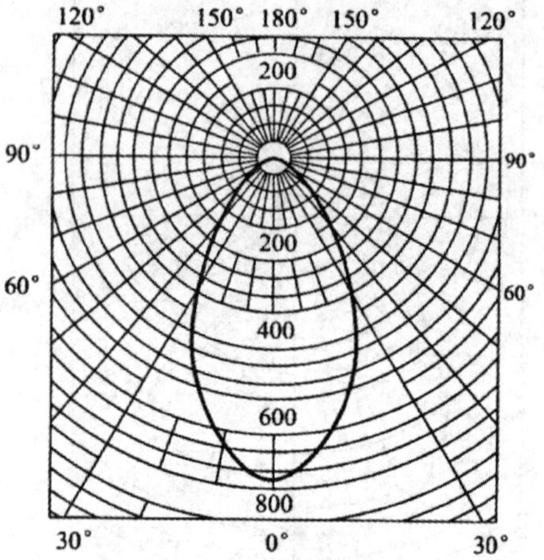

型号		MDK900/400 LA(W)
生产厂		飞利浦公司
外形尺寸/mm	ϕ	424
	长 L_1	600
光源		金属卤化物灯 400 W
灯具效率		75.3%
上射光通比		0
下射光通比		75.3%

发光强度值

θ/(°)	0	2.5	5	7.5	10	12.5	15	17.5	20	22.5	25	27.5	30
I_θ/cd	741	730	713	689	658	626	597	572	538	495	444	393	346
θ/(°)	32.5	35	37.5	40	42.5	45	47.5	50	52.5	55	57.5	60	62.5
I_θ/cd	306	268	230	193	158	126	99	77	57	39	25	16	10
θ/(°)	65	67.5	70	72.5	75	77.5	80	82.5	85	87.5	90		
I_θ/cd	7	5	4	4	3	3	2	2	2	1	0		

利用系数表

有效顶棚反射比/%	80	80	70	70	70	70	50	50	30	30	0
墙反射比/%	50	50	50	50	50	30	30	10	30	10	0
地面反射比/%	30	10	30	20	10	10	10	10	10	10	0
室形指数 *RI*											
0.60	0.54	0.52	0.54	0.53	0.51	0.48	0.45	0.47	0.45	0.44	
0.80	0.61	0.57	0.60	0.58	0.57	0.53	0.53	0.51	0.53	0.50	0.49
1.00	0.67	0.62	0.66	0.63	0.61	0.58	0.58	0.55	0.57	0.55	0.54
1.25	0.72	0.66	0.70	0.68	0.65	0.62	0.61	0.59	0.61	0.59	0.58
1.50	0.75	0.68	0.74	0.71	0.68	0.65	0.64	0.62	0.64	0.62	0.61
2.00	0.81	0.72	0.79	0.75	0.71	0.69	0.69	0.67	0.68	0.66	0.65
2.50	0.84	0.74	0.82	0.78	0.74	0.72	0.71	0.70	0.70	0.69	0.68
3.00	0.87	0.76	0.85	0.80	0.75	0.74	0.73	0.72	0.72	0.71	0.70
4.00	0.90	0.78	0.87	0.82	0.77	0.76	0.75	0.74	0.74	0.73	0.71
5.00	0.92	0.79	0.89	0.83	0.78	0.77	0.76	0.75	0.75	0.74	0.72

参 考 文 献

[1] 范同顺. 建筑配电与照明[M]. 北京:高等教育出版社,2004.

[2] 俞丽华. 电气照明[M]. 4 版. 上海:同济大学出版社,2004.

[3] 谢秀颖,郭宏祥. 电气照明技术[M]. 2 版. 北京:中国电力出版社,2008.

[4] 中华人民共和国住房和城乡建设部. 建筑照明设计标准:GB 50034—2013[S]. 北京:中国建筑工业出版社,2013.

[5] 肖辉. 电气照明技术[M]. 2 版. 北京:机械工业出版社,2009.

[6] 北京照明学会照明设计专业委员会. 照明设计手册[K]. 3 版. 北京:中国电力出版社,2016.

[7] 郭福雁,黄民德. 建筑供配电与照明:下册[M]. 北京:中国建筑工业出版社,2014.

[8] 黄民德,范文. 建筑电气技术基础[M]. 2 版. 天津:天津大学出版社,2006.

[9] 中华人民共和国住房和城乡建设部. 城市道路照明设计标准:CJJ 45—2015[S]. 北京:中国建筑工业出版社,2015.

[10] 刘祖明. LED 照明驱动器设计案例精解[M]. 北京:化学工业出版社,2011.

[11] 刘祖明. LED 照明工程设计与产品组装[M]. 北京:化学工业出版社,2011.

[12] 周志敏,纪爱华. 太阳能 LED 照明技术与工程设计[M]. 北京:中国电力出版社,2011.

[13] 中华人民共和国住房和城乡建设部. 城市夜景照明设计规范:JGJ/T 163—2008[S]. 北京:中国建筑工业出版社,2008.

[14] 徐云,刘付平,张凯洪,等. 节能照明系统工程设计[M]. 北京:中国电力出版社,2009.

[15] 李文华. 室内照明设计[M]. 2 版. 北京:中国水利水电出版社,2012.

[16] 斯蒂芬. 建筑照明设计[M]. 2 版. 荣浩磊,李丽,杜江涛,译. 北京:机械工业出版社,2009.

[17] 马小军,耿晓春. 智能照明控制系统[M]. 南京:东南大学出版社,2009.

[18] 史新. 照明工程设计禁忌手册[K]. 武汉:华中科技大学出版社,2010.

[19] 中华人民共和国住房和城乡建设部. 民用建筑电气设计规范:JGJ 16—2008[S]. 北京:中国建筑工业出版社,2008.

[20] 陆地. 建筑供配电系统与照明技术[M]. 北京:中国水利水电出版社,2011.

[21] 马志溪. 供配电工程[M]. 北京:清华大学出版社,2009.

[22] 北京市建筑设计研究院有限公司. BIAD 电气设计深度图示:上册[M]. 北京:中国建筑工业出版社,2013.

[23] 公安部天津消防研究所,公安部四川消防研究所. 建筑设计防火规范:GB 50016—2014[S]. 北京:中国建筑工业出版社,2014.

[24] 中华人民共和国国家质量监督检验检疫总局. 消防应急照明和疏散指示系统:GB 17945—2010[S]. 北京:中国建筑工业出版社,2010.